口絵 1　（上）トンネルから顔をだすおとなのホシバナモグラ。
（下）巣の付近を探索する若いホシバナモグラ。

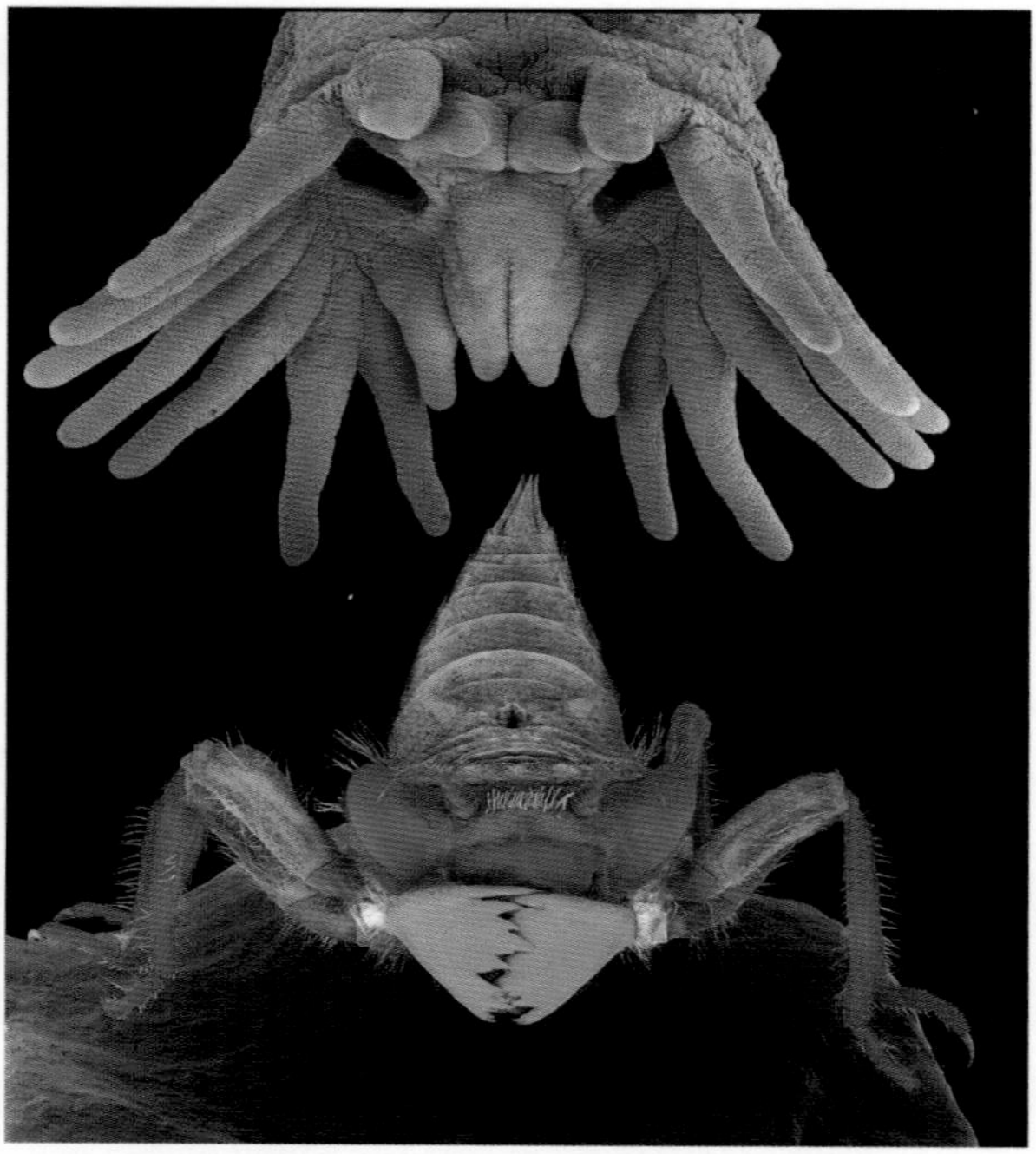

口絵 2　ホシバナモグラの「星」と獲物の昆虫を捉えた、彩色済み走査型電子顕微鏡画像。

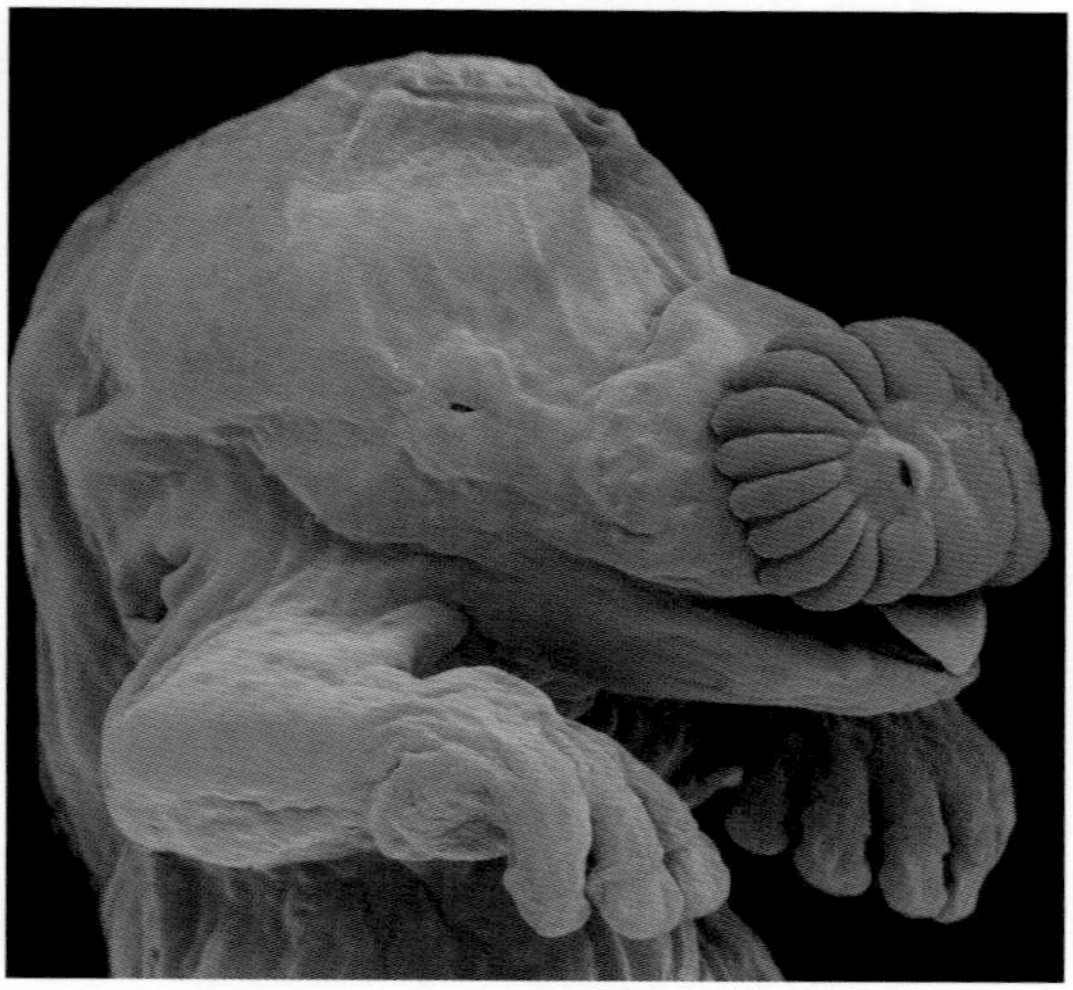

口絵 3　ホシバナモグラの胎児の彩色済み走査型電子顕微鏡画像。大きな前肢、小さな眼、独特の「後ろ向きに」発達する星が確認できる。

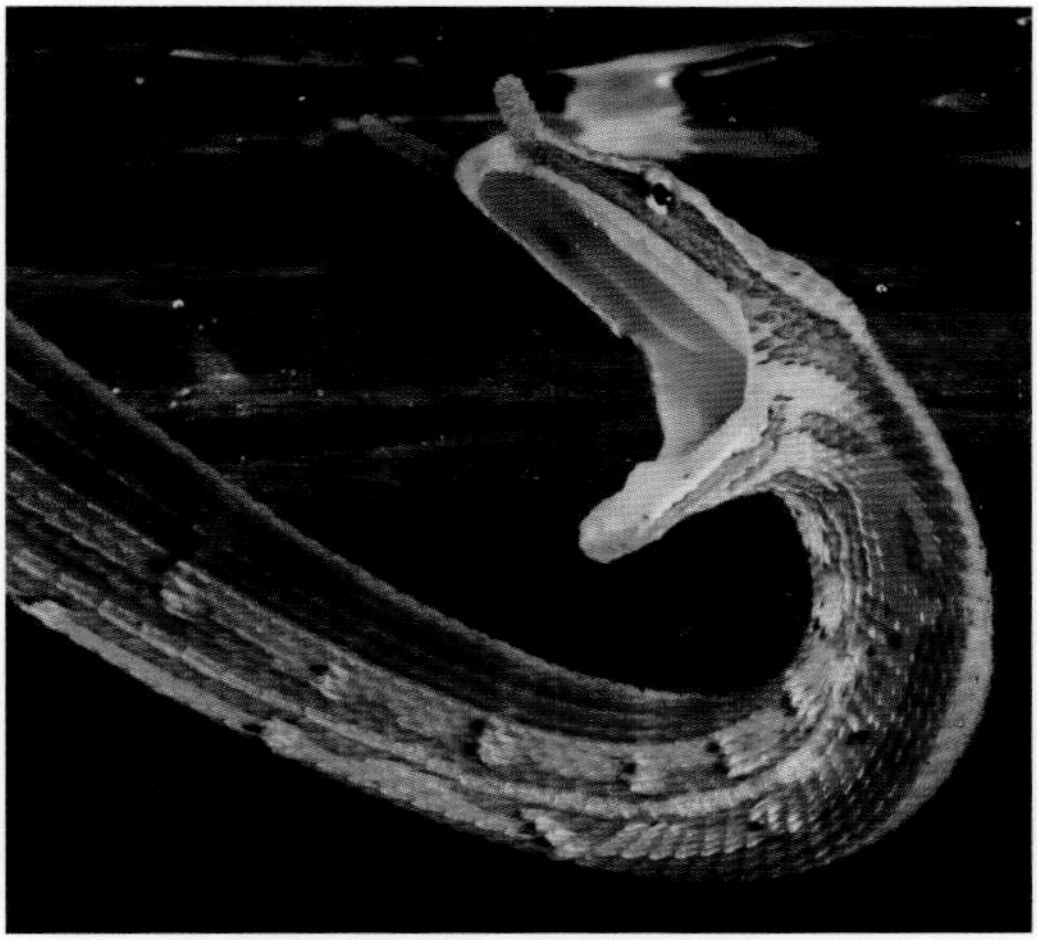

口絵 4　攻撃するヒゲミズヘビ。

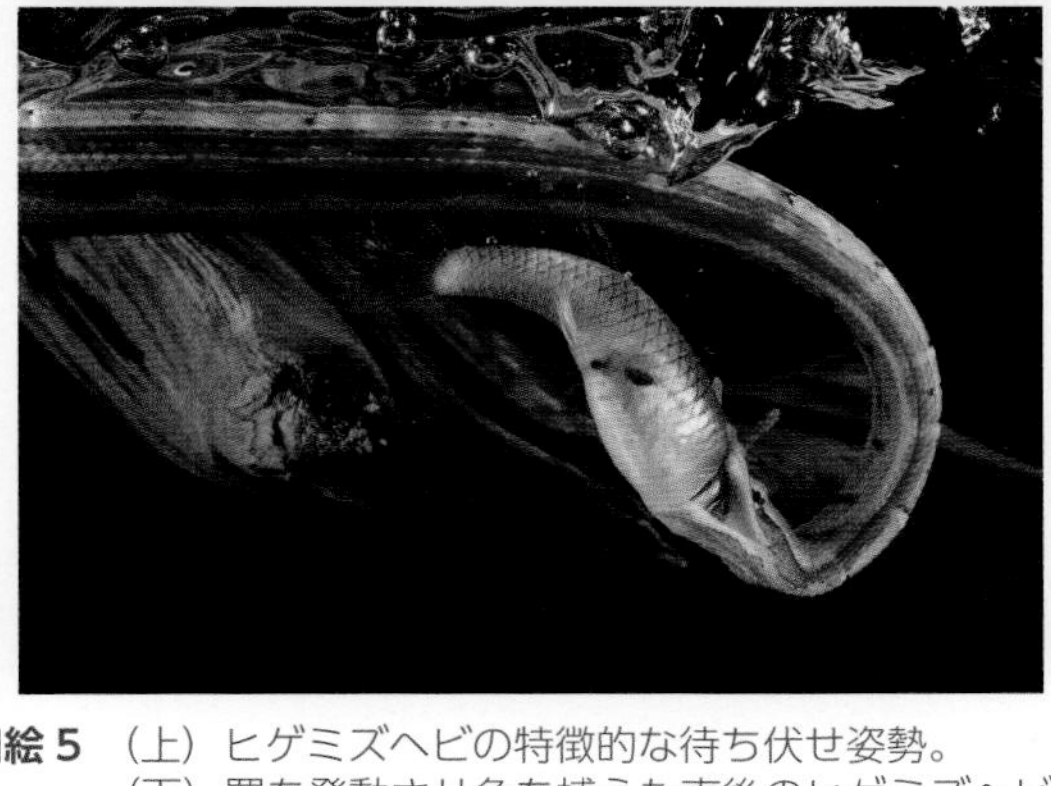

口絵 5　（上）ヒゲミズヘビの特徴的な待ち伏せ姿勢。
（下）罠を発動させ魚を捕えた直後のヒゲミズヘビ。

口絵 6　（上）アパラチコラ国有林でワームグランティングに励むゲイリー・レヴェル。（下）トンネルから顔をだすトウブモグラ。

口絵 7　潜水して餌を探すミズベトガリネズミ。

口絵 8　(上) ミズベトガリネズミに対して防御姿勢をとるザリガニ。
(下) 枝から枝へ飛び移るミズベトガリネズミ。

口絵 9　岩陰から姿を現したデンキウナギ。

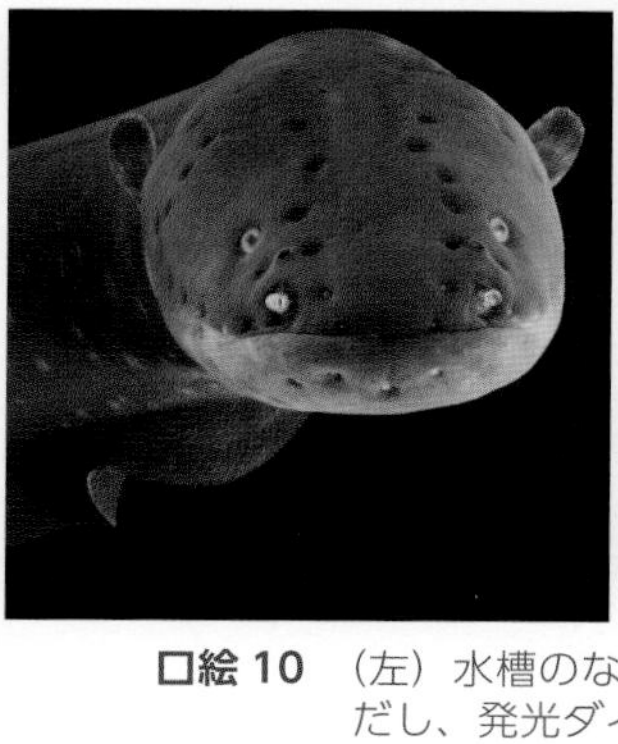

口絵 10　（左）水槽のなかから見つめるデンキウナギ。（右）水から身を乗りだし、発光ダイオードを埋め込んだつくり物のワニを感電させるデンキウナギ（発光は高圧電流攻撃によるもの）。

口絵 11　（左上）脚を伸ばして立ち、後肢のキックでエメラルドゴキブリバチに応戦するゴキブリ。（右上）戦いに敗れたゴキブリは、脳に直接毒針を刺される。（下）エメラルドゴキブリバチの彩色済み走査型電子顕微鏡画像。

カタニア先生は、キモい生きものに夢中！

その不思議な行動・進化の謎をとく

Great Adaptations: Star-Nosed Moles, Electric Eels, and Other Tales of Evolution's Mysteries Solved

Kenneth Catania

ケネス・カタニア 著
的場知之 訳

化学同人

Great Adaptations

Star-nosed Moles, Electric Eels, and Other Tales of Evolutions Mysteries Solved

Kenneth Catania

僕の理想の読者、親友、悪だくみの共犯者、そしてわが家のオオカミたちの母であるリズへ

目次

序章　1

第1章　**ホシバナモグラは謎だらけ**　7

三度目の正直／ライオン、トラ、モグラ／ルーキーの洗礼／事件は動物園で起きている／本とサラマンダーとセミナー／カリフォルニアへ

第2章　**幸運は備えある者のもとを訪れる**　39

最初のチャンス／百聞は一見にしかず／脳のなかのびっくりハウス／奇妙な動きが星をつくる／発達と進化と『ボールズ・ボールズ』／不可解に包まれた謎／もっと奇妙な秘密《ストレンジャー・シングス》

第3章　**スティング：詐欺師たちの美しき騙《だま》し**　75

デジャヴ／融合する感覚／自殺する魚／最寄りの出口へとにかくダッシュ！／怯《おび》えが死を招く／未来予測／幻の魚／生まれつきの知恵？

第4章　**ダーウィンのミミズとワームグランディングの秘密**　105

第一容疑者／早起きは……／受振器と逃げるミミズ／モグラと杭と雨／動かぬ証拠／謎解きは終わらない

第5章　トガリネズミは小さなTレックス　137
共通点と多様性／逃げも隠れもできない／闘争か逃走か／脳のゴンドワナ大陸？／シンプル・イズ・ベスト／思考の糧《かて》

第6章　500ボルトの衝撃　161
現代技術の驚異／充電が必要／水中のテーザーガン？／巧妙な手口／木星の月／フンボルトの眉唾話／おかしいな／ゾンビの助けを借りて／パズルのピースはまだ足りない

第7章　ゾンビのつくり方　203
味方を集める／その後の世代／毒の注入／生ける屍《しかばね》／ホラー映画を撮る／ゴキブリ武道会／「一生の頼みだ、モントレゾール！」

エピローグ　239
謝　辞　243
訳者あとがき　247
章扉の写真について　257
参考文献　256
写真および図版のクレジット　260
索　引　265

本文中の肩につけた★印は関連する動画を添えた．

序章

科学者の仕事がどうしてそんなに好きなんですか？ そう尋ねられるたび、僕はいつも映画『プリンセス・ブライド・ストーリー』の冒頭を思いだす。この映画は、ピーター・フォーク扮するおじいさんが、病気の孫（フレッド・サベージ）に本を読んであげるシーンで幕を開ける。「それ面白いの？」と半信半疑に尋ねる男の子に、祖父はこう答える。「面白いなんてもんじゃないぞ！ 剣闘《けんとう》、喧嘩《けんか》、拷問《ごうもん》、復讐《ふくしゅう》、巨人、怪物、追跡、逃避行、真実の愛に奇跡まで」。この本で取り上げる生物学も、同じくらい盛りだくさんだ。それどころか、僕なら電気処刑、ゾンビ化、詐欺、数百年続く伝説もつけ加えたい。真実の愛は見つからないかもしれないが、動物たちの美しさはそれを補って余りある。多大な努力の末にその美をとらえた写真を添えたので、ぜひご自身の眼で見て判断してほしい。奇跡という言葉を使うのは、科学者としてはためらってしまう。それでも、発見のプロセスやこれから説明する物事について考えるたび、繰り返し僕が抱く感情をひとことで表すとしたら、「ありえない」になるだろう。

いち科学者の見解としては、おおげさだとお思いかもしれない。でも、僕は何千時間も費やして、一風変わった動物たちの脳と行動を調べてきた、専門家とよばれる人間だ。そのくせ新しい対象種を調べるたび、その動物が何をどんなふうにやってのけるかという僕の推測は、いつも間違いばかりだ。

とはいえ僕は、考えられるかぎり最良の間違いかたをしているつもりだ。動物たちはいつだって、僕の想像をはるかに超えた、想定外の興味深い行動を見せてくれる。

この本では、僕がキャリアを通じて数かずの生物学ミステリーに取り組むなかででくわした、想定外の興味深い発見について語っていきたい。それぞれの研究は基本的に時系列に沿って取りあげる。僕が最初に研究の世界に足を踏み入れたのは学部生の頃で、当時出入りしていたワシントンDCにあるアメリカ国立動物園で、かの有名な謎に満ちたホシバナモグラを採集し、研究するミッションを課せられた。ホシバナモグラは鼻の周囲にピンク色の肉質の触手をもつ小さな哺乳類だ。良質のミステリーの定石どおり、探究の道にはたくさんの間違った手がかりや行き止まりが待ち受けていて、それが僕の好奇心をますます刺激した。「星」の正体はいったい何で、どんなふうに使うのだろう？この奇怪な構造は、どんな過程を経て、なぜ進化したのだろう？僕は謎解きに何度も行き詰まり、いったんは諦めかけた。それでも未解決事件に執着する刑事のように、結局は大学院でもホシバナモグラに戻ってきた。指導教員やほかの研究者たちの助けを借りて、僕はついに（ある意味で）事件を解決した。ホシバナモグラの脳と行動にまつわる驚きの真実の数かずを明らかにし、星がなぜ、どのように進化したかを示したのだ。謎解きに打ち込むなかで、ヒトとホシバナモグラには想像以上に共通点が多いこともわかった。

ホシバナモグラでの経験を通じ、僕は生物学の未解決ミステリーや並外れた適応に関心をもつようになった。おかげでそれ以外の奇妙な動物たち、たとえばヒゲミミズヘビやミズベトガリネズミ、デンキウナギにゾンビをつくる寄生バチ、それに魔術めいた伝統を守るヒトまでも、研究する機会に恵まれた。たとえばデンキウナギは、地球上でもっとも過小評価された動物のひとつだとわかった。かれらは攻撃にも防御にも使える数百ボルトの電気を生みだす、自然界の電気技師としてその名を轟かせているのだから、軽々しい気持ちでいっているわけではない。何世紀ものあいだ、これほど強力な武器をもっている動物には、洗練された複雑な行動な不要だと思われてきた。けれども僕らの発見により、電気はかれらの方程式の半分でしかないとわかった。もう半分は、よくいわれるように「伝えかたがすべて」だ。デンキウナギはSFにでてくる兵器に匹敵するようなやりかたで電気を使う（電気攻撃を自分の腕に食らって確かめた僕がいうのだから間違いない）。何世紀にもわたって調べあげられてきた動物でさえ、まだまだ秘密を隠しもっているのだと、デンキウナギは教えてくれる。それからもうひとつ、もっと具体的な教訓も授けてくれる。並外れた解剖学的特徴をもつ動物は、同じように並外れた行動を示すことが多い。

これはまだまだ序の口だ。まるで未来を予測できるかのように究極の罠を仕掛ける捕食者について、あるいはゾンビにされるのを避けるにはどうすればいいかを知りたい人は、期待して読みすすめてほしい。「事件」をひとつ解決するたび、進化が生みだした傑作の姿が明らかになる。だが、こうした動物たちから学べるのは、不思議で魅力あふれる特定の適応形質のディテールだけではない。美術館に展示されたひとつの傑出した作品を丹念に調べれば、それを生みだした芸術家についても多くを学べる。同じように、それぞれのシステムを精査することで、動物の行動、脳の構造、発達、進化に関する一般則を導きだせるのだ。これは科学の重要な一側面だが、ふだんはあまり注目されない。

　いくつか例をあげよう。脳細胞（ニューロン）が信号を伝達するしくみについて僕らが知っている事実の大部分は、最初はイカで実証された。イカがもつ巨大な神経繊維は、捕食者から超高速で逃げるために進化した。イカの神経科学の成果は、すべての動物の脳についての理解の劇的な進歩につながった（ちなみに、一連の研究をおこなった科学者たちはノーベル賞を受賞した）。同じように、ニューロンどうしのコミュニケーションのもっとも迅速な方法（電気シナプス）は、ありふれたザリガニを研究した末に発見された。ザリガニもまた、高速伝達に長けたニューロンを駆使して捕食者から逃れる（ただし第5章で見ていくが、いつも逃げ切れるとはかぎらない）。捕食者に目を移せば、ヘビや巻貝の毒は薬効が見込める成分を豊富に含む。毒の成分のいくつかはすでに慢性疼痛《とうつう》などの症状の治療に使われていて、脳卒中やがんの治療薬の候補として研究が進んでいる成分も多数ある。デンキウナギのような一風変わった捕食者でさえ、科学の進歩に多大な貢献を果たしてきた。１８００年、イタリアの科学者アレッサンドロ・ヴォルタによる電池の発明に始まり、ずっと後の時代には、ほぼすべての骨格筋活動に欠かせない役割を果たす重要分子（アセチルコリン受容体）の単離をもたらした。こうした例は枚挙にいとまがない。要するに、多様で特殊化した動物たちの研究の結果として得られた、画期的な科学の進歩は、そこらじゅうに転がっているのだ。どんな動物も同じルールに従って進化のゲームに参加している。その結果を、リチャード・ドーキンスは「地球上で最大のショー」という言葉で見事に表現した。この本の目的のひとつは、ショーのすばらしいハイライトの一部をお見せすることだ。

目的はもうひとつある。読者のみなさんに、驚異の動物たちについてだけでなく、発見のプロセスについても知ってほしいのだ。みなさんと同じで、僕も謎に魅せられている。それは人間の性《さが》なのだ。夜空に輝く変わった星であれ、モグラの鼻にある奇妙な星であれ、「ふつうじゃない」ものはいつでも僕らの注意を惹《ひ》き、もっとよく見たいと思わせる。僕の経験からいって、重要なのは謎や外れ値そのものではなく、じっくりと目を凝らすことだ。ある動物が備えるいちばん面白い特徴は、たいてい最初の調査ではわからない。それに同じく経験上、一見単純そうな種であっても、信じられないような能力を秘めていることは珍しくない(「原始的な」トガリネズミや「ありふれた」モグラ、「下等な」ゴキブリの章を読むときは、このことを思いだしてほしい)。よく思うのだが、実験は双眼鏡で景色を眺めるようなものだ。視界の端のほうに何か見えたら、眼に双眼鏡を当ててじっくり観察する。けれども、焦点が合ったときに何が姿を現し、それ以外に何が見えるかは、覗いてみなければわからない。

生物学を志す今の学生たちは首をかしげるかもしれない。科学者たちはもう何世紀ものあいだ、生物のシステムに「目を凝らし」てきた。今さらそんなに新しい発見なんてあるだろうか？　この質問への答えにかかわる要素のひとつを、僕は好んで「現代技術の驚異」とよんでいる。先のたとえでいえば、僕らが手にする双眼鏡の性能は劇的に向上した。ハッブル宇宙望遠鏡が(比喩的にも文字通りにも)僕らの宇宙観を変えたように、神経科学や進化学、行動学のテクノロジーも日進月歩で、新たな探究と発見の展望がひらけてきている。科学者でいるには、今が最良のときだ。

そんなわけで、この本を書いた3つめの理由にも触れておきたい。研究キャリアのなかで、僕はたくさんの冒険をくぐり抜けてきた。だがそんなことは、研究結果を説明するお堅い学術論文からはうかがい知れない。科学者は『スター・トレック』のミスター・スポックのように、三人称と受動態を用い、一切の感情を排して文章を書く訓練を受けている。学術論文の場合、簡潔で統一感のある文体にはメリットがあるが、間違った印象を与える恐れもある。裏話のほとんどが抜け落ちてしまうだけでなく、霧が晴れ母なる自然が秘密のひとつを明かしてくれたときに覚える驚嘆や畏怖の感覚、センス・オブ・ワンダーもかき消されてしまうからだ。こうした体験もこの本では余すところなく伝え、発見がどんなふうに達成されるか、研究活動とはどんなものかに関して、少しでも見方を変えられたらと思う。不思議な動物たちの生きざまという小窓を通して、自然は僕らが思うよりもずっと興味深く、だからこそ大切に守っていくべきものなのだと、納得していただけたら本望だ。

それではここから(少なくとも僕にとっては)信じられないような事実の数かずを紹介していこう。自分の眼で確かめたい人のために、要所に二次元コードを添えてある。スマートフォンのカメラでスキャンして、動物の行動をとらえた実際の映像をご覧いただきたい。

第1章 ホシバナモグラは謎だらけ

「迷宮のなかの不可解に包まれた謎」。このウィンストン・チャーチルの有名な言葉は、1939年に、理解しがたい当時のソ連の統治機構をいい表したものだ。だがもしかしたら、彼はホシバナモグラについても同じことをいったかもしれない。ホシバナモグラは生命誕生以来、陸を歩いた(正確には地中を掘り進んだ)なかでもっとも奇妙な動物のひとつであり、どこをみても普通とはかけ離れている。モグラの一種なのに泳ぎが得意で、代謝が高いのに北アメリカでもっとも寒い地域で(冬眠もせずに)生活している。泥のなかをひたすら掘って暮らしているのにつややかな被毛には汚れひとつなく、フクロウやオコジョなどの捕食者の餌食になりながらも、年に1度の繁殖でかなりの個体数を維持している。歯も特徴的で、手はかぎ爪のついたショベルのようだ。けれども最大の謎は、見る者を釘づけにするその鼻だ。いつかあなたが幸運にもホシバナモグラに出会ったら、緊張しなくても大丈夫だ。誰だって鼻を見るし、モグラにあなたの顔は見えないのだから、誰も傷つかない［訳注：アイコンタクトが苦手な人は相手の鼻を見て話すといい、という定番のアドバイスから］。

僕は人並外れてホシバナモグラが大好きで、科学者としての僕のキャリア形成には、かれらが大きな役割を果たした。振り返ってみれば、自分がたくさんの偶然の出会いや幸運に助けられ、これまでどうにかハードルを乗り越えてきた事実に驚かされる。これからそんな冒険譚《たん》の一部を、動物の行動、進化、神経科学に関するたくさんの発見とともに語っていきたい。科学においては、どんなに奇妙な個別事例のなかにも一般則を見いだせると教わるが、ホシバナモグラの研究はその最たる例だ。ホシバナモグラはほぼ盲目だが、それでも視覚系と哺乳《ほにゅう》類の脳構造に関する新たな洞察を授けてくれた。そして、飛び抜けてユニークなかれらの星型の鼻は、発達と進化の関係のケーススタディとなり、進化のミッシングリンクがときに僕らの目と鼻の先で見つかることを実証した。この驚異の動物の研究を通じて、僕は多くの教訓を得た。なによりホシバナモグラは、科学者がどうあるべきかを教えてくれたのだ。それに僕が生物のミステリーにハマったのも、明らかにかれらの「星」が原因だ。

そうはいっても、不思議な顔をした珍妙な小さなモグラが本当にそこまで注目に値するのだろうかと、疑問に思う方もいるだろう。そこで、ひとつたとえ話をしよう。もしあなたが数学者なら、未解決の数学の難問の数かずについてよく知っているはずだ。もっとも有名なものに、ミレニアム懸賞問題とよばれる7つがある。このうちどれかひとつでも、あなたが世界で最初に解を示したら、

100万ドルの賞金と、長年の謎をついに解明したという栄誉を獲得できる。けれども生物学は事情が違う。生物学ではしばしば何をもって問いとするかがはっきりせず、ただひとつの正解があることはまれだからだ。それでも、ホシバナモグラは1800年代に種として記載されて以来、未解決の生物学の「難問」として君臨してきた。かれらは生きて呼吸をしている、たくさんの疑問の塊だ。星の正体は何なのか？ 第3の手、何らかのセンサー、それとも両方？ 用途はトンネル掘りか、嗅覚か、それとも風変わりな求愛の儀式に使うのか？ どうしてほかの哺乳類には星がないのだろう？ 星はどんなふうに進化したのか？ 星はモグラに何か特殊能力を授けているのか？ 長年にわたり、たくさんの生物学者たちがこうした問いかけをしてきた。答えを見つけだすのに、微積分や微分方程式の知識は必要ない。しかしホシバナモグラは必要で、かれらは簡単には見つからない。

三度目の正直

では、僕がホシバナモグラとかかわるようになったいきさつを話そう。人生のたいていのことがそうであるように、きっかけは子どもの頃の経験だった。物心ついたときから、両親はありとあらゆる動物に対する僕の好奇心を後押ししてくれた。ちょっとしたエピソードには事欠かないし、大きな「事件」もいくつかあった。ペットのミズベヘビが脱走したとき、僕は家じゅう探しまわったが見つからなかった。ところが数日後、僕らはヘビが父の水槽に侵入し、お気に入りのグッピーを食べる瞬間を目の当たりにした。それからしばらくして、今度は全長1・2メートルのブラックラットスネークが脱走し、母と一緒に昼寝をしているところを発見された。ラットスネークに悪気はなく、暖を取ろうとしていただけだ。両親は気にしなかった。2人は僕に、ただヘビを水槽に戻しなさいと諭すだけだった。まるで牛乳を冷蔵庫にしまいなさいというように。僕はとてもラッキーだったのだ。

期せずして、僕と兄にホシバナモグラを紹介したのも両親だ。買ってもらった『かわったどうぶつ（Animal Oddities)』という本に載っていたのだ。僕らは変な顔の動物を面白がり、とくにテングザルとウマヅラコウモリがお気に入りだった。でもホシバナモグラだけは、あまりに奇怪すぎて、馬鹿にする気にならなかった。不気味な触手が鼻を取り囲むあの本の挿絵を、僕はいまだに覚えている。

そんな幼い記憶は、人生で2度目にホシバナモグラに出会ったときに役に立った。僕は研究者としてのキャリアの基礎を築く集中調査プログラムに熱中していた。当時10歳の僕にとって、メリーランド州コロンビアの森と小川と湖こそが教室だった。僕はいつでも動物を探していた。昆虫を卒業してヘビやカメに熱中しつつ、石英結晶集めというサイドプロジェクトにも手を広げていた。その日僕が探していたのは石英で、小川の岸に沿って歩き、砂や小石が溜《た》まった場所を見つけるたびに飛び降りては、宝石のようなきらめきに目を凝らしていた。そして突然、石英の破片が散らばる岸に誰かが展示したように残された、小さな死骸を見つけた。あのとびきり変なやつ、ホシバナモグラが、肉質の突起も何もかもすべてそろった状態でそこにいたのだ。僕は唖然《あぜん》とした。動物の死骸を見つけるのには慣れていた。森で過ごしていればよくあることだ。だが、死骸が意味することは明らかだった。異国のサルや珍妙なコウモリ、オオアリクイとともに殿堂に居並ぶあの動物が、僕の（事実上の）庭に棲《す》んでいるのだ。

僕は母に奇跡の大発見を伝え、母の哺乳類フィールド図鑑を取りだして一緒に眺めた。最初に確かめたのはホシバナモグラの分布域だ。といっても、ほかの種をかれらと間違える可能性はほとんどない。僕は心のなかで、これが世紀の大発見であることを願っていたのだ。ホシバナモグラがアマゾンの熱帯雨林にいるはずの動物だったりしたら……？ だが、地図は北アメリカ東部、テネシー州のグレートスモーキー山脈から、とくに多く見られるというカナダ東部までを示していた。メリーランド州全域も含まれていて、新聞社に電話する必要はなさそうだ。ネズミのようなかれらが齧歯目《げっし》でないことに僕は驚いた。モグラとトガリネズミは、同じ哺乳類だがネズミとはまったく別の分類群である食虫目［訳注：食虫目は度重なる分類の再検討により解体され消滅し、現在の分類体系ではモグラ類とトガリネズミ類を含むグループはトガリネズミ形目とよばれている］に属する。その名のとおり、昆虫などの無脊椎動物を食べる哺乳類の一群だ。僕はまた、ホシバナモグラが湿地を好み半水生だと知った。小川や池で泳いだり潜ったりして長い時間を過ごすらしい。だから小川の真ん中に死骸があったのだ。僕の想像と違って、水に落ちて溺れたわけではなかった。最初から水辺で生きて死んだのだ。僕はホシバナモグラを監視対象に加え、この日以来いつもその姿がないか、とくに上流の湿地を探検するときには気を配った。だが結局、コロンビアで再びホシバナモグラの姿を見ることはなかった。

ホシバナモグラとの3度目の出会いは、僕がメリーランド大学で動物学を専攻する学部生だったときだ。迷わず選んだ専攻だったが、僕は悩んでいた。動物の多様性や行動について学べる講義が少なく、生身の動物に触れる機会もほとんどなかったのだ。僕は退屈していた。退屈だと思う物事に集中を強いられるのは食事制限のようなもので、僕は関心を失いかけていた。

しかも当時、僕は楽しいアルバイトにかまけていた。ルネッサンス祭りで馬に乗り（ときどきは落ち）、週末の2日間で150ドルを稼いでいたのだ（1980年代にしてはなかなかの給料だった）。初めのうちは本当に楽しかった。けれども何度もけがをして、僕にはこういう危険な仕事の「素質」がないと気づいた。僕に本当に必要だったのは、生物学分野のエキサイティングな何か、つまり本物の研究だった。

そんなとき父が、ワシントンDCの国立動物園で哺乳類部門キュレーターを務める、エドウィン・グールド博士と出会った。2人の出会いは偶然ではなかった。心理学教授だった父は学習が専門で（彼は心理学者B・F・スキナーとの共同研究で博士号を取得した）、あるとき父もグールド博士も、動物行動学に関心をもつ地元の研究者たちの勉強会に参加した。グールド博士は動物の世話を手伝えるボランティアを探していて、見込みのある応募者がいれば、動物園での研究助手も頼みたいと考えていた。この仕事で扱う予定の動物こそ、あのホシバナモグラだったのだ。

ライオン、トラ、モグラ

インターンの面接を受ける法学部の学生は、堂々たるつくりの法律事務所の建物や、正面に刻まれたパートナーの名前に尻込みするものだろう。僕の場合、足を踏み入れた建物はそれとはまったく違っていた。けれども生物学者を志すひとりとして、ライオンやトラの飼育舎の下にある動物園のバックヤードオフィスで面接を受けるのは、とても重大な転機に思えた。受付で用件を伝えた僕は、円を描くような廊下を通って半地下の部屋に案内された。部屋の上部の窓からは展示場が見えるようになっていた。グールド博士は僕に自己紹介し、彼のデスクの向かい側に置かれたソファに座るよう勧めた。ふだんは大型ネコたちの姿を見られるはずの窓が、このときはあり合わせを集めたらしい暗色の段ボールでおおわれていて、僕はそれが気になって仕方なかった。視線に気づいた博士はいった。

「展示場が見えると仕事に集中できなくてね」

本当にそれだけだったのかもしれない。けれども面接からしばらく経ったある日、僕はヒューストン動物園でアムールトラが体当たりして窓を割り、飼育員をそこから引きずりこんで殺してしまう事故があったと知った。[*1]その飼育員は朝早く出勤して一人きりだったため、誰も襲われる瞬間を見ていなかった。たぶんトラは窓越しに何かが動くのを見て興奮し、攻撃したのだろう。

グールド博士はその話はしなかった。代わりに僕らは、人を食べようとしない小型哺乳類について話した。かれらは（意外ではないが）小獣館で飼われていた。国立動物園は世界で唯一ホシバナモグラを飼育しているんだと、グールド博士は誇らしげだった。ただし問題がひとつあった。かれらは寿命がわずか数年で、飼育下繁殖も難しいため、展示だけでなく研究のためにも、頻繁に補充が必要だったのだ。

「僕が捕まえてもいいんだけど、時間がなくてね。いつもはビル・マクシェイに頼んでて、ペンシルベニアで捕獲して動物園にもってきてくれるんだけど、彼もいまは忙しいっていうんだ。正直、モグラを見つけるのはかなり難しいよ。まずはかれら好みの生息地の探し方を覚えて、それからトンネルを見つけるんだ」

何年も前に偶然ホシバナモグラの死骸を見つけたことを話すと、彼は眼を輝かせた。彼もコロンビアに住んでいて、周辺についてよく知っていた。僕らは「フィールドノート」を見せ合った。僕のノートは10歳の頃の記憶がベースだったが、それでもモグラの死骸を見つけた場所と周辺環境はよく覚えていた。そのあと上流の湿地を探検して、キボシイシガメを見つけたことも（当時は知らなかったが、キボシイシガメとホシバナモグラはメリーランド州の同じ地域でよく見られる）。

仕事をもらえたのはこの経験のおかげかもしれない。僕は生きたホシバナモグラこそ発見できなかったが、平均的な10歳児と比べれば、相当に努力してかれらに近づいた。ちょっと訓練を積めば、きっと捕まえられるようになるだろう（ただし、残念ながらコロンビア周辺では無理そうだ。僕が慣れ親しんだ湿地は宅地開発で消えてしまっていた）。近くで発見が期待できそうなのは、ペンシルベニア州北部だ。僕がモグラを捕まえ、世話をして、実験まで遂行できれば、いわば一石三鳥だった。

僕を魅了したのはフィールドワークだけでなかった。研究プロジェクトのほうも、まるでSFから飛びだしたかのようだった。哺乳類学者のグールド博士にとっても、ホシバナモグラの奇妙な星は長年の疑問だった。彼には仮説があった。星は一種のレーダー受信機で、電場の探知に使っているのかもしれない。僕には最初、荒唐無稽に思えたが、そのあと彼は「電気受容」とよばれる感覚について教えてくれた。こうして僕は、それまでまったく知らなかった動物の感覚世界が存在することを意識しはじめた。

この感覚をもつ動物としてもっとも有名な例がサメだ。[*2] サメは1センチメートルあたり0.000000001ボルトの電場を感知する。これは単三電池を水の入ったグラスに落としたときのおよそ600万分の1しかない、きわめて微弱な電場だ。僕らは単三電池を手で握っても何も感じない。サメはこの感覚を何に使うのだろう？ ご想像のとおり、あなたを見つけて食べるためだ。患者が病院のベッドに寝かされている、ありがちな映画のシーンを想像してみよう（サメに襲われて回復中の患者でもいい）。背景には必ず、心臓モニターが規則的な音をたてているはずだ。このビープ音は心臓から胸に貼りつけた電極に伝わる電気パルスを増幅したもので、アンプにつないでスピーカーで流している。これは一例で、ほかにも動物はさまざまな電気的ノイズを生みだす。

電気受容感覚をもつ魚はサメ以外にもたくさんいるが、当時話題をさらっていたのは、カモノハシの電気受容感覚の発見だった。[*3] ヘニンク・シャイヒらは、カモノハシがサメと同じように、電場を利用して物体を発見する能力をもつと初めて実証した。続いて彼らは、カモノハシの脳細胞の信号を記録し、電場に関する情報がどこで処理されているかまで明らかにした。この画期的な研究結果は、哺乳類の一種がもつ「第六感」の正体を解明したも同然で、科学界でもっとも権威ある学術誌のひとつ（ワトソンとクリックがＤＮＡの二重らせん構造を発表したのと同じ）『ネイチャー』の表紙を飾った。発見は大きく報じられ、グールド博士は車を運転しながらホシバナモグラについて考えていたとき、ちょうどラジオでこの話題が取り上げられるのを耳にした。もしかしたら、これが長年の「星の謎」の答えなのでは？　斬新な発想だったが、確かに筋は通っていた。

何から何までわくわくするような仕事で、僕の興奮は博士にもはっきり伝わっていた。無給だったが、そんなことはどうでもよかった。僕は国立動物園の新人《ルーキー》「モグラ男」の職に就いた。だが、ひとつだけ難があった。すべてはモグラが見つかるかどうか次第だ。モグラ捕りはどれくらい難しいのだろう？

ルーキーの洗礼

あなたの庭にモグラがいると想像してみよう（想像するまでもなく本当にいるかもしれないが）。僕があなたに、モグラを捕ってきてほしいと頼んだとしたら？　不可能ではないが、簡単にはいかないはずだ。あなたがどんなに忍び足で歩いてもモグラは気づくし、土を掘る音にはとくに敏感だ。かれらは自分のトンネルを、かぎ爪のついた巨大な前足の一部であるかのようにすみずみまで知りつくしていて、崩れたエリアは避ける。メイントンネルには脱出ルートが設けられていて、さらに脱出ルートからの脱出ルートまである。追いつめられるとかれらは短いトンネルを掘り、さらに入口を埋め戻して、隠し扉をくぐるように姿を消す。厚さほんの数センチメートルの土壁の向こうにじっとしているなんて思いもよらないだろう。しかも、かれらは血中の特殊なヘモグロビンのおかげで、低酸素・高二酸化炭素の秘密の隠れ家にこもり、捕食者（あるいは生物学者）がしびれを切らすまでじっとしていられる。モグラを捕まえるのは難しい。たとえ芝生がきっちり手入れされ、トンネルのありかが丸わかりの庭であってもだ。

そのうえ、ホシバナモグラは郊外の住宅地には棲まない。かれらが好むのは湿ってぬかるんだ湿地や沼で、トンネルは伸び放題のごちゃごちゃしたやぶのどこにあってもおかしくない。この種はアメリカ北東部の大部分に分布し、絶滅が危ぶまれているわけではないものの、見つけるのは至難の業だ。トンネルが見えないのが理由のひとつ。それに、湿地には多種多様な小型哺乳類がいる。たとえトンネルを見つけたところで、誰が掘って誰が使っているかまではわからない。

こうした課題を漠然としか理解しないまま、僕はレンタルした貨物用バンに寝袋と、飢えたモグラたちの餌用のミミズ数百匹を詰め込んだクーラーボックスを積み、ペンシルベニア州に向けて出発した。当時の僕はあまり寝なくても平気だったし、劣悪なジャンクフードだけで何週間も生きていけた。ほかに用意したのは食料品を何袋か、ゴム長靴を1足、だめになってもかまわない古着を1山。懐中電灯には奮発した。電球ひとつでは、夜中に霧が立ち込める森のなかを歩き回るにはパワー不足だと思ったからだ。計画はシンプルだった。ペンシルベニアの田舎でビル・マクシェイに会い、ホシバナモグラの捕まえ方を伝授してもらう。

待ち合わせ場所は美しい一角だった。草が青々と茂り、せせらぎが流れ、森におおわれた丘が背後に構えていた。バンを降りるとマクシェイが近づいてきた。僕はこのまま一緒に丘を登り、陽射しのきらめく渓流をたどるところを想像した。ホシバナモグラの生息環境についての彼の説明を聞きながら、意外と簡単そうだなと僕は思った。

事前説明が終わり、僕は彼にいわれるままついていった。僕らの行き先は反対だった。想像していた木漏《こも》れ日の射す丘を登る代わりに、僕らは斜面を下り、泥沼と薮《やぶ》が入り混じる、道路のそばの低湿地にやってきた。ホシバナモグラ捕りでは、森のエルフのように澄みきった渓流を飛び石で渡ったりはしないのだと、僕もまもなく気づいた。むしろ『ロード・オブ・ザ・リング』のゴラムのように、低地のぬかるみにひざまづき、頭《こうべ》を垂れて、イモムシやミミズでいっぱいの泥を素手で掘り返す仕事だった。驚いたけれど、意気消沈はしなかった。どこを探すかは気にならなかった。なにしろ僕は、国立動物園の特命を受けているのだ。

僕はひとことも聞きもらすまいとマクシェイの話に集中したが、レッスンはあっけないほど短時間で終わった。彼が教えてくれたのは、モグラのトンネルの典型的な見た目、モグラが穴掘りに好む場所、シャーマントラップ（ばねで閉まる扉のついた小型の金属製の箱罠）の仕掛け方、トラップの巡回頻度（昼夜を問わず3～4時間に1度）、トラップの洗い方（小川に放り込む）くらいのものだった。

彼いわく、約１００個のトラップはひとつひとつがかなり高価らしい。なんとかなりそうだ。というのも、一帯は彼がすでに入念に調査済みで、トンネルが見つかっていたし、ホシバナモグラの捕獲にも成功していたのだ。ところがそのあと、彼は爆弾を投下した。「ここの土地は僕の義理の両親が所有していて、２人は他人が入るのを嫌がるんだ。だから、どこか別の場所を見つけて罠を仕掛けてもらうよ」。別の場所なんて、どうやって見つければいいんだろう？　レッスン開始からわずか30分後、放り出された僕はペンシルベニアの地図を手に、必需品とシャーマントラップを積んだバンのなかで思案した。

人はよく人生の分かれ道について回想する。たいていは比喩的な意味だ。けれども、このときの僕の逆境に、比喩の要素は何もなかった。無数にある道のうち、どれを通れば憧れの生きものに出会えるだろう？　がんの特効薬がかかっているわけではなかったが、僕は運よくエキサイティングな研究プロジェクトのど真ん中に潜り込めた。ここがキャリアの入口になるかもしれない。すべては次の選択にかかっていた。

片眼で道路を確認しつつ、片眼で田園風景を流し見しながら走った数百キロメートルの道のりをここで説明する気はないし、そもそも覚えていない。ペンシルベニア州北部は丘陵と渓谷が美しく交錯し、どの谷をみても、氾濫原のなかをたくさんの小川が無数に分岐しながら流れている。湿地ができるのに完璧な地理的条件がそろっていて、ホシバナモグラにとって最高の生息地だ。それでも、捕獲にはたくさんの制約があった。ベストな場所はしばしば、道路から長い距離を歩かなくてはたどり着けず、現実的でなかった。アクセスしやすい場所を見つけたと思ったら「立入禁止」の看板が立っていた。完璧なロケーションが、調査目的の採集許可証の効力が及ばない州立公園のなかだったこともあった。

それでもようやく、窓越しに見えた美しい小さな渓谷に、完璧に思える湿地が広がる場所を見つけた。道路からもそう遠くないし、バンを停めて車中泊できる公園からもほんの数キロメートルのところだ。難点はただひとつ、湿地のすぐそばに小屋が立っていたことだ。僕はパークレンジャーから、不法侵入にならないように気をつけろといわれていた。かれらが教えてくれたのはとくに危険なある土地のことだけだったが、散弾銃がらみの話を聞かされては、ほかの場所でも警戒心をもたずにはいられなかった。安全のため、僕はいつも小屋と反対側の渓谷の隅に車を停め、できるだけ距離を保って湿地に入るようにした。

ここの環境は最初からかなり期待できそうだった。あちこちにトンネルがみられ、草の合間には小型哺乳類が頻繁に通っているらしい通路がたくさんあった。極小サイズの足跡が重なり合ってついているトンネルも確認できた。翌日、僕は穴を掘り、トラップを仕掛け、罠道［訳注：複数の罠の設置場所をつなぐルート］を巡回した。簡単そうに思えるかもしれないが、いってみればトライアスロンだって、何時間か泳いで、自転車をこいで、走るだけだ。

面白い結果がでるのにそう時間はかからなかった。数時間おきに巡回するたび、最低10個のトラップに何かがかかっていて、僕は短期集中型でこの土地の哺乳類の多様性を学んだ。ホシバナモグラ

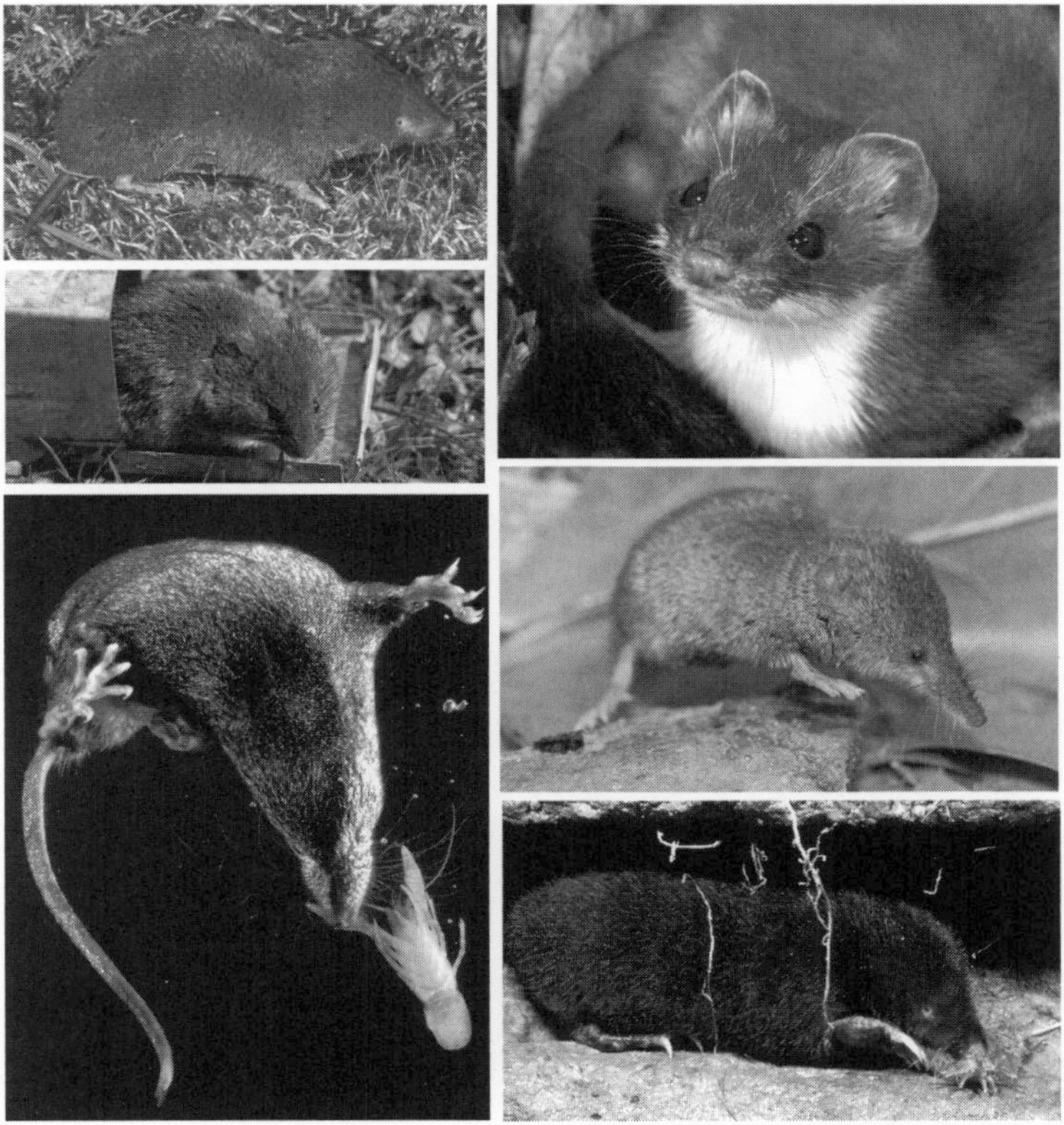

図 1.1　ペンシルベニアの湿地に棲む哺乳類たち。左上から時計回りに、ブラリナトガリネズミ、オコジョ、マスクトガリネズミ、トンネルにいるホシバナモグラ、ミズベトガリネズミ、シャーマントラップから顔をだすアメリカハタネズミ。

を期待しつつ、僕はトラップの中身をバケツにあけ、目当てではない動物たちはリリースした。最初に捕まえたのは、大きな眼と鋭い門歯をもつハタネズミだった。続いて、赤みがかった歯と有毒の唾液をもつブラリナトガリネズミ。ミズベトガリネズミは長い尾と遊泳のためのふさふさした足が特徴だ。小川のそばに放してやると、驚いたことに魚のように泳ぎ去り、対岸の水草のなかに姿を消した。信じられないくらい小さな別種のトガリネズミ（マスクトガリネズミ）は、体重がほんの数グラム、つまり1セント硬貨ほどしかない。超人的なスピードをもつかれらは、僕の腕を駆けのぼってジャンプし、僕が反応もできないうちに草むらに飛び込んだ。

あるトラップは僕が近づくと激しく揺れ、もち上げるとずっしりと重みがあった（トラップのサイズはレンガより少し小さいくらい）。ドアを少し開けて覗いてみたが、毛の塊にしか見えない。僕はバケツのなかにトラップを入れ、ワイヤーを抜いてトラップを解体した。次の瞬間、僕は思わず後ずさりした。奔放さと賢さをそのまま漫画のキャラクターにしたような美しい生きものが、体を伸ばして飛び出してきたのだ。このトラップを仕掛けた草地には、半分食われたハタネズミの死骸が転がっていた。明らかにこのオコジョの仕業だ。バケツのなかをしばらく調べていたオコジョは、急にジャンプして縁に乗り、何度かぐるぐる回ったかと思うと飛び降りて、何事もなかったかのように、伸び放題の草のなかに消えていった。

そして、ついに歓喜の瞬間がやってきた。トラップを拾ってドアを少し押しあけると、ピンク色の肉質の星が僕を見つめていたのだ。まさに奇跡、それも2つの奇跡だった。ひとつめは、とうとう幻の動物を捕獲できたこと。2つめは、そもそもホシバナモグラという生物がこの世に存在することだ。ほかの湿地の小型哺乳類とはあまりにも異質な姿だった。僕は大急ぎでプラスチック容器にべちゃべちゃの泥と落ち葉を詰め、そこにたっぷりミミズを入れた。そして慎重にトラップを開け、モグラが力強い前足で平泳ぎするように落ち葉と泥を掘り返し、わずか数秒で身を隠すところを見守った。

多少の細部の違いはありつつ、連日おこなった数時間おきのチェックはこんな具合に進んだ。この作業を通じて、僕は思いがけない才能に開花した。トラップの確認の合間にはあまりやることがなかったので、公園に戻ってひとりベンチに座っていても仕方がない。代わりに僕は丸1日を湿地で過ごし、まわりに目を凝らし、耳をそばだてるようになった。絡まった古い釣り糸と釣り針など道具一式を小川のほとりのやぶで見つけ、10年ぶりの釣りで釣果をあげた。陽射しの下、倒した大きな草束の上で眠り、斜面を歩くシカの声で目覚めた。のそのそと下草のなかを歩くモリイシガメを観察した。湿地では時間がゆっくりと流れ、僕は日々の雑事について考えるのをやめた。大学院に入ったら取りたい授業も、自分が教えることになっている授業も、大学と動物園を慌ただしく行き来する環状道路のドライブも、間近に迫ったGRE［訳注：アメリカの大学院進学者向けの共通試験］（とくに苦手の植物学）も忘れ、僕は自然に囲まれて、ただこの瞬間を生きていた。

ともかく、僕は1週間ほどで5頭のホシバナモグラを捕獲し、グールド博士が考えていた最善の筋書きを上回る結果をだした。ワシントンに戻る頃合いだ。僕はいつも通り渓谷の隅にバンを停め、トラップをすべて回収し、小川で洗って、装備をひとつのこらず積み込んだ。

最後にもう1度、車でゆっくりと渓谷を通過した。いまや僕は、まったく新しい視点で谷を見渡していた。ここには少なくとも10種の小型哺乳類がいて、みなが同じ地下のハイウェイを使っている。当然ながら、時どきは互いにでくわすこともあるだろう。モグラとトガリネズミが出会ったら何が起こるのだろう？　シロアシネズミとハタネズミが遭遇したら？　ハタネズミとオコジョの出会いの物騒な結末ならもう見たが、オコジョはトガリネズミも食べるだろうか？（トガリネズミは脅威を感じるとスカンクのように悪臭を放つ）名残惜しく最後に渓谷を眺めながら、僕は種間の社会的順位や捕食・被食の相互作用に想像をめぐらせていた。そのとき、僕の眼はあるものに釘づけになった。小屋の隣にトラックが停まっている。

あいさつしておいたほうがいいだろうか？ ためらう理由はいくらでもあった。相手の所有地で見知らぬ人に声をかけるのはいつだって気まずいものだし、話をするためだけに私道をとおり、さらに歩いて川を渡らなくてはいけないとなるとなおさらだ（借り物のバンは四輪駆動ではなかった）。それに、もっと怖かったのは僕自身の想像だ。この道沿いに少なくともひとり、よそ者に優しくない人物が出入りしているのはわかっていた。そこは狩りや釣りの「キャンプ」だったので、当然ながら銃をもっているはずだ。

それでも、この機会を逃すわけにはいかなかった。この特別な湿地に今後また戻ってきて、怯《おび》えることなく歩き回れるかどうかを知りたかった。それに、人里離れた小屋に出入りする誰かには、このあたりで出会うかもしれないのだ。妙な男が夜中に懐中電灯をもって森をうろついていても心配は無用だと知ってもらったほうがいい（相手がライフルをもっているなら、なおさらだ）。僕はスピードを落として砂利道を通り、小川の少し手前でバンを停めた。

ブーツに水が入らないよう、僕は慎重に浅瀬を選んで川を渡り、さらに小さな野原を抜けて、荷台から釣り道具を降ろしていた見知らぬ男性にあいさつした。彼の表情を見たとたん、僕は自分が犯した間違いに気づいた。といっても、危ない目に遭ったわけではない。何もかもを逆に考えていたのだ。僕は湿地へ来てからずっとバンで生活し、日向の斜面で昼寝し、最後にシャワーを浴びてひげを剃ったのは何日も前で、ぼろぼろの服と泥だらけのブーツを身につけていた。しばらく鏡すら見ていなかったし、当時の僕は長髪だった。物騒な想像をするより、自分の見た目を本気で心配すべきだったのだ。近づくほどに彼が眼を丸くするのを見て、僕はようやく理解した。

幸い、僕には魔法の呪文があった。「こんにちは、国立動物園で働いている者です」。そうそう耳にすることのない台詞だ。さらに「あなたの小屋の近くで、顔に触手のある摩訶不思議な動物を探したいのですが」と続けたのが功を奏し、僕はイカれた家なしの野外生活者ではなく、ただの過労気味の生物学専攻の学生なのだとわかってもらえた。もちろん、この出会いのハイライトは、バンに積み込んだ本物のエイリアンを彼に見せた瞬間だった。

彼の名前はカーマインといった。私道に入り込んでまで彼に話しかけたのは正解だった。小屋はカーマインが隠れ家として、釣り（とポーカー）に使っていた。彼はこの土地の野生動物に詳しかったが、ホシバナモグラについては見たことも聞いたこともなかった。「アウトドア派」の彼は、存在すら知らなかった動物が掘ったトンネルの上を何十年も歩いてきたと知って、心底驚いていた。彼はフレンドリーかつ好奇心旺盛で、小屋のまわりに生息する小動物について何から何まで知りたがった。去り際、彼は所有地にトラップを仕掛ける許可をくれただけでなく、よければ小屋を作業拠点として使ってほしいと申し出てくれた。こうして偶然の出会いから、僕は長年の友人を得たのだった。

事件は動物園で起きている

ホシバナモグラを連れて動物園に戻ったのは、あの夏のハイライトのひとつだ。正直にいうと（カーマインとの一件で外見を気にするようになった）僕は、ちょっと演出を入れた。7時間におよぶドライブのあいだ、着替えてブーツから泥を落とす時間はいくらでもあったけれど、ここで印象を残しておきたかったのだ。僕は小獣館の「新人」で、それまであまりなじめていなかった。採集旅行の前の数週間、僕はモグラの飼育舎をセッティングし、基本の世話についてメモをとりつつ学んだ。（ちょっとおせっかいなくらい）みんな親切だったが、同時に不自然な距離感と堅苦しさを覚えた。理由には心当たりがあった。

採集旅行の前、ある飼育員が僕にハーバードはどうだい、と訊《き》いてきた。「ハーバード？」僕は答えた。「僕が通ってるのはメリーランド大学ですよ、この道の先の」。彼は僕のノートを指差した。ハーバード大学のロゴ入りだ。僕はそれまで気づいていなかったし、どこで手に入れたかも覚えていなかった。たぶん動物園のオフィスの雑然とした一室にある、収納キャビネットから出てきたのだろう。トラ展示場の真下のその場所に、僕は小さなデスクスペースを借りていた（ここも窓は塞がれていた）。どうやら僕はハーバードから来た「ボスの手下」だと思われていたようで、職員たちは「動物園ではハーバードをでてなきゃボランティアもできないからね」と皮肉をいっていた。僕は笑いながら、彼にこういった。「いえ、僕はハーバードから引き抜かれたモグラの世話係じゃないですよ」。とはいえ、汚れ仕事をしたがらないよそ者だと思われるのは心外だ。

僕がホシバナモグラを手に、第一次世界大戦の塹壕戦《ざんごうせん》から帰還したような姿で戻ってくると、誤解はすっかりとけた。もちろん、飼育員たちは普段から、ライオンやトラやクマのような、もっとインパクトのある届け物を受け取っている。けれども、これで僕は森のなかを歩きまわり、目当ての動物を見つけて、泥にまみれながら成果をだせるやつだという「仲間うちの信頼」を勝ち取った。

まもなく僕は、昼食のテーブルや小獣館の展示場の下のラウンジのソファにとけこめるようになった。飼育員はみなさまざまな動物たちを愛していて、論文になっていない豊富な知識をもっているうえ、話が抜群にうまく、願ったり叶ったりだった。「ペットのガラガラヘビに2回目に咬まれたとき、父は病院に連れていってくれなかったんだ。これで懲りるだろうっていってね」。なかなか聞ける話ではない（そのあと彼は毒で組織が溶けてできた手のくぼみを見せてくれた）。もうひとつ僕が驚いたのは、ライオンやトラを担当する飼育員たちが、ビッグキャットの悪夢を見るといったことだ。顔なじみの相手なのだから、自信をもって安心して向きあえるだろうという、僕の想像とは正反対だった。ここで断っておくが、子どもの頃の経験談や悪夢は別として、かれらは全員が全員とも、何よりも動物の福祉をまっさきに考えていて、だからこそ国立動物園で働いていた。もうひとつ、毒ヘビにちょっかいをだした職員は、たとえそれが自宅であっても動物園を解雇される決まりだそうだ。

続いて僕は、研究につきもののたくさんの興奮といらだちを初めて味わった。研究手法の原理は単純なものだった。もしホシバナモグラが電場を使って獲物を見つけているなら、獲物の電場を模倣して、モグラをだましてやればいい。レーザーポインターを使ってネコと遊ぶのとよく似ている。この場合、ネコは視覚を頼りに獲物を追っているという結論をすぐに導きだせる。さらに近い例でいえば、電場を使ってサメをおびき寄せ、攻撃を誘発した実験がある。（生物学界隈では）有名なこの研究をおこなったのは、カリフォルニア大学サンディエゴ校のアドリアヌス・カルマインだ。科学者たちは何世紀ものあいだ、サメの顔にある特殊な孔の役割に頭を悩ませてきた。カルマインはこの謎めいた孔が、水中で獲物が発する電場を感じ取るのに使われる事実を明らかにした[*2]。彼が示した証拠のひとつが、サメに「人工の」電場を襲わせた結果だった。

簡単そうに思えるが、ただ電池を水中に放り込んで対象動物の反応を見る、というわけにはいかない。それでは電力が強すぎる。代わりに微弱な電流を正確に調整して、水中で生きた動物のまわりにできる弱い電場を再現しなくてはならない。これはカルマインの得意技のひとつで、彼は親切にも僕らの研究のために器材を提供し、アドバイスをくれた。彼が貸しだしてくれたのは、実験用に適切な電場を生成できる文字通りの「ブラックボックス」だった。カルマインの住まいと職場はサンディエゴで、グールド博士はキュレーター業務に忙殺されていたため、結局僕はひとりで器材を設定し、実験をおこない、結果を記録することになった。行動実験が可能なタイミングは、水を浅く張った小型水槽にホシバナモグラが近づき、餌を探す気になったときだけで、当然ながらそんなチャンスがあるのはたいてい真夜中だった。

夜の動物園で動物たちと過ごす時間は格別だ。最初の夜、僕はホシバナモグラの通常の行動パターンをつかむため、一般展示場を通しで観察することにした。建物の照明は自動タイマーで管理されていた。消灯後、懐中電灯をもち、真っ暗な廊下に置いた折りたたみ椅子に座った僕は、何かに見られている感覚を覚えた。夜行性動物たちが僕の存在に慣れると、掘ったり引っかいたり、枝をゆすったりじゃれあったりする、活気に満ちた物音が建物のそこかしこから聞こえだし、時折エキゾチックな霊長類の鳴き声が響きわたった。未知なる刺激でいっぱいの、唯一無二の体験だった。

夜がふけるなか、モグラの行動を記録していた僕は、やがて奇妙なことに気づいた。ときに廊下の奥、ときにもっと近くから、パチパチとクリック音が聞こえるのだ。さらに不気味なことに、暗い廊下に目をやると、突き当たりの僕の視界のぎりぎりの場所を、何かの影が駆け抜けるのが見えたような気がした。こんな場所と時間では妄想めいたことを考えるのは無理もないが、時が経つにつれ、僕はぞっとするような事実を知った。クリック音の正体は、天井から大きなゴキブリが床に落ちる音。そしてあの影は、建物の端から端へと移動を試みる、並外れて大きなドブネズミだった。ネズミにとって、僕の存在は不都合だったようだ。

僕は飼育員たちの言葉でいう「動物園のなかの動物園」を発見したのだ。どんな動物園もその性質上、毎日大量の動物の餌を用意し分配しなくてはならない。それに惹《ひ》かれてさまざまな有害生物が集まってくるうえ、一般的な毒餌や殺虫剤による駆除は厳禁だ。動物園ではつねに有害生物の捕獲と封じ込めという、終わりなき戦いが繰り広げられている。僕は昆虫を見て悲鳴を上げるタイプではないが、それでも床から足を離して椅子に座った。闇のなかでゴキブリが不意に脚を駆けのぼってくるのは勘弁だ（僕はのちにゴキブリに復讐をはたすのだが、くわしくは第7章で）。

この「ウォーミングアップ」のあと、僕は動物園での時間のほとんどを、建物の片隅にあるホシバナモグラ研究専用の小さな部屋で過ごした。中心となる実験は、水槽の片方の端に電場を発生させ（水中にいるミミズを再現し）、もう片方は電場がない状態にして、モグラにどちらで餌探しをするか選ばせるものだった。探索の様子をビデオカメラで撮影し、電場をどちら側で発生させるかは適宜切り替えた。こうした実験は腹が立つくらい思わせぶりだ。コイントスで表か裏かを予想するときと同じで、たまたま当たっただけで超能力があるような気がしてしまう。けれども、いつまでも運は続かない。それはモグラも同じで、最初は予想通りの結果がでているように見えたが、個体ごとに試行を重ねるにつれ選択はランダムだとわかった。そこで僕はさらに厳密な実験に挑んだ。

僕はカルマインのサメの論文をすべて読み、本物の獲物を電気を通すゼリー状の寒天（アガロース）の層の下に隠すという方法を学んだ。カルマインは寒天バリアを使って、魚が発するにおいや水の動きがサメに届くのを遮《さえぎ》り、またサメから魚が見えないようにした。重要なのは、電場は寒天で遮蔽《しゃへい》できないことだ。もしサメが電場を感知しているなら、この状態でも魚を発見して襲うはずで、まさにその予測どおりになった。サメは薄い寒天の層を食い破り、やすやすと獲物を手に入れた。この実験結果は、サメが電気受容感覚をもつ、動かぬ証拠となった。

僕は数週間かけて、水中のミミズを隠す寒天バリアのつくり方をマスターしたが、やはりモグラが電場を感知している証拠は得られなかった。残念な結果だったが、決定的とはいえないこの実験からも収穫はあった。かれらの星の謎、触手の機能に関する疑問が、さらに興味深いものになったことだ。僕は事件を捜査する刑事のような気持ちで研究に取り組み、それにより論文や書籍を読むときの心構えも変わった。僕の頭に浮かぶ疑問は、たいていほかの誰か、というより正真正銘の科学者がすでに考えてきたもので、すでに答えがでていることも多かった。ふと僕は、星を顕微鏡で見たらどうなっているのだろうと考えた。１９６０年代、デヴィッド・ヴァン・ヴレックという人物がホシバナモグラの触手を観察し、「アイマー器官」[*4]とよばれる微小なドーム状の構造を発見した。器官の名前は１８００年代にアイマーという人物が発見したことに由来し、このときの対象はヨーロッパモグラ[*5]だった。つまり、この奇妙な構造はほかのモグラにもある。だが他種のモグラは泳がないので、アイマー器官が電気受容器である可能性は低い。動物の周囲に水がなければ電場を感知することはできないからだ。星にはアイマー器官以外に、別の種類の受容器があるのだろうか。まだ答えのでていないこの疑問を、僕は将来のためにとっておくことにした。

モグラの多様性とそれぞれの種がもつ感覚器官について、文献を読み漁るのに長くはかからなかった。ひとつ、つけ加えるなら、この調べ物はとても楽しかった。実際の作業はやっかいな期末レポートの下調べと同じでも、いまや僕は自分だけの疑問に取り組んでいて、どうにかして答えを見つけだしたかった。この気持ちは、実家の裏の小川を歩きながら、次のカーブでは何か面白い生きものが見つかるかなと、期待に胸を膨らませていたときと同じだ。それこそが、僕の最大の気づきだった。

本とサラマンダーとセミナー

時は1989年、まだネットサーフィンもAmazonもなかったので、僕は地道に図書館を歩き回り、動物の感覚の棚を読み漁って捜査を進めた。そんなとき、当時刊行まもない『電気受容(Electroreception)』[*6]という本に出会った。この分野がそれだけで1冊の本になるほど盛りあがっているとは思いもよらなかったが、(まえがきによると)「少数精鋭」の研究者たちが、電気を感知できるさまざまな動物種を対象に研究を進めているらしい。本は章ごとに別べつの研究者あるいは研究チームが専門のトピックを解説する構成だった。こうして電気受容のバイブルを見つけた僕は、すっかり改宗者のひとりになった。

新たな愛読書の第16章「両生類における電気受容」を足がかりに、僕は新しい実験を思いついた。記述によると、電気感覚をもつ両生類は多種多様で、たとえばアメリカ南東部に分布する大型のウナギのような両生類フタユビアンフューマには電気受容器があり、その親戚のミツユビアンフューマにもある。さらに奇妙な「ヘルベンダー」ことアメリカオオサンショウウオは、巨大で平たい有尾類の一種で、渓流や川の岩の下で生涯を過ごす(表彰ものの最高にカッコイイ名前だ)。

著者はさまざまな種について「現状の知見」をすっきり整理した表を載せていたので、僕は簡単に文献を見つけ、すべてに目を通すことができた。有尾類の多くは皮膚に電気受容器をもつことが知られていたが、それぞれの種の行動の欄には、たくさんのクエスチョンマークが並んでいた。両生類が電気受容器をどうやって使うか、誰も知らないのだ。この表は紛れもなく将来の研究のロードマップだった。大学院での博士研究のロードマップにもなりそうだ。さらに好都合なことに、電気受容器をもつ有尾類の多くが国立動物園で飼育されていた。

ちょっとしたプレゼンが功を奏し、僕は動物園の爬虫類館で両生類の電気受容を検証するサイドプロジェクトを実施する許可をもらった。まずはおなじみのアホロートル（ウーパールーパー）から手をつけた。かれらが電場に襲いかかることはすでに知られていた。案の定、装置のスイッチを入れると、アホロートルは毎回欠かさず攻撃し、獲物がそこにいるかのように電場に食らいついた。このちょっとした成功が、魔法の薬のように僕の熱意をかきたてた。

同じころ、カリフォルニア大学サンディエゴ校（UCSD）で神経科学を教えるグレン・ノースカット教授がメリーランド大学を訪れ、脳の進化に関するセミナーを開いた。僕はセミナーに参加し、教授に会う機会を得た。グレンは有名研究者で、動物の脳の多様性と進化について彼ほどよく知っている人は地球上に数えるほどしかいなかったので、もちろん気後れした。何をいったらいいのだろう？面談に向かう僕の気持ちは、まるでペンシルベニアの砂利道を通って、散弾銃をもっているかもしれない赤の他人にあいさつしに行ったあのときのようだった。

だが、心配は無用だった。銃をぶっ放すことも、神経解剖学のクイズをだすこともなく、グレンは暖かい握手で僕を迎えた。さらに緊張を察して、動物園でどんな研究をしているのか尋ね、僕の話を促してくれた。何よりほしかった言葉だ。僕はバッグから『電気受容』を取りだし、第16章の表のページを開いて、「これだけの有尾類が電気にどう反応するか、誰も調べていないなんて信じられません」といった。そして興奮気味に、アホロートルが電場に攻撃を仕掛ける様子を説明した。グレンが自身の研究室でアホロートルの研究をしているとはつゆ知らず。彼は研究におおいに興味をもってくれた。しかもどうやら、例の表を一字一句暗記しているようだった（じつは彼は、この本全体をすみずみまで知り尽くしていた）。有尾類の電気受容の研究は大学院の研究テーマにぴったりだと、彼はお墨つきをくれた。最高に嬉しかったのは、彼がＵＣＳＤへの出願を促してくれたことだ。

グレンが席を立ったあと、僕は本を閉じ、自分の将来に思いを馳せた。そのときようやく、彼の名前がシリーズ編者として本の表紙に載っていることに気がついた。とんでもない見落としだ。どうりでどの章のことも熟知しているわけだ。とはいえ、もしも前から知っていたら、畏《おそ》れ多くて彼と気軽にざっくばらんに議論することなどできなかったかもしれない。

電気受容の本についてもうひとつだけ。この本の表紙には、グレン・ノースカット（シリーズ編者）、テッド・ブロック、ウォルター・ハイリゲンベルク（編者）の３人の名前が載っている。かれら全員がのちに僕の学位審査の委員を務め、グレン・ノースカットは僕の指導教員になる。もしもメリーランド大学マケルドン図書館の司書がこの新刊を注文していなかったら、きっと僕の人生は今とはまったく違うものになっていただろう。

カリフォルニアへ

国立動物園のグールド博士に推薦状を書いてもらい、1990年秋に僕はUCSDの神経科学コースに入学した。多くの大学院生は2年目か3年目に研究テーマを選ぶのだが、僕はすでに博士論文のテーマを両生類の電気受容と神経解剖学にすると決めていた。けれども、ホシバナモグラを扱った経験は僕のなかにすっかり刷り込まれていた。まるで何かの抗原を接種されたかのように、僕は時間差で全身性反応を示した。やがて僕は、あの不可解な星とその機能について考えずにはいられなくなった。だが、まずはある程度の知識が必要だ。

大学院に入ってまもないあいだは、たとえるなら山登りだ。急斜面を着実に1歩ずつ登って、知識の穴を埋めていく。学ぶべきことが多すぎて、どこまで登ったか考えている暇もない。だがしばらくして、(比喩的に)肩越しに振り返ると、スタート地点の駐車場が遠くに小さく見え、あんなに遠くからよくここまで来られたものだと、自分でも不思議に思う。ヒトの脳の解剖、顕微鏡操作、細胞培養、毎週のセミナー、授業、新しい友人たち。それに、本気で新しいレベルに到達したいなら、自前のコンピュータも買うべきかもしれない。

授業は自由に選んで取れたし、いくつもの研究室の「ローテーション」を通じ、さまざまな実験技術を、実際に手を動かして習得できた。僕は動物行動学についてはすでに自信があったので、毛色の違う分野で何かやってみようと思った。顕微鏡技術はまさにぴったりだった。当時、顕微鏡は大きく分けて光学顕微鏡と電子顕微鏡の2種類があった。光学顕微鏡は映画のなかの研究室によくある卓上タイプのものだ。コーヒーメーカーくらいの大きさの器具で、2つの接眼レンズと観察対象を収めたスライドグラスを載せる台がある。生物学専攻の学生にとって、光学顕微鏡の使い方は車の運転と同じくらい、誰もが通る道だ。

一方、電子顕微鏡はまったくの別物だ。電子顕微鏡はさらに、透過型と走査型の2タイプに分けられる。装置自体が巨大で、基部にノブやボタンがたくさん並んだ制御盤があり、独立のコンピュータスクリーンで画像を確認するつくりになっている（『スター・トレック』の宇宙船エンタープライズ号のスクリーンの縮小版だ）。この装置を使えば、とてつもなく小さな世界を垣間見ることができる。一般的な光学顕微鏡は試料を1000倍に拡大できる。これに対し、透過型電子顕微鏡（TEM）の倍率は100万倍以上だ。まさに僕が求めていた、絶対的な明瞭さをもたらしてくれる科学分野だと思った。僕はUCSDにできたばかりの国立顕微鏡学・画像研究センターでの授業を履修した。ここには広い部屋をまるごと占領する透過型電子顕微鏡があり、サターンV型ロケット［訳注：アポロ計画やスカイラブ計画で使用］の小型版のように、冷気の霧を噴出していた。顕微鏡技師たちは見るものを圧倒する存在感をよくわかっていて、神秘性を高めるため、部屋を暗くしたままヴァンゲリスやタンジェリン・ドリームといったニューエイジ音楽を流した。

もうひとつの走査型電子顕微鏡（SEM）は僕のお気に入りだ。組織をスライスして断面から内部を見る（従来の光学顕微鏡や透過型電子顕微鏡はこちら）のではなく、手つかずの試料の表面を、信じられないくらい精密に、美しく映しだす。走査型電子顕微鏡で撮影された画像には、きっと見覚えがあるだろう。ノミやアリをゴジラ級の巨大モンスターに変身させ、アート写真を量産するのがこのタイプの装置だ。もちろんそれだけではなく、たとえば皮膚表面にある各種の感覚受容を特定するのにも役立つ。それが味蕾《みらい》でも、嗅覚受容器でも、あるいは電気受容器でも。

両方の機械操作に慣れた僕は、グレンの指導のもと、アホロートルやそのほかの有尾類の皮膚にある電気受容器、機械受容器、味蕾の分類を進めた。グレンは動物の感覚や脳の発達と進化という、いわば「高等数学」が専門で、多種多様な構造がいつ、どのように進化したかという大きな問いに取り組んでいた。一方、僕は両生類の電気受容をテーマに博士論文を書きあげることで、ようやく最初の小さな一歩を踏みだそうとしていた。

それなのに、動物の皮膚や神経末端にある特殊な構造を分析する新たなツールを手に入れ、しかも世界屈指の高性能マシンを使える立場になった僕は、ホシバナモグラの星のことを考えずにはいられなかった。じつは電気受容器のようなものがあったりしないだろうか？　あるいは何らかの別の構造があって、それで星の機能の説明がつくかもしれない。何を確かめるべきか、は明らかだと思った。それに、国立動物園でこのような疑問に取り組むのは不可能だけれど、ＵＣＳＤの顕微鏡があれば、ものの数日で答えがでる。カーマインに電話して、ペンシルベニアの湿地に戻りさえすればいい。

この冒険を後押しするかどうか、グレンは躊躇《ちゅうちょ》したが、彼の気持ちもわかる。なにしろ、モグラの生息地はＵＣＳＤから３０００キロメートル以上離れているのだから、気軽なフィールド調査とはい

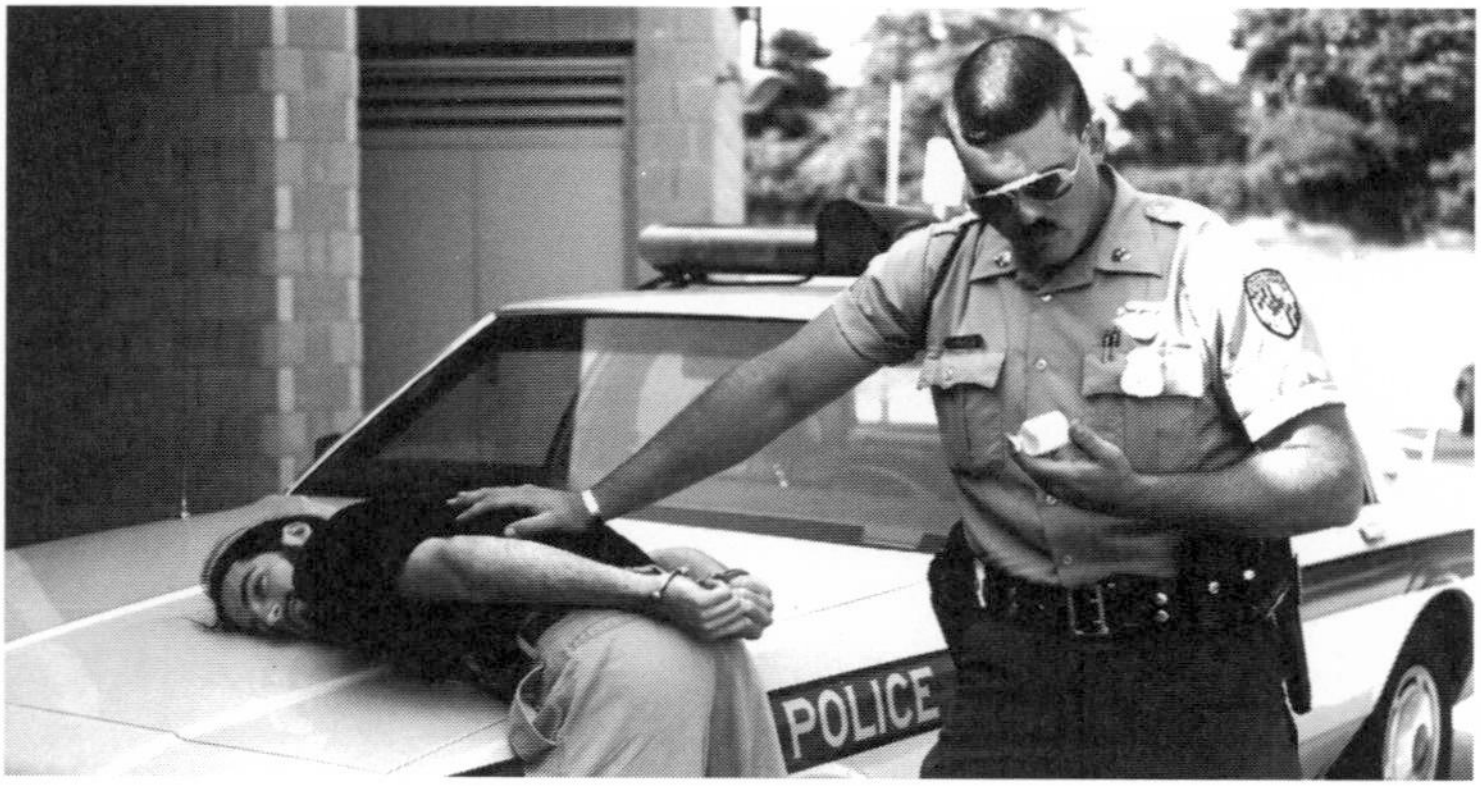

図 1.2 手錠をかけられる著者と「薬瓶」を調べるメリーランド州警察官

えない。それに、モグラを眠らせるために必要な強力な麻酔薬は、老齢のペットを安楽死させるのに獣医師が使うのと同じものだ。バルビツール酸系薬剤は厳しく規制されているため、最大の懸念事項だった。大学の研究室は使用許可を得ているものの、もしも国の反対側の僕の車のなかに薬があるのを警察に見つかったら、ただでは済まない(この時も僕はまだ長髪で、ちゃんとした科学者らしい風貌とはいえなかった)。何も問題はありません、速度規制を守って、厄介なことにならないように気をつけますと、僕はグレンを説得した。最終的には折れてくれたが、彼は僕に何度も厳重に注意した。「ラボのこの薬瓶をもって車に乗るときは、何をするにしても、本当に十分すぎるくらい気をつけてくれよ。君がトラブルを起こしたら、僕の責任になるんだから」

僕は細心の注意を払って行動した。ところが数週間後、僕は国の反対側で拘束され、ラボで一番厳重に管理されていた薬瓶は、メリーランド州警察官の手中に収まった。まもなくグレンのもとに、顚末《てんまつ》報告と保釈金請求の書類が届いた。

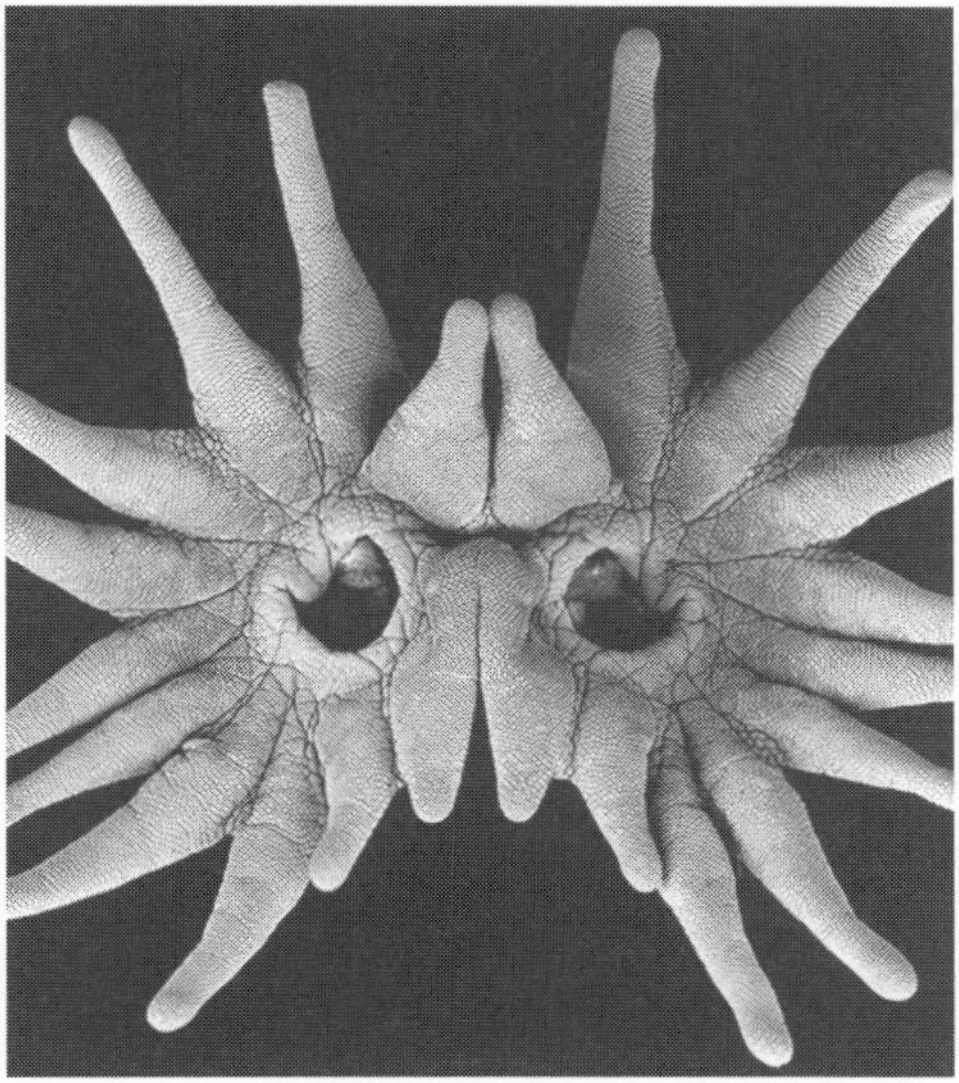

第2章 幸運は備えある者のもとを訪れる

手錠をかけられた僕の写真と走り書きされた保釈金請求が入った封筒をグレンが開けると、もうひとつ小さな封筒が入っていて、本当の説明はそこにあった。僕の学部時代の親友（ここではトムとしておこう）は卒業後メリーランド州警察官になり、僕は地元に帰るたびに彼とつるんでいた。僕はグレンのユーモアセンスを信じていたので、調査旅行の下準備をするうちに、これはドッキリを仕掛けない手はないと思った。そこで警察官宿舎でトムに会い、グレンがいちばん心配していた薬瓶をネタに、仕込み写真を撮影したのだ。書類を送ったあと、僕はカーマインの山小屋に向かった。

モグラ捕りについてはあまり心配していなかった。動物園で仕事をするあいだに、ほとんど習慣になっていたからだ。僕が電話すると、カーマインはいつでも小屋を貸してくれた（小屋をでるときは隅ずみまできれいに掃除して、彼の好きな銘柄のビールを冷蔵庫いっぱい補充しておいた)。僕の兄のビルは何度も助っ人に来てくれたし、カーマインもたいてい小屋に寄って、一緒に釣りやポーカーをしたり、冷凍庫からだした鹿肉をふるまってくれた。バンで寝て夕食にドリトスを食べていた頃とは比べものにならない進歩だ。

ところがこのとき、はるばるサンディエゴからペンシルベニアの湿地までやってきた僕は、授業と実験のあいだのわずかな期間に、たったひとりで捕獲を済ませなければならなかった。時期や直近の天候について下調べしておかなかったのも失敗だった。水位が変わっていて、しかも落ち葉の山でいつもの目印が隠れていた。さらに悪いことに、トンネルも水位変化に応じて移動していて、もはや八方ふさがりだった。タイムリミットが迫るなか、僕はパニックになって兄をよんだ。彼はそのときしていた仕事を放りだし、メリーランドから車を飛ばして手伝いに来てくれた。というより、ちょっとした奇跡を起こしてくれた。あたりを見渡し、小川の対岸まで数十メートル歩くと、「ここで試してみよう」といった。その勘が見事に当たったのだ。

僕は急いでサンディエゴに戻り、走査型電子顕微鏡「ケンブリッジ・ステレオスキャン」の制御盤についた。ついに謎めいた星の拡大画像を撮れる。スケールはまったく違うけれど、走査型顕微鏡に新しい標本をセットするのは、はるか遠くの惑星に宇宙探査船を送るのに似ている。ミクロの世界を実際に訪れることはできない。そこで代わりに、移動する電子のビームを2つのノブで操作しつつ、ちらつくモニターで光景を観察する。期待どおりのものが見られることはめったにない。火星人が見つかったりはせず、たいてい視界には灰色の虚無が果てしなく広がっている。でも、このときは違った。フィラメントが温まり、画像の焦点が合ったとたん、僕はその光景に仰天した。

星には22本の触手があり、そのすべてがハチの巣のようにびっしりと、小さなドーム構造で埋め尽くされていた。ひとつのドームの幅は約50ミクロン（ヒトの髪の毛の太さと同じ）で、星の幾何学的な地形はとびきり奇妙な昆虫の複眼を思わせた。１９６０年代の文献の簡潔な記録から、ドームがアイマー器官であることはわかった。倍率をあげ、ダイヤルを回して星の表面をさまようちに、僕は単純にアイマー器官が星の「表面に」あるわけではなく、星全体が文字通りアイマー器官でできているのだと気づいた。だが、本当にアイマー器官だけなのだろうか？　もしかしたらほかの感覚器官、たとえば、サメや両生類にみられる電気受容器や、何らかの化学物質検出器があるかもしれない。僕が操作していた顕微鏡は、ダイヤルを回すだけで10倍か

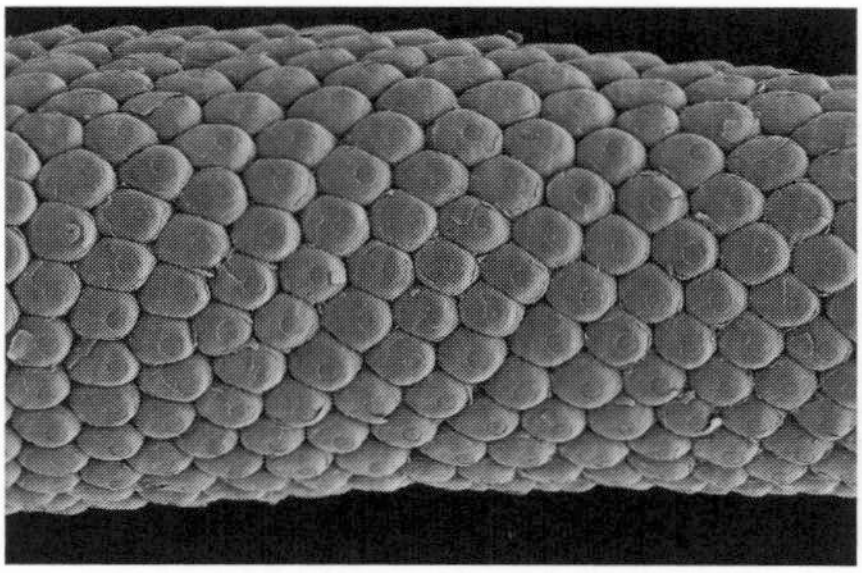

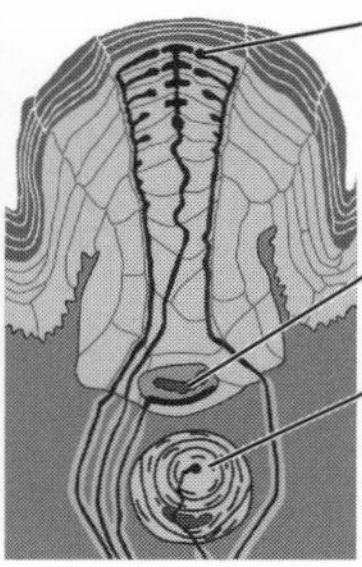

図 2.1 走査型電子顕微鏡の画像（左）は星の触手のひとつの中央部を写したもの。全体がアイマー器官でできていることがわかる。右のイラストはホシバナモグラのアイマー器官の内部構造。

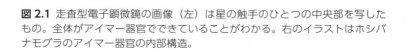

ら10万倍まで倍率を変えられたので、星全体を綿密に調査できた。さらにもうひとつの星の切片を特殊な染料で処理し、通常の光学顕微鏡で神経繊維を観察した。透過型電子顕微鏡を使ったアイマー器官の分析もおこなった。要するに、使えるすべての道具を駆使して星を調べ尽くしたのだ。

努力の成果として、まずは残っていたいくつもの疑問が氷解した。たとえば、星は嗅覚器官ではなかった。表面に嗅覚受容器が一切みられなかったのだ。あなたの鼻と同じで、モグラの嗅覚受容器は鼻腔の奥深くに位置していて、鼻の先端の表面にあるわけではない。また、星に手のような機能はない。星の内部に筋肉はないため、モグラは触手で物体を動かしたり、拾い上げたりはできないのだ。走査型電子顕微鏡での観察から、電気受容器、味蕾《みらい》、既知の化学物質検出器は、星の表面にまったく存在しないとわかった。残るはアイマー器官だけだ。すなわち星の機能を問うことは、アイマー器官の機能を問うことに等しい。

それなら、アイマー器官とはいったい何で、どんな仕事をしているのだろう？ ドーム状のアイマー器官の表面を拡大してみると、中央に円盤状の構造があり、これは何重にも重なった皮膚細胞のいちばん上の層だ（高く積まれたパンケーキの山によく似ている）。内部にはすべての感覚器官の最重要要素である神経繊維が通っている。5〜10本の独立した繊維が周縁部に沿って互いに平行に走っていて、さらに中央に1本の神経繊維がある。頂上の外皮のすぐ下には膨らんだ神経繊維の末端があり、表面をおおう皮膚に何かが少しでも触れると検知できる構造になっている。そのうえ、基部にはメルケル細胞とよばれる触覚受容器があり、この細胞はふつう圧力を検出する（わたしたちの指先にもたくさんある）。メルケル細胞のすぐ下には、別の種類の触覚受容器である層板小体が存在し、こちらは振動に反応する。ここで種明かしをしておくと、これらの観察結果を、僕らはのちに神経繊維の活動を記録し分析して実証した。[*1][*2] 最重要容疑者、つまり触覚は、合理的な疑いを超えて有罪だった。アイマー器官は電場探知機ではない。これは触覚受容器の最高傑作なのだ。

僕は星から神秘のヴェールをはぎとり、ある意味で地べたに引きずり降ろした。今度は再び天に戻す番だ。走査型電子顕微鏡により、典型的な星ひとつには２５０００個以上のアイマー器官が存在し、それがすべて１平方センチメートルにも満たない（10セント硬貨よりも小さな）表面に密集しているとわかった。ホシバナモグラの星は膨大なピクセル数をほこる超高解像度カメラの生物版であり、ただしここでのピクセルは視覚ではなく触覚に対応する。さらに興味深い事実が、星からモグラの脳へと情報を伝達する神経繊維の数から見えてくる。

星の触手のひとつの先端にある、１個のアイマー器官の頂点から１本の神経繊維をたどっていくのは、１滴の水が寄り集まってせせらぎになり、やがて小川に、ひいては川となって海へと注ぐのを見届けるのに少し似ている。最初に、問題の神経繊維はアイマー器官の基部でほかの５、６本の繊維と合流する。次にこの小さな束が、近隣のアイマー器官に由来する数十本の同様の束、数百本の神経繊維と統合される。ひとつの触手の根元に達する頃には、神経束は数千本の繊維を束ねたものに膨れあがった。星の半分の中心には、触手ひとつひとつに由来する11本の太い神経束が存在する。モグラの脳に近づくにしたがって、これらすべてが融合し、じつに５６０００本の神経繊維を集めた巨大な束となり、星の片側からの膨大な情報を伝達する。つまり、すべて合わせると112000本の神経繊維が、星からの触覚情報をモグラの脳に伝えるのだ。[*3]

比較対象がなければ、数字だけを聞いてもピンとこないだろう。そこで、次の事実を考えてみてほしい。ヒトの手は進化の最高傑作のひとつとされる。鋭敏な触覚を備えているおかげで、道具をつくり、武器や野球のボールを投げ、モグラの鼻に関する記述をタイピングすることもできる。だが、典型的なヒトの手にある触覚神経繊維の数はおよそ17000本。対してホシバナモグラの星には、ヒトの爪ひとつくらいの面積に、その6倍の数が密集している。ホシバナモグラはおそらく、地球上でもっとも高感度かつ高解像度な触覚系をもつ動物であることに、僕は気づきはじめた。

最初のチャンス

高性能顕微鏡を使って正体を見定める試みはうまくいったようだ。僕はようやく星についての厳然たる事実にたどり着き、もちろん美しい画像も手に入れた。次にやるべきは、得られた知見を詳細な記述にまとめあげることで、そのためにはアイマー器官を数え、触手ごとのサイズや密度の違いを測定し、星の表面上の分布を可視化する必要がある。こうした骨の折れる作業は些細で取るに足らないものに思えるかもしれないが、実際はどんな探求においても、何より重要な部分といっても過言ではない。こうした過程で偶然見つかった事柄が、往々にして新たな発見につながるからだ。

僕自身にもそんな偶然の気づきがあった。触手と触手のあいだに、アイマー器官がまったくない、ただの皮膚が裸出する部分を見つけたのだ。[*4] しかも、星全体の中心に近い、触手が集まっている部分にもこの「空白地帯」があった。この事実は、触手の1本1本が独立した感覚ユニットであることを意味する。触手はある意味で、独立したひげ（感覚毛）のようなものだ。あれこれ考えるうち、僕はメリーランド大学の学部の授業で習ったことを思いだした。確かマウスのひげは、新皮質の特別な「脳の地図」と対応していたはずだ。

新皮質はすべての哺乳類にあり、また哺乳類にしかない。脳の表面をおおう部分で、さまざまな機能を担う別べつの部位に区分される。どの哺乳類でも、新皮質の触覚（体性感覚）を担う部位は、身体のマップのように構成されている。あなたの新皮質の上に、ミニチュアの人間が脚を上に、頭

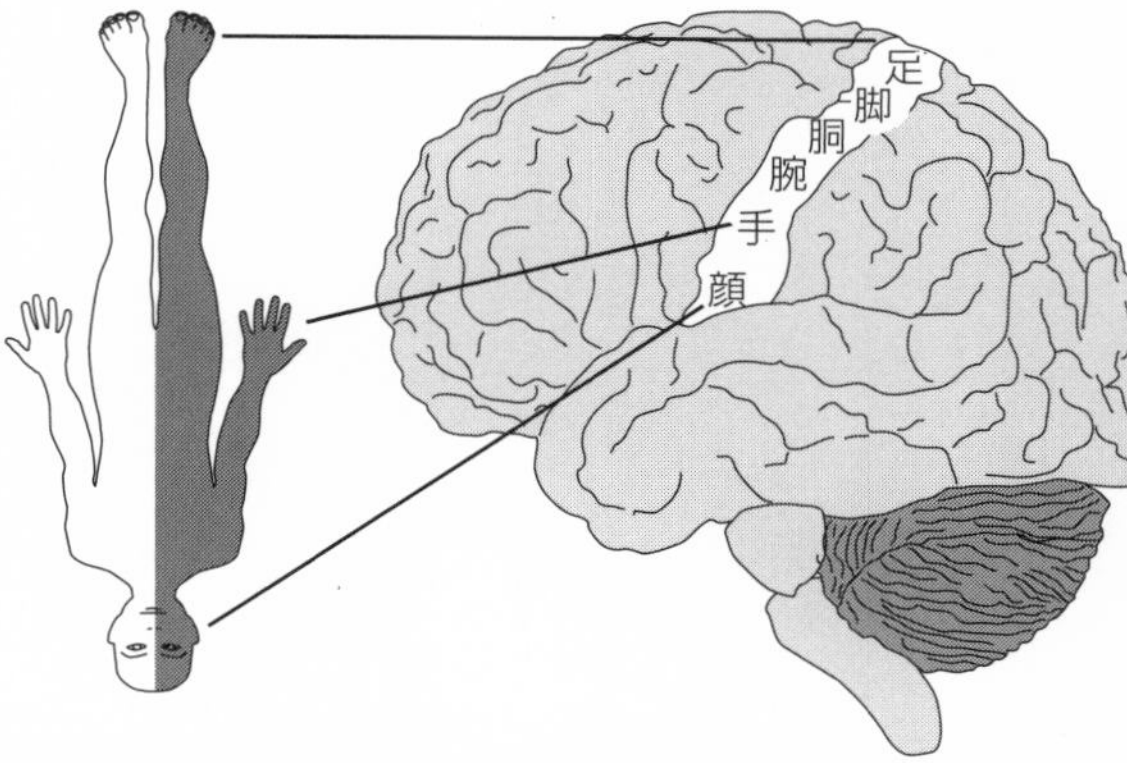

図 2.2 体性感覚皮質にある人体の地図は、脳のなかの「ホムンクルス（小人）」として表せる。すべての哺乳類の相同部位に同様のマップがあり、この部位は一次体性感覚野（S1）とよばれている。二次元コードは「ペンフィールドの脳の中の小人」。

を下にして寝転がっているところを想像してみよう（このヒトはホムンクルスとよばれ、「小人」を意味する）。これが地図の基本構成だ。ただし注意すべきは、脳の各半球にはふつう体の半分しか投射されない（右半身が脳の左半球にマッピングされ、左半身は右半球に）ので、逆立ちしたヒトの半身を思い描いてほしい。神経科学の入門教科書には必ず、新皮質の体性感覚野のホムンクルスが、脳の中央部に横たわる人体のパロディのように描かれている。ヒトの触覚地図の概要を初めて示したのは神経外科医のワイルダー・ペンフィールドで、彼は手術患者の新皮質に電気刺激を与え、身体のどの部分に感覚が生じたかを記録するという方法を用いた。

脳は控えめにいっても複雑な構造であり、脳地図を作成するには、ふつうニューロンの活動を綿密に記録するか、ペンフィールドがやったように特定の脳部位を刺激する必要がある。しかしマウスの脳には、神経科学者の新皮質の探究におおいに役立った特別な部位がある。「バレル（樽《たる》）皮質」とよばれるこの部位には、切片組織の状態ではっきり目視できる、明瞭に分かれた領域（バレル）が多数集まっている（ひとつの領域は多数のニューロンで構成されている）。脳地図のなかにあるひとつのバレルは、顔の反対側から生えている1本のひげに対応している。簡単にいえば、マウスの脳では（組織を適切に処理すれば）ひげの地図を実際に見ることができる。これは稀有《けう》な例だ。

マウスのバレル皮質は触覚皮質の教科書的な例だが、それだけではない。マウスやラットの目視できる脳地図はモデルシステムとよばれ、神経科学者はこれを利用して、触覚皮質の働きについて多くの発見をなしとげた。バレル皮質に関する学術論文は優に1000本を超え（加えて数冊の学術書も書かれた）、さらには毎年「バレル」と題した学会まで開かれている。

正直なところ、ホシバナモグラの鼻を顕微鏡で調べはじめたとき、僕はこのマウスの特異な脳部位についてて断片的にうっすら覚えていただけだった。それでも、ルイ・パストゥールの有名な格言「幸運は備えある者のもとを訪れる」が僕にあてはまるには（どうにかぎりぎりで）十分だった。この格言をもっとわかりやすく自己流にいい換えると、「教科書を古本屋に売るな」になる。僕はそのとき、まだ神経科学の授業の教科書（『ニューロンから脳へ（From Neuron to Brain）』の１９８４年版[*6]）をもっていた。ページをめくってバレル皮質の図を見つけ、しばらく眺めているうちに、ぼんやりちらついていた僕の頭のなかの電球が、だんだん明るくなってきた。もしやホシバナモグラの新皮質には、マウスのひげの地図がバレル皮質になっているように、目に見える星の地図があるのでは？　もしそうならすごく面白いし、そこから新皮質について新たな知見が得られるはずだ。

僕はグレンに研究計画を説明し、彼も調べる価値があると賛

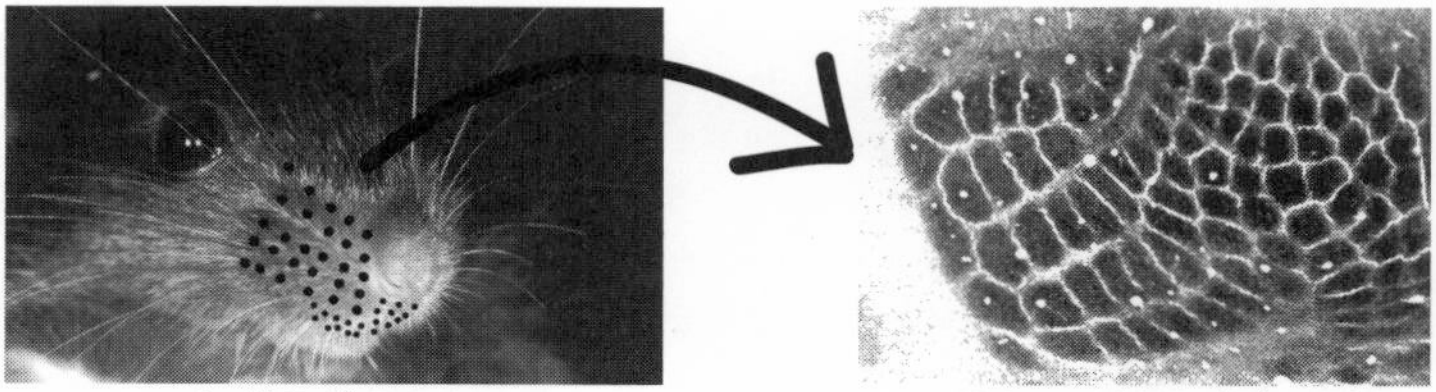

図 2.3 マウスのひげとマウスの脳の特別な関係。ひげの１本１本に対応する脳領域を、新皮質の表面にある楕円形として見ることができ、マウスの顔が脳内でどう「マッピング」されているかが明確にわかる。この関係から、マウスは触覚を研究する神経科学者にとっての「モデルシステム」となっている。

同してくれた。だが、脳のバレル皮質（あるいはホシバナモグラでそれに相当する部位）を調べるには、組織に特殊な処理を施す必要がある。この処理ができる人は熟練の神経科学者のなかにも数えるほどしかいない。大脳皮質を上から下まで正確に切断するには、まず脳のほかの部位からきっちりと分離したあと、慎重に押しつぶさなくてはいけない。グレンも僕もこのやり方を知らなかったが、幸いグレンは誰の手を借りればいいかをわかっていた。ヴァンダービルト大学のジョン・カースだ。ジョンは新皮質の本も書いている。今ならEメールを送るところだが、当時そんなものはなかったので、僕は彼に手紙を書いた。返信で彼は僕をラボに招待してくれた。

百聞は一見にしかず

ヴァンダービルト大学はテネシー州ナッシュビルに位置し、サンディエゴから州間高速道路40号線を30時間ほど走ったところなので、ペンシルベニアのカーマインの小屋に向かう途中で寄るのにちょうどよかった。今回は第一印象を運任せにはできないので、僕はジョンの論文を山ほどコピーし、朗読してテープレコーダーに吹き込んで、オリジナルのオーディオブックをつくった。運転中に流して、新皮質についての最新ヒット作から古典的名作までを聴くためだ。いかにもオタクっぽいやり方だが、映画『マトリックス』の主人公ネオにカンフー武術がアップロードされたように、どうやらうまくいった。僕が知識を取り込むのには、それよりだいぶ時間がかかったが。

だが結局、心配は無用だった。グレンと同じように、ジョンも気さくで面倒見のいい人で、権威にものをいわせるタイプではなかった。初対面だというのに彼は僕を家に泊めてくれて、すぐに僕らはキッチンでビール片手に、脳について、科学の政治性について、それにもっと哲学的なあれこれの話題で盛り上がった。最終的に、テーマは僕がそれまでどの研究でも扱ってこなかった、大学バスケットボールに行き着いた。

翌朝、ジョンの研究室で実験の詳細を詰めていった。僕は走査型電子顕微鏡で撮影した星の画像を彼に見せ、触手と触手のあいだにあるかすかな境界線を指差した。ジョンいわく、モグラの新皮質のなかに興味深いパターンを探すのは朝飯前だという。僕はその日のうちにカーマインの小屋に向けて出発し、2週間と経たないうちに、僕らは初めてとなるモグラ脳の観察に臨んだ。

新皮質を押しつぶして切片にしたあと、脳組織を染色する下準備は、標本を電子顕微鏡の下に置くのと同じくらいハラハラした。ただし目の当たりにする結果のスケールは大きく異なる。電子のビームは人類がこれまでに実現したもっとも大きな倍率で対象を見せてくれるのに対し、押しつぶした新皮質の切片の観察では、昔ながらのスライドプロジェクターを使う。だが、装置がシンプルだからといって結果もそうとは限らない。運がよければ、通常は目に見えない新皮質の構造を平面状に映しだし、白日のもとに晒《さら》すことができる。

僕が最初の脳切片を観察したのは週末だった。思ったとおりの場所に、いくつもの暗色の縞模様が星の形に並んでいるのが見えた。皮質の染色パターンを紙に投射すると、鉛筆で模様をトレースできるので好都合だった。僕は急いでいくつかのパターンを描き写すと、ジョンの家に車を飛ばし、土曜日のくつろぎの邪魔をした。僕が家に上がりもしないうちに図を見せると、彼も同じくらい興奮した様子で、僕らは玄関先で結果について議論した。

脳の専門家にとって、この新たな発見にはさまざまな意義があった。星の地図の重要性は、哺乳類の脳構造について長年支持されている定説を覆《くつがえ》したことにあると、ジョンは説明する。多くの研究者が、新皮質は皮質カラム（柱）とよばれるユニットに分割されると考えている。円筒形をしたカラムが床一面に張ったタイルのように新皮質全体を埋めつくしているイメージだ。マウスのひげに対応する、目視できる「バレル」の脳地図はカラムの概念にぴったり当てはまる（円筒を水平に切断すれば、バレルによく似た円が現れる）。一方、星の脳地図はこのような限定的な理論と符合しない。縞模様の形が円形のユニットとはかけ離れているからだ。むしろモグラの脳地図は、新皮質に関する別の理論、すなわち脳地図の細部の特徴は皮膚表面の特性に強く影響されるという考えを支持しているようだ。

僕は慌ただしくサンディエゴへの帰路につき、地平線まで続く州間高速道路40号線を30時間、新皮質について考えながらドライブした。出発してまもなく、ラジオでTOTOの「アフリカ」が流れた。脳の奇妙ないたずらのせいで、いまだにこの曲を聞くたび、新皮質に投射された星の残像が目に浮かぶ。僕にとって忘れられない瞬間だ。興味深い科学的発見をなしとげただけでなく、ストレスに押しつぶされそうな大学院生なら誰でも知っている、現実的な理由からもそうだった。この新しい知見があれば、博士論文の審査は通ったも同然だ。

博士論文審査会に備えて勉強するあいだ、僕は専門家たちからの質問を予想した。ところが、誰もが最初に抱いた疑問は、僕にとってまったく想定外だった。グレンのおかげで、険しい顔をしたメリーランド州警察官の隣で手錠をかけられた僕の写真が、プレゼンの冒頭に大写しになったのだ。僕は前科者ではないと審査員たちに納得してもらえたかどうか自信はないけれど、グレンの仕返しには予期せぬプラスの作用もあった。「逮捕」がらみのものに比べれば、審査員のほかの質問は楽に対処できたからだ。

ずっとあとになって、いわゆる「カルマの円環」が閉じるできごとがあった。あの教科書『ニューロンから脳へ』の第5版の脳地図に関する説明に、バレル皮質と並んでホシバナ

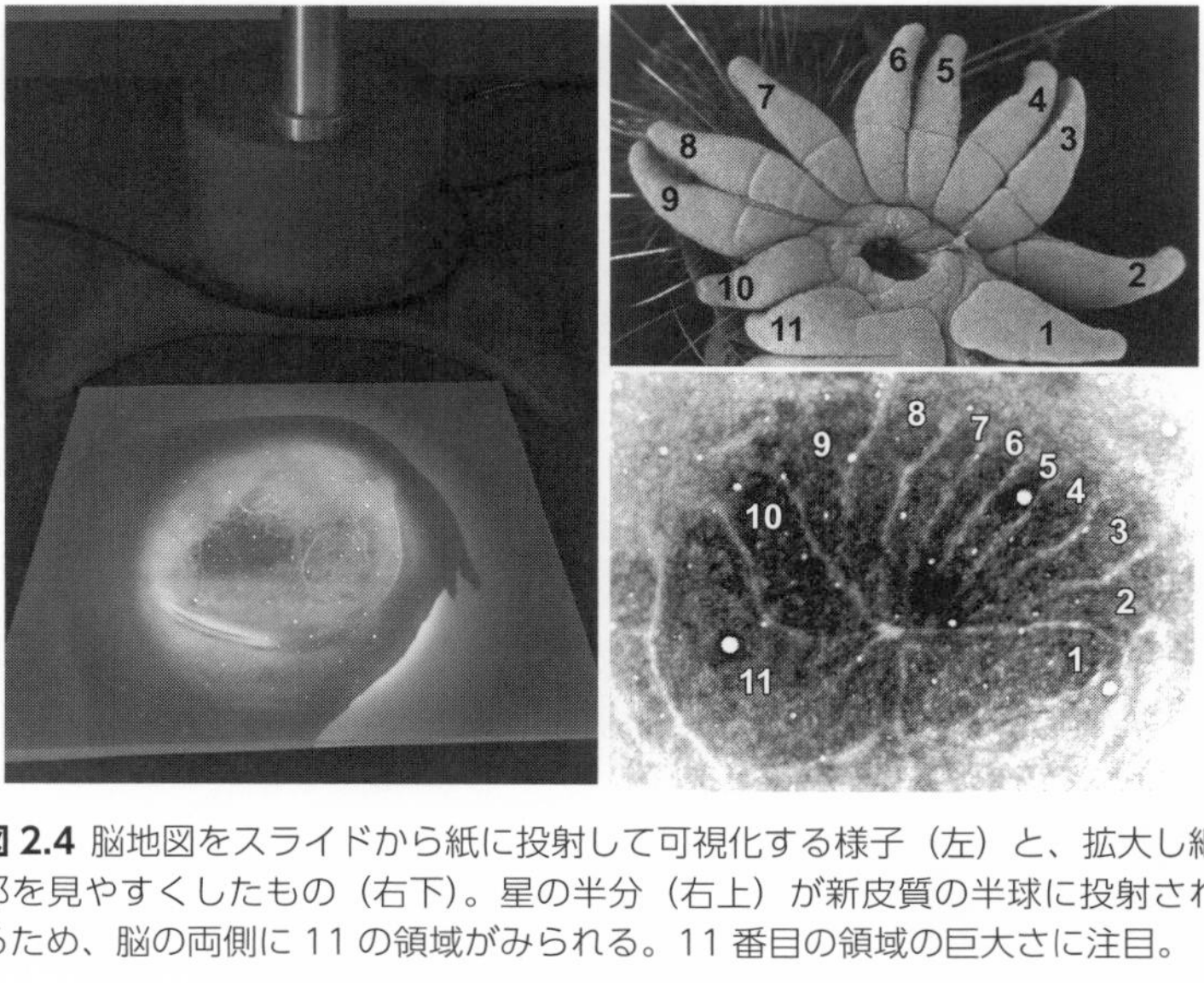

図 2.4 脳地図をスライドから紙に投射して可視化する様子（左）と、拡大し細部を見やすくしたもの（右下）。星の半分（右上）が新皮質の半球に投射されるため、脳の両側に11の領域がみられる。11番目の領域の巨大さに注目。

モグラの例がつけ加えられたのだ。以前の版の教科書が発見のきっかけになったことは、著者たちには知る由もないだろう。

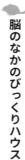

脳のなかのびっくりハウス

走査型電子顕微鏡で見た星の姿と同じで、ホシバナモグラの新皮質マップも、次なる疑問への道しるべとなるパンくずだった。いや、むしろ1枚まるごとの食パンだった。というのも、星のマップを眺めているだけで、説明のつかない奇妙なことに気づいたからだ。星の一部分に相当する領域が、脳地図のなかでやたらと大きな割合を占めている。偏りはあまりに極端で、初めのうちはかなり混乱した。僕らは当初、モグラの新皮質には反対側の星の半分にある11本の触手に対応する、11本の縞模様がみられるだろうと予想（というか期待）していた。ところが実際にみられたのは、10本のかなり似通った縞と1本の極端に太い縞で、しかも特別な1本に対応するのはもっとも小さな触手（第11触手）だった。小さな縞があるはずのところに、なぜ代わりに巨大な領域があるのだろう？ 詳しく調べるためにモグラ脳の電気的活動を記録すると、確かに極太の縞は第11触手に対応していた。僕らは「皮質拡大」とよばれる現象を見つけたのだ。

皮質拡大とは要するに、脳があなたの身体をどう見ているかだ。その姿は、あなたが見ている自分の身体とはまったく違っていて、むしろ遊園地のびっくりハウスの鏡に映る、特徴が大きく歪んだ像に似ている。ヒトの手にはたくさんの感覚ニューロンが存在するので、脳地図上の広大な領域を占める。一方、腕や脚や胴体は触覚に関してあまり重要ではない（ひじで点字を読むことはできない）ので、地図上の対応領域は比較的狭い。ご想像のとおり、ホシバナモグラの脳活動記録から、巨大な星と大きな前肢をもつ「モグランクルス」の姿が浮かび上がった。

ここまでは意外でも何でもない。脳がもっとも重要な身体のパーツに、もっとも広い領域を割くのは十分に予想で

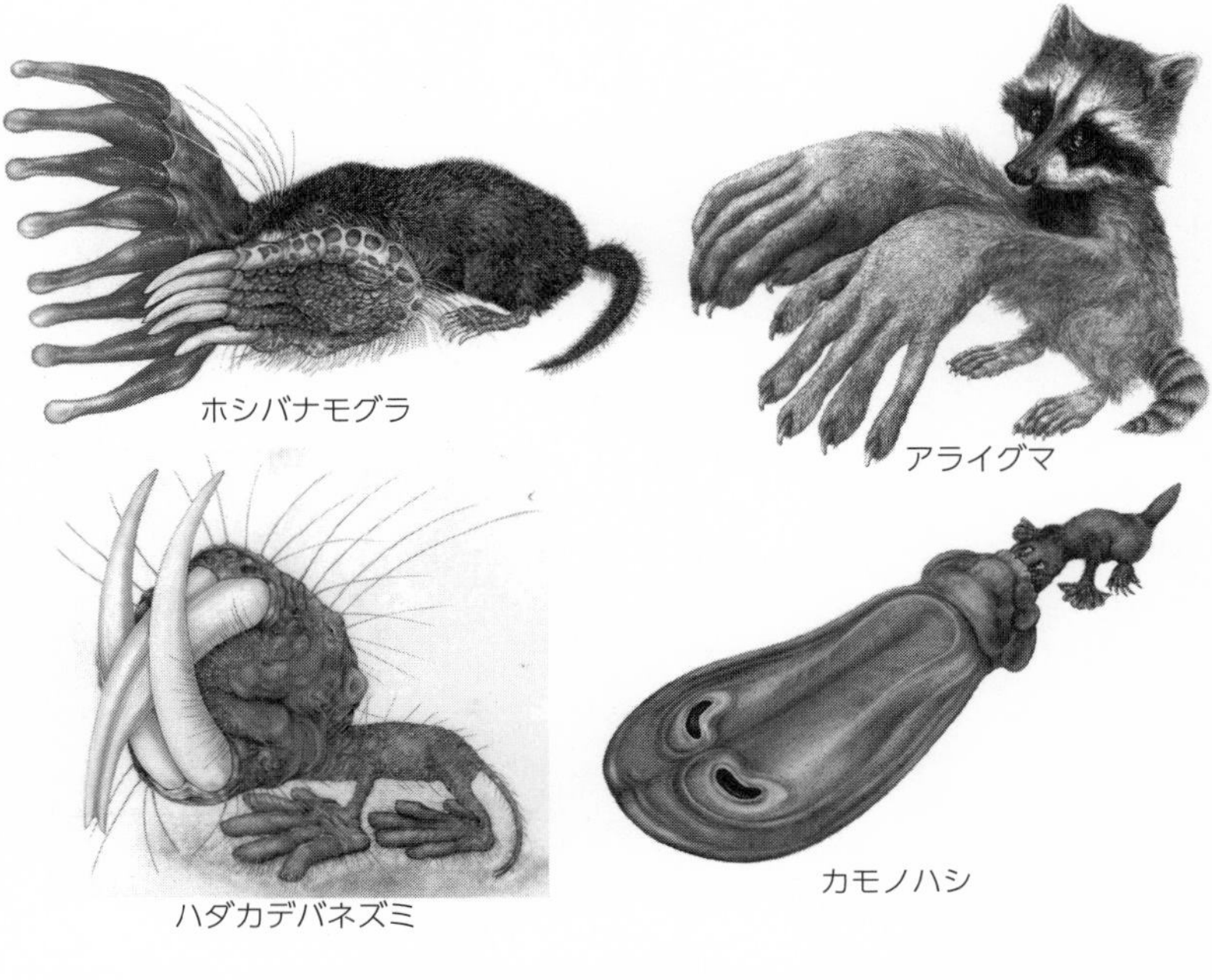

図 2.5 さまざまな哺乳類の新皮質の体性感覚マップにおいて体のパーツが占める割合。重要な体のパーツが相対的に大きくなる現象を「皮質拡大」とよぶ。

きる。けれども、星のなかの一部分が脳地図上で大幅に拡大されていた事実が、新たな謎として立ちはだかった。第11触手の領域は星のマップの25％を占めるが、触手そのものは11本のなかでも最小クラスだ（そのため、アイマー器官の数も比較的少ない）[*3]。なぜモグラの脳は、第11触手をこれほど重視しているのだろう？ この問いに答えるため、僕はホシバナモグラの行動をこれまで以上に詳細に観察し、重要な事実を発見した。

エイリアンじみた外見に不可解な習性で知られるホシバナモグラは、じつはいまこの瞬間にあなたがしているのと同じことをしていたのだ。この文章を読んでいるあなたは、ひとつの単語から次の単語へと眼を動かしている。もし眼を固定して、たとえばこの文の最後の句点に焦点を合わせたままにしたら、本を読みつづけられない。何度か試してみれば、あなたの眼に高い解像度を備えた小さな中心部分（網膜の中心窩《か》）と、それよりずっと広いが解像度の低い周縁部分をもつことが、はっきりわかるだろう。ヒトは低解像度で風景をスキャンしたあと、眼を動かして、じっくり見定めたいものを高解像度の中心窩でとらえる。

ホシバナモグラは同じことを、視覚の中心窩ではなく、「触覚の中心窩」でおこなう。モグラが何か興味深いもの（たいていは食欲をそそるもの）に、星の片側にある第1〜第10触手のどれかで触ったときは、必ず星を動かし、対象を第11触手対で何度も触る[*3]。こうした星の動きは、眼の運動に驚くほどよく似ている。僕らが眼を動かすのにかかる時間は20分の1秒ほどだが、モグラの星にも同じことがいえる。

もうおわかりだろうが、ヒトの新皮質の視覚野は、高解像度の中心窩に対応する部分が不相応に大きい。一方、周辺視野に対応する部分は、視野に占める面積こそ広いものの重要性では劣り、相対的に小さい。脳の資源を効率的に利用する賢い方法であり、モグラとヒト（に加え、視覚の中心窩をもつそのほかのたくさんの動物たち）が進化を通じて同じ解決策に行き着いたのは驚くにあたらない。センサー（眼や星）全体を高感度にするには、感覚情報処理を担う膨大な新皮質の領域が必要だ。それよりも、ひとつの小さな領域だけで細部を分析し、その点をあちこち動かせばいい。周辺は暗く、中心は明るくクリア。たとえるなら感覚の懐中電灯といったところだ。

例によって例のごとく、新たな発見は次の疑問につながった。動物の身体の小さなパーツが、どんなふうに新皮質マップの広い領域を占拠するのだろう？　この問いは神経科学の核心を突いている。さまざまな哺乳類がどのように特定の作業をうまく遂行できるように進化してきたかを理解することにつながるからだ。視覚優位の動物は、新皮質の大部分を眼からの情報処理に割り振っている。一方、エコーロケーション（反響定位）能力をもつコウモリの新皮質は聴覚野が優占し、ホシバナモグラは新皮質の大部分を触覚に割いている。さて、そもそも新皮質のスペースがどのように割り振られているのかを調べるには、初期発生に注目する必要がある。ホシバナモグラの胚を観察しなくてはならない。このステップに進んだ僕は、新たな次元の奇抜さを目の当たりにした。

奇妙な動きが星をつくる

このときの僕はポスドク研究員としてヴァンダービルト大学のジョン・カースのラボに所属していて、新皮質を調べるためのありとあらゆる道具を手にしていた。けれども、胚を調べるにはＵＣＳＤの走査型電子顕微鏡が必要だ。幸い、サンディエゴで打ち合わせの予定があったので、大学院時代の友人で顕微鏡技師のチャールズ・グラハムに電話して、僕が滞在する数日のあいだに使える日があるか確認してもらった。実験技師たちは科学界の知られざるヒーローで、たいていは非公式に、なくてはならない教えを授けてくれる。チャールズは僕が独り立ちするまで、顕微鏡操作の「副操縦士」を務め、問題解決の方法を教えてくれた。このときの問題は技術的なものではなく、スケジュールだった。顕微鏡の利用予約がみっちり詰まっていたのだ。

「君を信用するよ」と、チャールズは電話越しにいった。「前日の夜に来てくれたら、建物の鍵を貸す」。彼が助け舟をだしてくれなければ、別モデルの顕微鏡を見つけてその操作になれるまで、数か月はかかっていただろう。

標本の切片を用意して顕微鏡のモニターの前に座った頃には、すでに真夜中を過ぎていた。建物には誰もおらず、真っ暗で物音ひとつしなかった。僕はいつもどおり、標本がよく見えるように作業中は照明を消していて、近くにある機械の点滅する紫色のライトだけが、これから観察する標本を明るく照らしていた。顕微鏡を冷却する液体窒素の霧が時折吐きだされ、まるでＳＦ映画の冒頭シーンのようだった。

明るく照らされた家のなかで快適に過ごしていると意外に思ってしまうが、暗闇を怖がるおとなはかなり多い（フィールド旅行に行くとよくわかる）。僕は動物園で働いていたときに否応なく克服したので、顕微鏡のモニターに映しだされる画像にびくびくすることはないと思っていた。けれども、いざフィラメントのウォームアップが終わり、最初のホシバナモグラの胚に焦点を合わせると、僕はすっかり肝を冷やした。走査型電子顕微鏡は宇宙探査のようだと前にいったが、僕はとうとうエイリアンを見つけてしまった。

ホシバナモグラの胚に悪評が立っては申し訳ないので、先にいっておくが、誰だって胚のときはあまり美形とはいえない。とはいえ、モグラの胚には飛び抜けて風変わりな点が2つあった。第一に、おとなのホシバナモグラはとてつもない大きさの前肢で穴を掘るが、胚のときからすでに前肢が大きく、まるで小鬼の石像の手のようなのだ。第二に、星の真ん中にある鼻孔はエイリアンの眼を思わせる。実際のモグラの眼は、発達途上の星の向こう、頭部のもっと後方にある。

薄気味悪さはさておき、発達途上の胚はモグラの新皮質で11番目の触手がもっとも広い領域をいかにして獲得するかという問題について、貴重な手がかりの数かずを授けてくれた。すべての触手が等しくつくられるわけではないのだ。1対の第11触手は星の形成過程の最初に現れるため、初期胚の星の触手のなかでは飛び抜けて大きい。しかも、第11触手の皮膚とアイマー器官は最初に成熟し、アイマー器官の内部の神経繊維がおとなと同じ形状になるのももっとも早い。どの観点からみても、第11

触手は星の発達において優先スタートを切っている。ほかの触手は追いかける側を演じ、最終的には第11触手を大きさで上回る。[*7]

では、新皮質のほうはどうだろう？ 意外ではないが、発達中の新皮質においても、第11触手のモジュール（基本単位）が最初に出現し、初期の段階で特有の広い領域を獲得する。こうした知見はすべて、脳の基礎がつくられる発達の初期段階で起こるできごとの重要性を裏づける、数かずの研究結果と一致する。たくさんの神経終末が新皮質マップ上の空間を求めて競争している証拠はいくらでもある。早いうちに発達することが優位性の鍵になるのかもしれない。

僕は自分を理論家とは思っていないが、

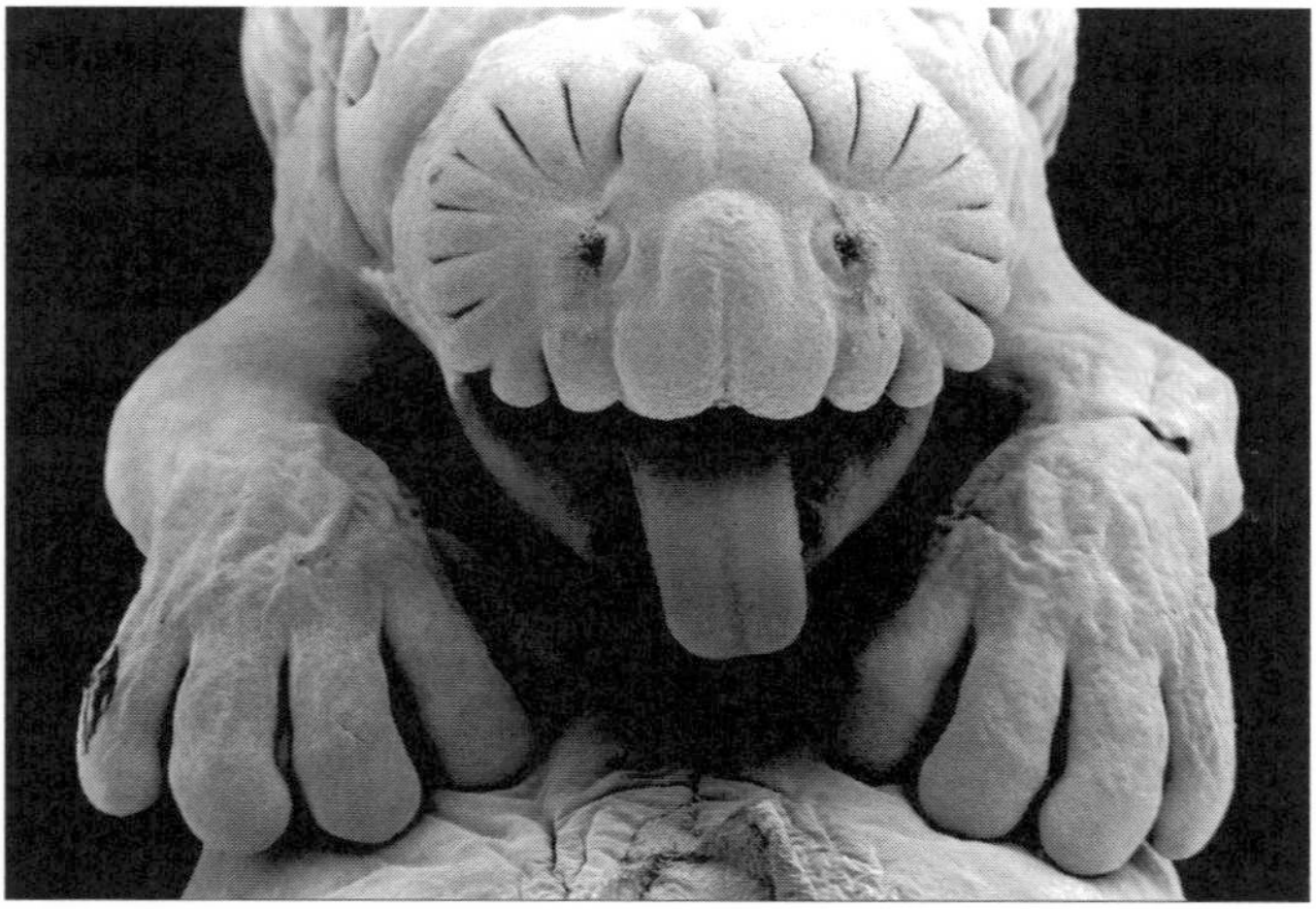

図 2.6 走査型電子顕微鏡が映しだす、ぎょっとするような見た目のホシバナモグラの胚。発達途上の星とその中心にある２つの鼻孔は、頭と２つの眼のように見えるが、実際のモグラの頭蓋と眼は画像のずっと後方にある。発達しつつある巨大な前肢にも注目。おとなはこれを穴掘りに使う。

それでもひとつの興味深い可能性を想像せずにはいられない。進化が脳地図に手を加える方法のひとつに、感覚皮質の発達のタイミングの操作があるのではないだろうか。重要な入力情報にいちばん広くて恵まれた駐車スペースを割り当てたいなら、簡単な方法として、駐車場に早く到着できるように優先スタートを切らせてやるのがよさそうだ（じつは霊長類の視覚系の網膜中心窩も、周縁部よりも早く発達することが知られている）。

発達と進化と『ボールズ・ボールズ』

粘土でホシバナモグラの立体像をつくるところを想像してみよう（実際につくっている人は驚くほど多い）。いざ星に取りかかるとき、あなたならどうするだろう？ ひとつの粘土の塊から始めるとして、鼻の付属器官のつくり方には2つの方法がある。ひとつめは、表面の粘土をひっぱりだして伸ばし、基部を押したりつまんだりして、必要なだけ粘土を集めて適切な長さにするやり方。もうひとつは、いったん粘土を大きく平らに、扇型あるいはパドル型に広げてから、不要な部分を切り取って触手をつくるやり方だ。どちらも粘土造形の一般的な方法であり、実際の動物界の付属器官が発達する過程もこのいずれかに似ている。ヒトの腕がよい例で、どちらの戦略も採り入れられている。最初、四肢は体表面から突出する形で発達し、のちの指の形成は、彫りだされるようにプレート状の構造から指のあいだの細胞が死滅し分解されて起こる。

伸展と、伸展部分からパーツを除去する彫りだし。この2つの基本メカニズムは付属器官をつくるきわめて合理的な方法のようで、ほぼすべての動物の付属器官が同じ主題のバリエーションによって発達する。というより、ほかに方法などあるのだろうか？ この2つの発達モード以外に、妥当な選択肢はないように思える。ところが、ホシバナモグラはある非合理的なやり方を実践している。

初期胚では星は影も形もなく、鼻の先端はただのなめらかな表皮の層だ。だが、発生過程が進むにつれて、星の原型がなんとも唐突に、モグラの顔の両側に11本ずつ皮膚が隆起する形で出現する。これはいったい何だろう？ 星が後ろ向きに、鼻をおおうように折りたたまれた状態なのだろうか？ それとも、表皮の下に皮膚が隠れていて、鼻の内部で形成されたものがあとから出現するのか？ 答えはどちらでもない。この段階では単なる隆起でしかなく、いわば発達途上の鼻の表面が波打っているだけなのだ。発達が進むにつれ、隆起はますます目立ってくるが、まだ独立した付属器官にはならない。「根元」はなく、エジプトのスフィンクスの指のように、胎児の鼻の表面に輪郭が刻まれているだけだ。やがて新たな表皮層がこの波の下に形成されると、モグラの顔の表面に、独立した管状の組織が埋め込まれた状態になる。その後、モグラが生まれてから、独立の管は表皮から浮かび上がり、顔面から分離し前方に曲がって、ついにおとなと同じ星となる。[*9]

この結果、触手の先端は基部よりも顔の後方の組織に由来する。動物界全体を見渡しても、このような後ろ向きの発達過程をたどる付属器官は唯一無二だ。控えめにいって型破りだし、ばかげていると表現したほうが適切かもしれない。彫刻のクラスでこんな風に星をつくる生徒は、たぶん最後まで残るはめになるだろうし、完成させられるかどうかも怪しい。率直にいって、僕にはこんな彫刻法を思いつく人がいるとは思えない。単純に効率が悪すぎる。

それならいったいなぜ、かれらの星はこんなふうに発達するのだろう？　ホシバナモグラには、興味深い科学界の古典的理論や論争のど真ん中に飛び込むくせがあるようだ。最初は新皮質の脳地図だったが、今度は発達と進化の関係だ。高名な古生物学者にして人気サイエンスライターでもあったスティーヴン・ジェイ・グールドは、１９７７年に最初の著書『個体発生と系統発生』[*10]のなかで、まさにこの問題を提起した（このタイトルはそのまま「発達と進化」といい換えられる）。彼が強調したのは、進化は彫刻家や建築家やエンジニアのように、まっさらの状態から新しい作品をデザインすることはないという事実だった。そうではなく、進化は修理屋であり、古い形態の発達過程に手を加えて新しいかたちを創造する。

さらにそこへ、すべての修正版がそれまでのどのバー

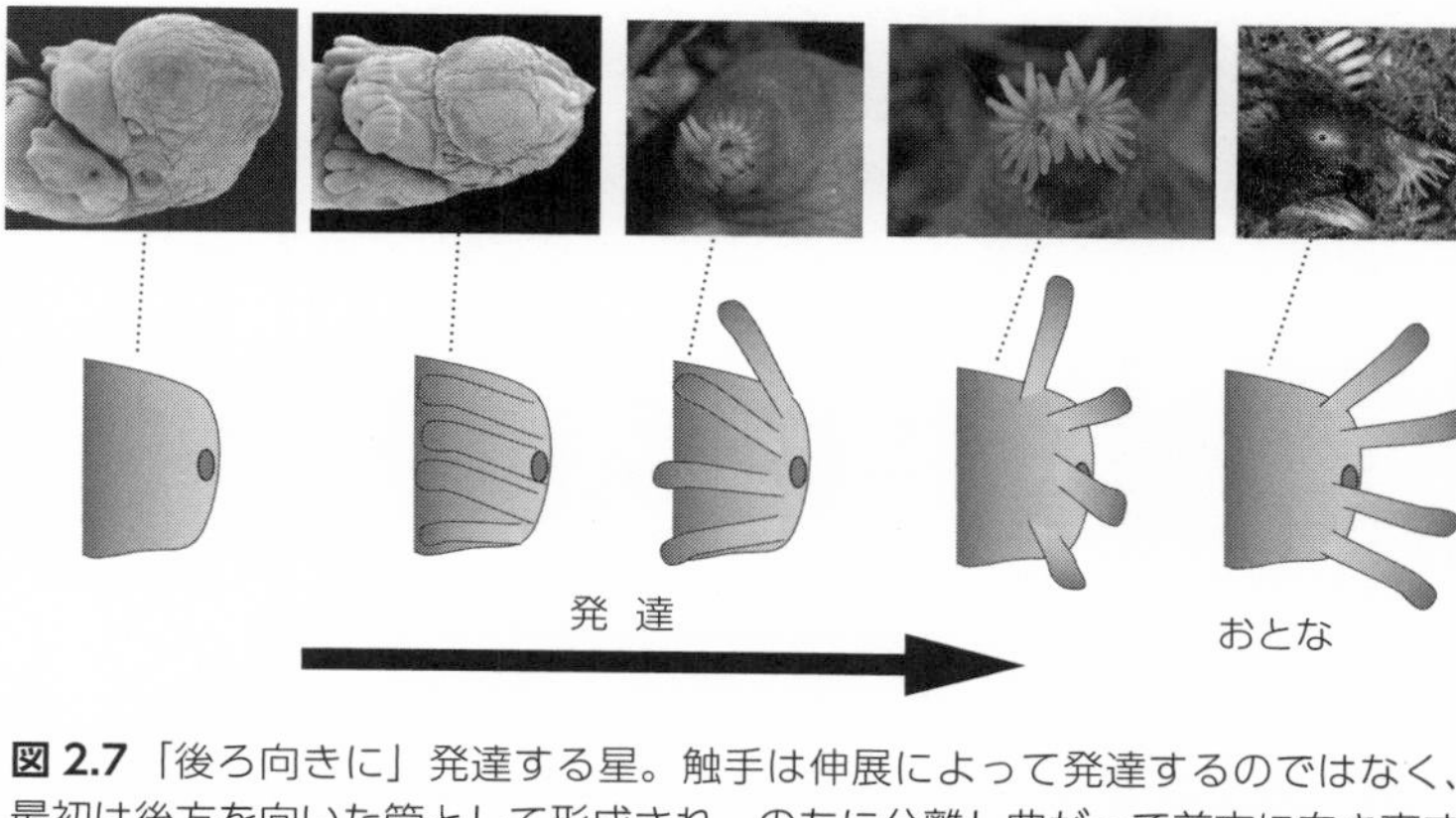

図 2.7「後ろ向きに」発達する星。触手は伸展によって発達するのではなく、最初は後方を向いた管として形成され、のちに分離し曲がって前方に向き直す。この発達過程は、ほかのどんな動物の付属器官にも似ていない。

ジョンよりも効率的でなければならないという制約が加わる。この真理の帰結として、自然界にはさまざまな奇妙な発達過程の産物があふれている。こうした奇抜な作品が存在すること自体が、進化の強力な証拠なのだ。グールドらはさらに踏み込んで、本質的に修理屋である進化は、時に進化の筋書きを「リプレイ」するような発達過程を生みだしてきたと論じた。

これをホシバナモグラにあてはめるなら、星型の付属器官の不可解な発達過程は、鼻の表面から後ろ向きに伸びるアイマー器官の畝《うね》をもつ祖先種のモグラから受け継いだものかもしれない。この畝が進化の過程で少しずつ浮き上がってきたとすれば、進化の歴史のなかで起きたできごとが時系列どおりに、現在の発達過程として保存されているかもしれない。

「星の進化」を説明する理論としてもっともらしく聞こえるが、これだけでは証拠不十分だ。そんな祖先種が本当にいたかどうか、どうすればわかるだろう？ 問題は、モグラの鼻が化石化しないことだ。それでも、ほかの手がかりが得られる望みはある。30種以上いる現生種のモグラのなかに、もしも「星の原型」をもつものがいれば、化石以上にすばらしい証拠になる。この頃には僕はモグラ研究の同業者をだいたい把握していて、アメリカ西海岸に分布し「coast mole（海岸モグラ）」の英名で知られる種（ヒメセイブモグラ *Scapanus orarius*）の鼻に、それらしい器官があるらしいと聞いたことがあった。

図書館で少し下調べをして、アイディアが浮かんだ。オレゴン州ティラムーク郡の農家たちは、牧草地に棲むヒメセイブモグラに手を焼いているらしい。僕はポートランドに飛び、車を借りてティラムークまで走らせ、風光明媚なコースト・ハイウェイ沿いにあるビーチサイドのホテルに部屋をとった。チェックインを済ませると、僕は電話帳を開き、最寄りのゴルフ場に電話をかけた。

「こんにちは。モグラにお困りではないかと思ってお電話をさしあげました」

「そりゃあ困ってますけど」。電話口の女性は身構えた様子だった。「何が知りたいんですか？」

「じつは、もしよろしければ、そちらに伺ってモグラを採集したいのですが」

「結構です。自力で対処できますので。駆除業者は必要ありません」。彼女は電話を切ろうとした。

「待ってください、雇ってほしいわけではないんです。僕は生物学者で、研究のために無償で採集させていただきたくて」

しばらく説明して、ようやく彼女は僕が詐欺師ではないと納得してくれた。どうやら一帯にはモグラがいくらでもいて、駆除業者からの営業電話が絶えずかかってくるようだ。僕が真剣だとわかり、彼女は僕をゴルフ場に招待してくれた。

着いたとたん、僕はこの場所がモグラとゴルフ場オーナーのジュディとのあいだで長く続く、一触即発の戦場なのだと理解した。映画『ボールズ・ボールズ』で、ビル・マーレイがホリネズミをプラスチック爆弾や狙撃銃で退治した舞台そのままの光景だ。ただしジュディはビル・マーレイよりずっと手際がよく、ライフルではなく410番ショットガン（散弾銃）を愛用していた（弾の散開範囲が広いのだそうだ）。クラブハウスには前線を示した地図が広げられ、携帯無線で攻撃の報告がおこなわれている。地図上のX印は最近モグラが駆除された場所、矢印は敵の増援が確認された場所を表していた。僕はモグラに詳しいつもりだったが、ジュディは強力なライバルで、彼女はゴルフ場を所有し経営しているだけでなく、ヒメセイブモグラに特有の習性や弱点を知り尽くしていた。しかも彼女は真剣だった。モグラが穴を掘りはじめるやいなや、彼女はすぐさまショットガンの引き金を引いた。ゴルフ客が近くでティーショットを打っていてもお構いなしだ。

ジュディの戦略はどの程度うまくいっていたか？ これに関しては、研究に必要なのが鼻だけでよかった、とだけいっておこう。学術論文の「方法」の部分にはまるでそぐわない採集方法だが、少なくとも僕は、戦争の犠牲者を科学に役立てることができた。視界がクリアになり、僕は信じられないものを目の当たりにした。このモグラには本当に星の原型があったのだ。短いながらもアイマー器官の集合体が鼻の側面に沿って突出していて、その見た目は発生初期段階のホシバナモグラと不気味なくらいそっくりだった。

ヒメセイブモグラはホシバナモグラの祖先ではないが、かれらの鼻はこのような祖先状態が存在した可能性が高いことを見事に示している。星の発達プロセスから得られた証拠と合わせて考えれば、進化がたどった道筋は明らかだろう。ホシバナモグラはまぎれもなく、動物の発達過程は（時に）進化の順序をなぞるという、グールドの主張を裏づける生き証人なのだ。[*10]

不可解に包まれた謎

星の進化にまつわる謎の「ＨＯＷ」のピースはぴたりとはまったが、さらに大きなミステリーは残されたままだ。なぜ星は進化したのだろう？ あるいは別のいい方をするなら、星はモグラにどんな優位性をもたらしているのか？ ホシバナモグラがとてつもなく鋭敏な触覚をもっているのは確かだ。けれども、それだけですべてが理解できたとは到底いえない。次の事実を考えてほしい。ラボで僕らはホシバナモグラにミミズを与える。当然ながら、かれらは星を使ってミミズを発見する。けれども、泥のなかに指を突っ込んでミミズに触れれば、あなただって気づくだろう。２５０００個のアイマー器官と１０００００本の神経繊維が集まった「触覚の眼」がなくても。

次なる手がかりは、僕がヴァンダービルト大学の生物科学科に研究室を構えたあとで得られた。重要なひらめきをくれたのは、ウィリアム・ハミルトンが１９３１年に書いた論文

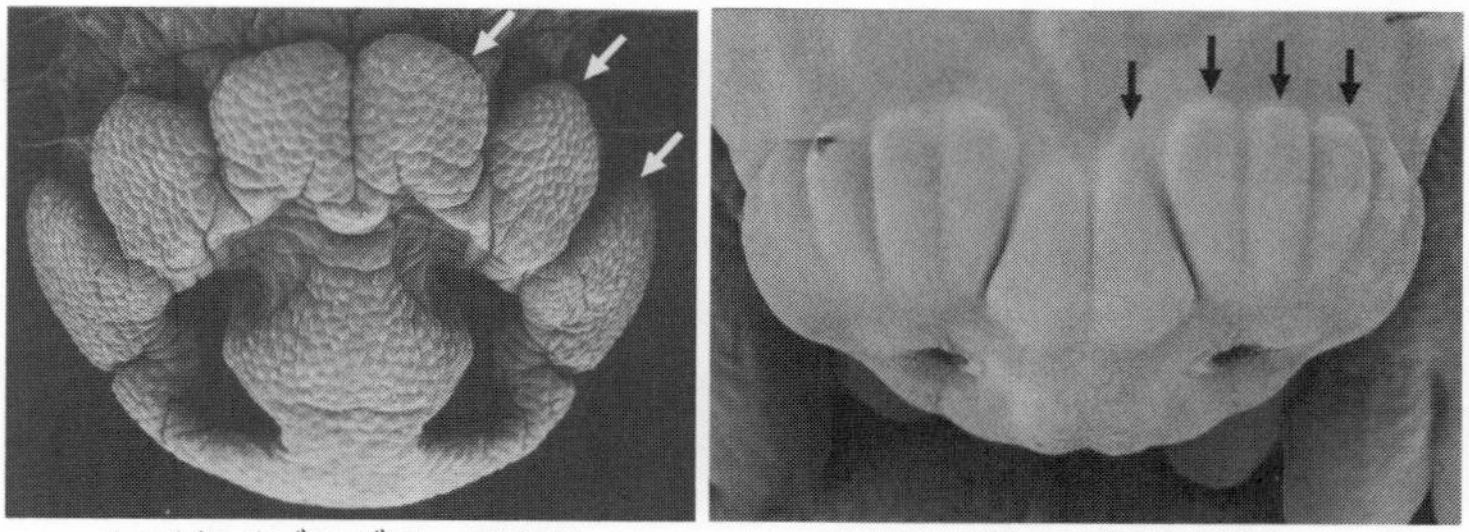

図 2.8 ヒメセイブモグラの星の原型。短いアイマー器官の集合体が後ろ向きについていて、この配置はホシバナモグラの胚発生の初期段階における星と不気味なくらいよく似ている。

だった。[*11] コーネル大学で研究していたハミルトンは、ホシバナモグラに魅了されていた。あるとき、モグラの胃内容物を調べた彼は、ほとんどの個体が、渓流や湿地に生息する昆虫の幼虫など小型の獲物を食べていることを明らかにした。この結果は僕のフィールドワークでの経験とも一致した。湿地では、釣り餌に使うような巨大ミミズには一度もお目にかからなかったが、小さな獲物は食べ放題だった。

ハミルトンの研究を念頭に、僕はモグラが眼のような星を使って超小型の獲物をどれだけ効率よく見つけられるかを調べようと決めた。問題は、星の動きが速すぎて、通常の30コマ／秒のビデオカメラでは何が起きているかわからないことだ。１０００コマ／秒で撮影できるハイスピードカメラを購入すれば解決できる。

僕はリサーチアシスタントのフィオナ・レンプルと一緒に行動を撮影し、動画を確認して、獲物の違いによって星の動きがどう変化するかを分析した。モグラの動きは、ただ高速というだけでは足りない。ホシバナモグラが小さな獲物を一度の接触で認識し、星を動かして第11触手で精査し、獲物を食べようと判断し、実際に平らげ、次の獲物を探しはじめるまで、すべて合わせても約２３０ミリ秒しかかからないのだ。ちなみにこれは平均値であり、最短記録は１２０ミリ秒、すなわち1秒の10分の1をわずかに上回る程度だった。ヒトのまばたきよりも速いのだ。

信じがたいスピードだ。というより、僕は実際すぐには信じられなかった。ハイスピードカメラに何か問題があったのでは？　カメラの設定を確認したが、当然ながらばっちり合っていた。やはり、ホシバナモグラは信じられないくらい速いのだ。

僕はモグラのスピードのことを考えながら、ワシントンDCで開かれた神経科学学会の大会に参加した。大会は5日間にわたって開催され、果てしなく続く研究ポスター発表や数えきれないほどの講演を目当てに、3万人以上の参加者が訪れる。この科学のるつぼのなかにひらめきをもたらす何かがあったのだろうと思うかもしれないが、じつはそうではない。それどころか僕は最初の2日でぐったりしてしまい、ちょっと休憩することにした。静かな図書館かそれに近い場所を探すと、ホテルの真向かいに古本屋があった。デュポン・サークルの「セカンド・ストーリー・ブックス」だ。兄も昔ボルティモアで古本屋をやっていて、以前そこで新しい棚を置くのを手伝ったこともあり、僕はこの店に惹《ひ》かれた。

あてもなく生物学コーナーを眺めているうちに、僕は『採餌理論（Foraging Theory）』（Stephens and Krebs, 1986[*12]）という本を見つけて読みはじめた。最初の何章かは、まさに僕が頭を悩ませていたような疑問に取り組むために書かれていた。動物学という俯瞰《ふかん》的な視点で見たとき、採餌スピードは何を意味するのか？ さまざまな変数に基づいて捕食者の選択を分析しモデル化するのは動物行動学の大きな課題のひとつであり、そのトピックを扱った代表的な文献を、僕はたまたま見つけたのだ。このできごとは不思議なくらい、何年も前に『電気受容』を見つけたときとよく似ていた。読み進めるうち、ホシバナモグラとかれらの奇妙な習性は、またしてもひとつの研究分野の核心に飛び込むものだと気づいた。

捕食者の選択をモデル化する際に重要な変数のひとつが獲物の収益性で、獲物に含まれるエネルギー量（カロリー）を処理時間（獲物を捕獲し食べるのにかかる時間）で単純に割って算出する。日常生活にあてはめて考えてみよう。あなたが今ものすごくお腹がすいているなら、ハンマーで叩き割らないといけないカニの脚より、ハンバーガーを選んだほうがいい。たとえカロリーが同じでも、ハンバーガーのほうがずっと収益性が高いからだ（マクドナルドがファストフードとよばれるのも納得だ）。現代社会に生きる僕らはもう、こうした選択について悩む必要がない。だが、つねに食料が逼迫《ひっぱく》し、時間に余裕がなく、競争に直面している野生動物にとって、収益性は重要だ。

処理時間がゼロに近づけば、どんな獲物の収益性も爆発的に跳ね上がる。けれども、どうやらこれまで誰ひとりとしてこの可能性を考えなかったらしい。処理時間については、ドングリをかじるリス、二枚貝を開けるカモメ、どの花を訪れるか迷うミツバチのような「標準的な」動物を想定するのが通例だ。この場合、餌の処理時間は秒や分の単位で計測される。ところが、ホシバナモグラの処理時間はミリ秒単位で、これにより利得が劇的に変化する。たった1秒の処理時間であっても、小さな獲物はあまり収益性が高くない。だが処理時間がゼロに近くなると、ホシバナモグラにとって、小さな獲物を食べることが十分に理にかなった選択になるのだ。

もちろん小さな餌を食べるなら、たくさん見つけなくてはいけない。ということは、優秀なセンサーが必要だ……そう、25000個のアイマー器官におおわれた星のような。小さな餌というひらめきによって、ホシバナモグラの奇妙な前歯（次ページの写真参照）の理由もわかった。この歯は極小の獲物を一瞬でつまみあげるピンセットの役割を果たすのだ。あごの後方にはもっと大きな歯もあり、運よくミミズなどの大物を発見できたときは、これを使って食べる。だが、大きな獲物が食べ尽くされている状況では、ホシバナモグラは星とピンセットのような前歯を駆使して、湿地に潜む膨大な数の小型無脊椎動物をむさぼる。星のないライバルたちは、この無尽蔵の資源を見つけることすらできない。

この研究を論文として発表すると、[*13]変わり者で早食いのホシバナモグラを取り上げたいという記者やブロガーからの電話が鳴り止まなくなった。どうやらそのなかに特別なコネのある人がいたようで、数週間後、大きな荷物が郵送されてきた。

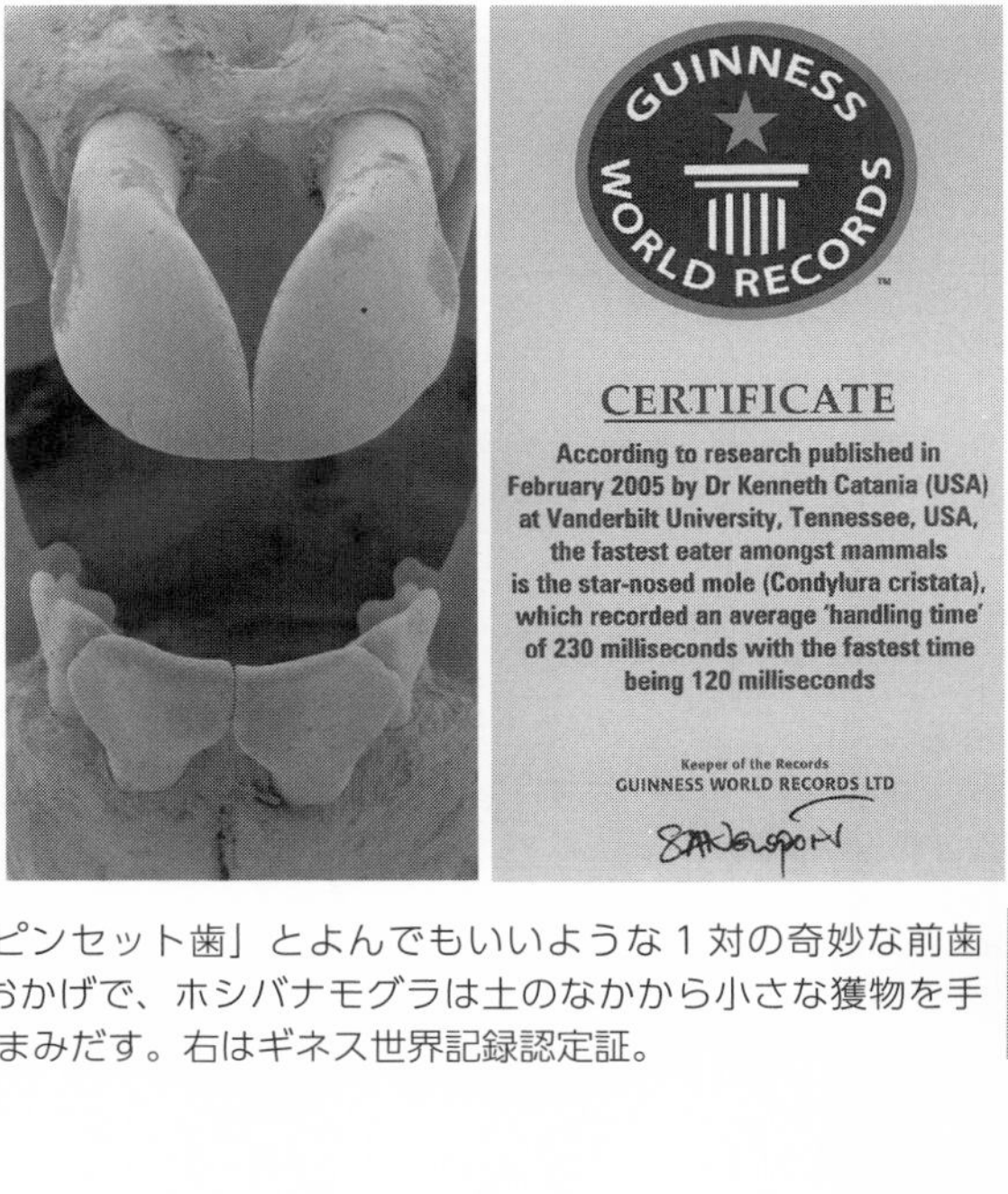

図 2.9「ピンセット歯」とよんでもいいような１対の奇妙な前歯（左）のおかげで、ホシバナモグラは土のなかから小さな獲物を手際よくつまみだす。右はギネス世界記録認定証。

包装を解いてみると、驚いたことに額装されたギネス世界記録認定証が入っていた。ホシバナモグラは正式に、世界一食べるのが速い哺乳類と認定されたのだ。

もっと奇妙な秘密《ストレンジャー・シングス》

ホシバナモグラの秘密の暴露はまだ終わりではなかった。今度のトリックは、僕がたまたま見つけたものだ。先述のとおり、ホシバナモグラは湿地に棲んでいる。それどころか半水生で、日常的に泳ぎ、水中で獲物を捕える。採餌場所はふつう、池や小川の端の浅瀬や、水没したトンネルのなかだ。陸上でのずば抜けた採餌効率を知った僕は、水中ではどれくらい上手に餌を見つけられるのだろうと考えた。

水槽内を泳ぎながら獲物を捕えるかれらを撮影するのは難しくなかったが、僕は結局、水中での採餌スピードの測定をしなかった。まったく別の現象に目を奪われてしまったからだ。隠してあるミミズや昆虫を探して水に入ると、ホシバナモグラは陸上と同じように星を使う。ただし違うのは、探しながら鼻孔から絶え間なく気泡を出す点だ。この「気泡噴出」はずっと昔に動物園でも見たことがあり、そのときから不思議だった。なんともコミカルで、当時は泳いでいるうちに鼻に入った水を気泡と一緒に排出しているのかと思っていた。もちろんこれは擬人化の誤りで、半水生動物がそんな風に遊泳に適応できていない可能性は低い。水中で餌を探すモグラをスローモーションで観察するうちに、少しずつ本当の答えが見えてきた。

　モグラは単純に気泡を噴出しているだけではなかった。噴出した空気の大部分を再び吸い込んでいたのだ。しかも1秒に10～12回もの頻度で。さらに気泡噴出の役割を裏づけるパターンとして、物体に接触しているときに気泡の噴出と再吸入がみられた。これが意味するところは、ヒトのように考えていてはわかりづらいかもしれない。僕らはマウスやラット、イヌやモグラのように物のにおいを嗅がない。何かのにおいに興味をもったとき、ヒトは何度か繰り返し吸入して嗅ぎ、そのあいだは空気を吐きださない。けれども、ほとんどの哺乳類は空気を吸入した直後に排出し、気になるにおいに対してこの組み合わせを何度も繰り返す。あなたがイヌを飼っているなら、何かのにおいを嗅いでいるときにイヌの胸に手を当ててみれば、細かく振動しているのがわかるだろう。「ひと嗅ぎ」のあいだに、横隔膜がすばやく空気を取り込んだり押しだしたりしている証拠だ。横隔膜の動きを意識しなくても、ふつうイヌがにおいを嗅いでいればそれとわかる。かれらはたいてい立ち止まり、「嗅覚的注意」を特定の物体、たとえば消火栓に集中させる。

　イヌと同じように、モグラも水中で動きを止めて物体を調べる。このときに鼻孔から噴出した気泡は、調べている物体の表面に接触しつつ、鼻先から離れないまま、再び鼻孔に吸い込まれる。見れば見るほど、モグラは泳ぎながら物体のにおいを嗅いでいるとしか思えなかった。そこで僕は、イヌを対象にした実験と同じ方法で、餌のある場所までにおいの痕跡を残して検証した。[*14] 思ったとおり、ホシバナモグラは水中のにおいの痕跡を感知し、それをたどって餌のありかにたどり着いた。

においを嗅ぐには空気が必要なので、哺乳類が水中で嗅覚をもつことはありえないと考えられてきた。しかしモグラは巧妙にも、自分の肺のなかの空気を使うという解決策を編みだした。星の後ろ向きの発達と同じく、水中嗅覚も(少なくとも僕には)実際に目の当たりにするまで想像もできなかった。

この新発見は嗅覚研究者のあいだで波紋をよぶだろうと思いつつ、僕はパズルの大きなピースがまだ欠けている気がしていた。奇妙な動物が奇妙な嗅覚行動をとることはわかった。でも、水中嗅覚は星と結びついたものなのだろうか? 僕にはそうは思えなかった。このトリックは、水中採餌をおこなう小型哺乳類なら誰でも使えそうだ。検証するのにぴったりな対象動物も思いついていた。ミズベトガリネズミだ。第1章にも登場したこの驚くべき小型哺乳類は、ペンシルベニアの湿地に生息し、しばしばホシバナモグラと同じトンネルを利用する。たいていのラボではミズベトガリネズミを調達するのは不可能に近いはずだが、僕らは

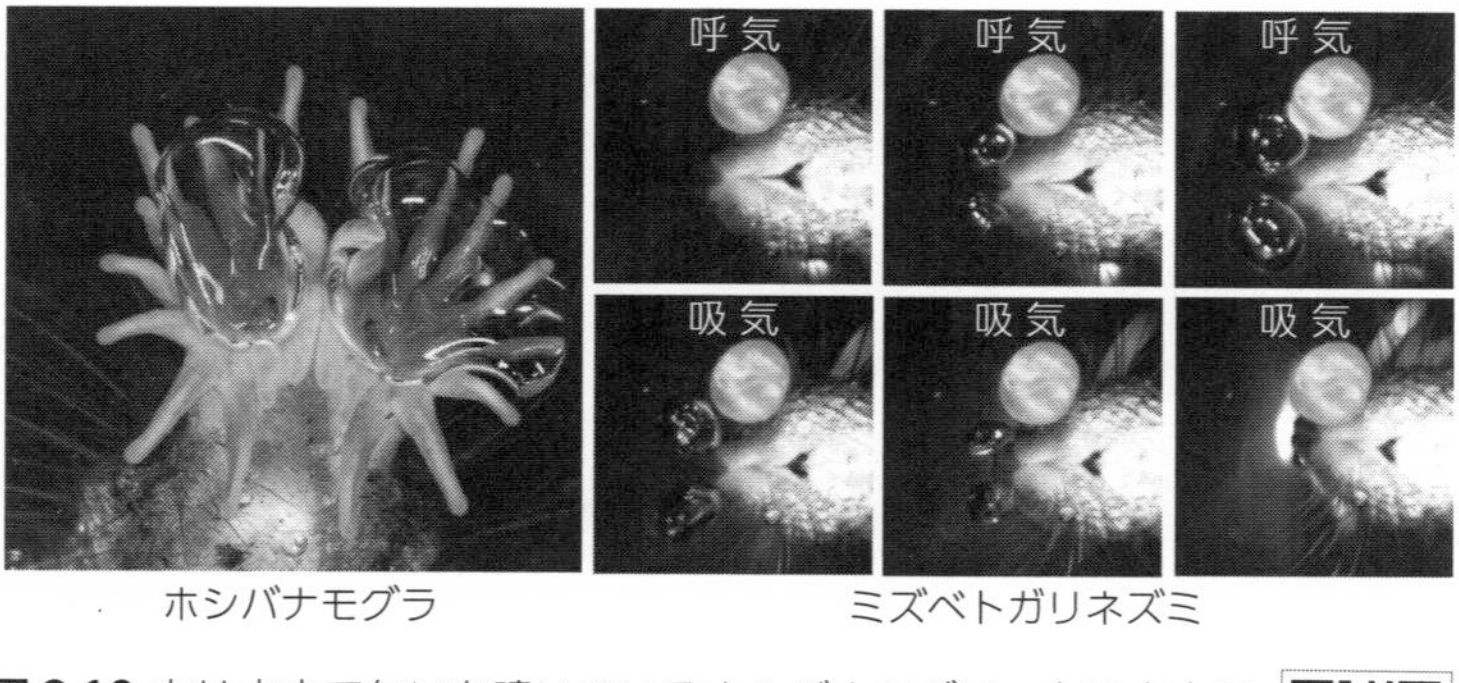

図 2.10 左は水中で匂いを嗅いでいるホシバナモグラ、右は水中でミズベトガリネズミが匂いを嗅いでいる様子を、両方とも下からガラス板を通して撮影したもの。

偶然にも、毎年ホシバナモグラを捕獲するついでに何匹か捕まえていたので、かれらに水中嗅覚テストを課すのに長くはかからなかった。結果は？　やはりミズベトガリネズミにも同じ能力があり、ホシバナモグラと同じくらい、水中のにおいの痕跡を追うのに長けているとわかった[*14]。なんて奇妙な発見の連鎖だろう！　ホシバナモグラをきっかけに、星のない半水生動物にもあてはまる嗅覚に関する発見に至るとは。しかも嬉《うれ》しいことに、ロシアの研究者がこの知見のフォローアップとして、ロシアデスマン［訳注：トガリネズミ形目モグラ科の最大種で、体重５００グラム程度に達する。ロシア、ウクライナ、カザフスタンに分布］にも水中嗅覚がある[*15]と示してくれたおかげで、小型半水生哺乳類に広くみられる行動である可能性がでてきた。どんなに風変わりな生物種を調べていても一般性を見いだせるという、またとない実例だ。

目に見える脳地図、触覚の中心窩、後ろ向きの発達、超高速採餌、水中嗅覚。ホシバナモグラを調べてわかった驚異の発見は枚挙にいとまがない。もちろん、ここで取り上げたのはハイライトであって、研究は今も続いている。研究の歩みを振り返ると、哲学的にならずにはいられない。謎に惹かれるのは人間の性《さが》だが、謎を解いてたどり着けるのは扉の前までだ。向こう側に何があるかは、開けてみなければわからない。

第3章

スティング
——詐欺師たちの美しき騙《だま》し

この章のタイトルは、ポール・ニューマンとロバート・レッドフォードが共演した1973年の同名の映画から拝借した［訳注：本章の副題は訳者による］。見たことがない人はぜひ見てほしい。作品賞を含む7つのアカデミー賞を受賞した傑作で、2人の詐欺師が手を組み、巧妙な手口でギャングを騙《だま》して50万ドルをせしめるストーリーだ。ギャングたちはなかなか現金から眼を離さないが、最終的に作戦は功を奏し、映画も大ヒット。芸術の域に達した見事な計画は、美しき騙しとよぶにふさわしい。

ヘビは詐欺を働きはしないが、ヒゲミズヘビは捕食者と獲物のあいだの生死をかけた駆け引きのなかで、独自のトリックを繰りだす。その演技はアカデミー賞ものだ。緻密な計画に基づく攻撃といってもいい。ただし、ここでいう「計画」は、進化が何の意図もなしに、数百万年の時間をかけて練り上げたものだ。この章の主役はヒゲミズヘビと唯一の獲物である魚だが、僕がそもそもヒゲミズヘビに興味をもつに至った、奇妙な偶然についてもお話ししようと思う。というのも、この研究はふとしたきっかけが、新たな科学の問いにつながった典型例だからだ。

ヒゲミズヘビはタイ、カンボジア、ベトナム南部に分布し、生涯を水中で過ごす。出産のときでさえ潜水したままだ〔訳注：ヒゲミズヘビは胎生〕。魚だけを食べるため、しばしば「フィッシング・スネーク」とよばれる。生きた魚を見つけると、このヘビは一風変わった待ち伏せ姿勢をとる。頭と首をＪ字型に曲げるのだ。そしてそのまま根気よく、微動だにせず待ちつづける。魚が絶好の位置に泳いでくると、電光石火のスピードで攻撃し、次の瞬間……ありえないような奇妙なことが起こる。魚がまるで自殺するように動くのだ。

魚はなぜ自殺するのか？　僕は最初からそんな問いに取り組むつもりだったわけではない。それどころか、実物を

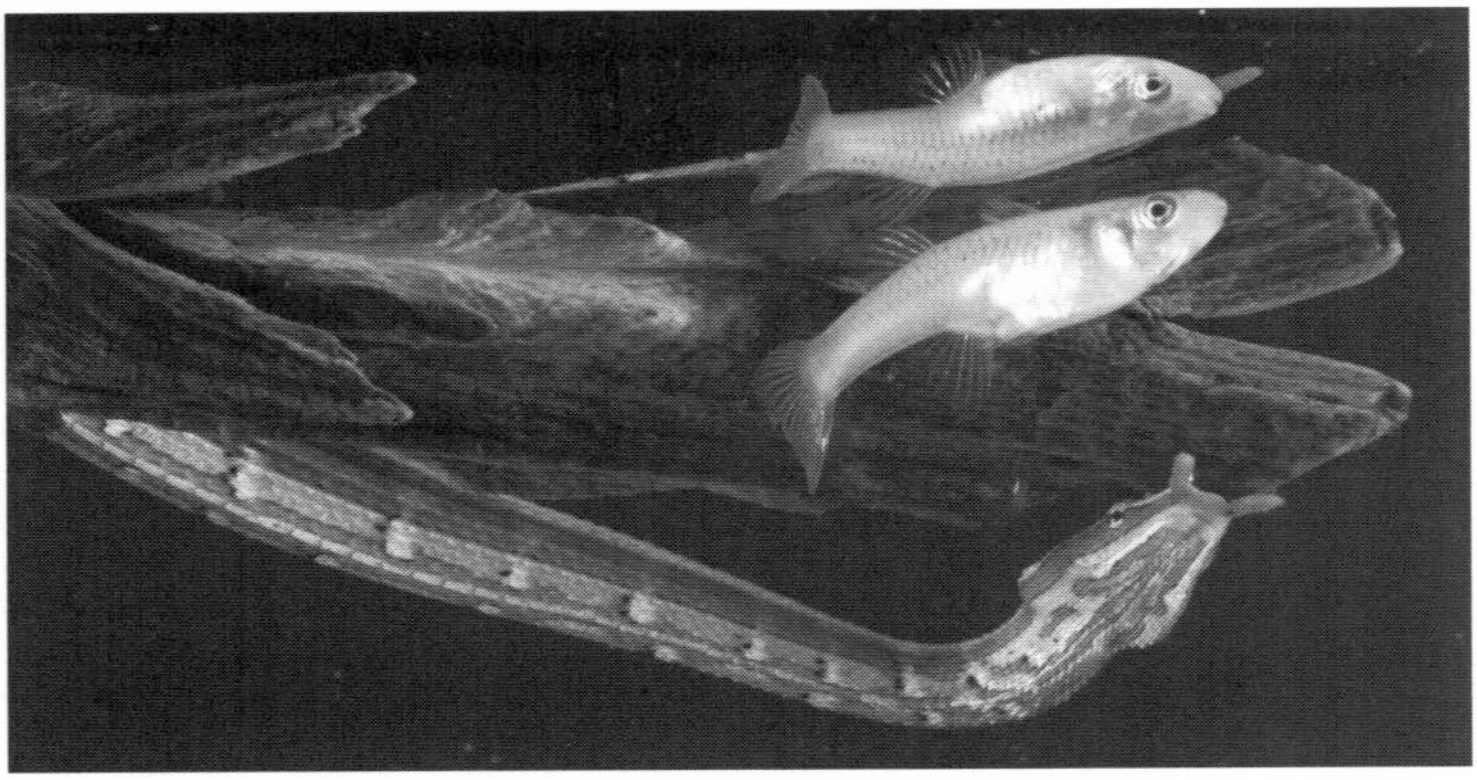

図 3.1 根気よく、微動だにせず、Ｊ字型の待ち伏せ姿勢をとるヒゲミズヘビ。

見るまで、ヒゲミズヘビという種が存在することも知らなかった（かれらの狩りの戦略の詳細は誰も知らなかった）。きっかけはカメだった。下手に近づきすぎれば、ヒトの手の指を（あるいは手を丸ごと）やすやすと噛みちぎる、巨大なワニガメだ。といっても、けがの心配はなかった。僕はフィールドの冒険旅行にでていたわけではなく、旧友たちに会いに、懐かしの国立動物園を訪ねていたところだったのだ。滞在中、僕はホシバナモグラの研究をした小獣館にほぼ入り浸っていた。けれども飼育員たちと近況報告をしあい、動物園の最新ニュースを教えてもらったあとで、僕は爬虫類館に向かった。

動物園に戻ってくるたび、僕はいつもワニガメに会いにいく。この巨大な古代生物の研究をしたことはないのだが、ガラス越しに眺めて長い時間を過ごすうち、友達のように感じていた。ワニガメに興味をもちはじめたのは、メリーランド州で育った幼少期だった。当時はカミツキガメをよく捕まえていた。最初に捕まえたのは大きな成体で、甲羅が30センチメートルはあった。9歳の僕は、近所の子どもたちが興味津々で見守るなか、引きずるようにこのカメを家まで連れ帰った。そもそもペット向きではないうえ、両親が家のなかに入れてはダメだというので、僕は家の裏のポーチに囲っておこうとした。ところが突然の豪雨に見舞われ、しばらく家のなかに避難したあとで再び外にでてみると、巨大なカメは姿を消していた。それから僕は現実的になり、1ドル硬貨サイズの子ガメを捕まえては育て、何匹かは中学校で展示された（小さいうちから育てたカミツキガメは、よほどのことがなければ人を噛まない。ただし餌と間違えた場合は例外だ）。

僕と友人たちがフィールドガイドに掲載されたワニガメの存在に気づくのに長くはかからなかった。ワニガメはカミツキガメの隣に描かれていて、比べるとカミツキガメは見劣りした。ワニガメは正真正銘のモンスターだ。成体は体重50キログラム近くに達し、重厚な甲羅をおおう鋭い突起は呪われた山脈のようだ。そのうえ鋭く湾曲したくちばしをもち、肉質の突起がフリルのように眼を囲む。カメ型のドラゴンのような外見は、カメ好きの子どもたちを夢中にさせる。だが、一番の魅力は狡猾な狩りの戦略だ。腹を空かしたワニガメは、カモフラージュした姿でぴくりともせず、口を大きく開け、下顎の中心にある、色鮮やかな血管組織でできた偽のミミズを身もだえさせる。こんなずる賢いトリックを使うカメは世界でこの種だけだ。ほかの子どもたちが消防士や宇宙飛行士を将来の夢にあげるなか、僕は（小さめの）ワニガメを捕まえることを夢見た。けれどもワニガメが棲んでいるのはアメリカ南東部だけで、幼少期の僕の行動範囲からは遠すぎた。

それでも僕はずっとワニガメの虜で、動物園で研究していたおかげでいつでも見に行けたのはラッキーだった。何年も経ってから、このカメとの再会のために爬虫類館を訪ねたことで、それ以上に優秀な魚捕りのスペシャリストに遭遇できたのだ。数奇なめぐり合わせというほかない。ワニガメのすぐそばに、「ヒゲミズヘビ」と書かれた新しい水槽が設置されていた。聞いたことがない動物だなと興味を惹かれて覗き込んだ僕は、水草と枝しか見えないことにがっかりした。ところが次の瞬間、眼の錯覚か何かのように、僕の見方は切り替わり、枝がヘビの形をしていることに気づいた。短くうろこにおおわれた1対の触角が鼻先から突出している。

ホシバナモグラのヘビ版を見ているようだった。この触角も、ワニガメの舌のようにルアーとして使うのだろうか？ それとも魚を見つけるのに役立つセンサー？ もしセンサーだとしたら、何を感知するのだろう？ きっともう誰かが調べて、触角の機能は解明済みだろう。僕はヴァンダービルト大学に戻り、このテーマの論文をひとつ残らず読んだ。そして、たくさんの仮説があるものの、触角の機能を裏づける直接の証拠はほとんどないと知った。そこで、世界各地の動物ブリーダーを知っている動物園の友人たちに頼み、ヒゲミズヘビが出回ったときに教えてもらい、僕はこのヘビを大学で飼育しはじめた。

デジャヴ

この新たな謎は僕のラボにぴったりだった。生物学者の名刺だけを収めたホルダーに専門ごとのラベルをつけるとしたら、当時の僕のラベルは「珍妙な付属器の研究者」だっただろう。この種の研究をどんなふうに進めるべきかは、ホシバナモグラが教えてくれた。先入観をもたず、あらゆる手がかりをかき集めて、消去法で容疑者を絞っていく。

まずは先行研究でもっとも頻繁に示されてきた、触角は魚を惹きつけるルアーであるという説だが、僕はこれには懐疑的だった。そもそもヒゲミズヘビの触角は、ミミズにもそれ以外の魚の餌にも似ていない。進化が生んだ芸術作品とでもよぶべきワニガメのルアーとは対照的だ。狩りのとき、ワニガメの偽ミミズは充血し、カモフラージュした頭と口の背景からとても目立つ。魚が近づくと、釣り人が緩急をつけてスピナーを巻くように、カメはルアーをくねらせて誘う。つねにうまくいくわけではないのはどんなルアーも同じだが、たいていの魚はこれに惹かれる。じっと見て、接近し、いったん退いて、また近づく。カメが避けなくてはいけない最大のミスは、拙速《せっそく》な攻撃だ。魚はすぐに危険を学習する。狭い水槽の人工環境では、数匹の魚がカメに捕まると、残りはけっして疑似餌に近寄らなくなる。これはおそらく、待ち伏せ型捕食者に忍耐力の進化を促す、重要な淘汰《とうた》圧だろう。標的をたった一度しか攻撃できないなら、成功する見込みが大きいときまで引き金を引かないのが最善だ。

これに比べ、ヘビの触角はどうだろう？ 僕はさまざまな種類の魚とヘビの遭遇場面を何百回も観察したが、魚が触角に近づく場面はほとんどなかった。ヘビは背景に溶け込み、しかもうろこに藻が生えやすいおかげで、変装は一段と高度になっている。ヘビが触角をくねらせて、魅力的な餌のように見せることは一度もなかった。それより何より、ごくまれに魚が触角をつついたときでさえ、ヘビは攻撃しなかった。意外に思えたが、あとから考えるとむしろ筋が通っている。ワニガメの場合、大きく口を開けたまま魚を誘い込むので、罠が作動する瞬間、魚は文字通り口のなかにいる。対してヒゲミズヘビは、一度口を開けて魚に食いつかなくてはならない。ヘビは静止状態からスタートするので、魚を捕えるにはある程度のスピードまで加速が必要だ。僕らが強烈なパンチを放つためには、ある程度の「溜《た》め」が要るのと同じだ。ボクサーのクリンチ［訳注：格闘技で密着して相手の動きを封じるテクニック］と同じように、ヘビの頭のすぐそばにいる魚は、少し離れた場所にいる魚よりも安全だ。

魚の位置が近すぎるとき、ヘビはめったに攻撃しない。ワニガメと同じで、無駄撃ちで魚を怖がらせてはいけないという原則に従っているのだ。こうした観察結果を総合し、僕は実験するまでもなく「ルアー説」を棄却した。

次に検討したのは、触角がセンサーの役割を果たしている可能性だ。別の種類のヘビのセンサー（たとえばクサリヘビの仲間にみられる、熱を感知するピット器官）もヒゲミズヘビの触角とまったく同じ位置にあるので、期待できそうだ。単なる偶然かもしれないが、もしかしたらヘビの頭のこの部分には、解剖学的にみてたくさんの神経繊維が集中していて、新しい感覚器官の進化が起こりやすいのかもしれない。となると、次に取り組むべき疑問は「触角にはたくさんの神経繊維があるのか？」だ。もしそうなら、少なくとも一種のセンサーとしての機能が示唆される。

この問いに答えるため、僕は大学院生のダンカン・リーチとタッグを組んだ。まず触角の解剖学的特徴を調べてみると、面白いことがわかった。触角には大量の神経繊維が集まっていたものの、その末端は表面のうろこにおおわれた部分に達していなかった（このヘビの触角は体のほかの部分と同様、うろこでおおわれている）。代わりに神経繊維は無数の細いフィラメントを形成し、船のマストを支えるために斜めに張られた支線のように、触角の中央を通過していた。

ホシバナモグラの触角で、神経終末が皮膚のすぐ下にあったのとは対照的だ。表皮付近にあるモグラの神経終末とは異なり、ヘビの神経繊維の「支線」構造は、触れたものを感知するのにあまり有用ではない。硬いうろこがセンサー（神経終末）と外界を隔てているからだ。一方、この神経繊維の構造は、水中でのごくわずかな触角の傾きによって生じる張力の変化を検出するにはもってこいだ。いい換えれば、触角は水の動きを感知するモーションセンサーかもしれない。この仮説は理にかなっている。水の流れは魚が動くたびに発生するし、このヘビは控えめにいっても、魚で頭がいっぱいだ。

僕らはヘビに麻酔をかけ、神経繊維の活動を記録して運動感受性を調べた。ビンゴ！　神経繊維のパルス（活動電位とよばれるシグナル）が、顕微鏡レベルのわずかな触角の動きに反応して発生したのだ。それどころか、触角の神経繊維があまりに敏感だったため、僕らは反応を生起させる力の最小値を特定できなかった。もっと重要な発見は、神経繊維が水中で付近の物体の動きに反応したことだ。[*1]このヘビはいわば、超感覚を備えたニュータイプのひげを進化させたのだ（ちなみにアザラシはよくあるタイプのひげを使い、魚が起こした水の動きを感知する）。

除外すべき可能性はまだあった。モグラであれだけ必死に探したあげく、とうとう見つからなかった電気受容を、ヘビの触角で見過ごしてしまっては笑えない。けれども、ヘビの神経繊維は電場にはまったく反応を示さなかった。最後に何ひとつ見落としがないよう、僕は触角のうろこをひとつ残らずめくって、隠れたセンサーに接続しているかもしれない、露出した感覚細胞や細孔がないか調べたが、成果はゼロだった。

こうして、ヘビは触角で水の動きを感知しているという仮説がますます有力になった。とはいえ、もっと証拠が必要だ。ホシバナモグラのときは脳が研究の鍵だった。ヒゲミズヘビの脳はどうなっているのだろう？　ここで僕らは、哺乳類とそれ以外の動物とのあいだにある、もっとも根本的な違いのひとつに突き当たる。哺乳類だけが大脳の最外層をなす6層構造の新皮質と、その各部位と機能の対応を示す皮質マップをもつ（新皮質はしばしば「皮質」と省略してよばれる）。ヘビにこの構造はないが、感覚地図の役割を担うほかの構造をもち、そのなかでもっとも重要な部分は「視蓋」とよばれる。

融合する感覚

僕らが（それにヘビが）知覚する世界のほぼすべては、異なる感覚が同時に活性化された結果だ。ヒトの場合、視覚と聴覚は密接に関連している。僕らが生きる環境（ネコ、鳥、人、ペット、飛行機、映画、テレビ）は、豊かに調和した視覚刺激と聴覚刺激の複合体に満ちている。視蓋はヒトにおいても、こうした情報の統合に欠かせない役割を果たす部位だ。そして刺激の統合は、哺乳類の新皮質に関してすでに述べたのと同じように、感覚地図の形をとる。ただし哺乳類の新皮質では、異なる感覚は概して空間的に隔てられている。ヒトの新皮質では、視覚野（視覚地図）と体性感覚野（触覚地図）は別べつの場所にある。けれども哺乳類と爬虫類の視蓋では、ひとつの地図の上に別の地図が重なり、ケーキの層のような構造をとる。視覚地図はケーキの最上層（アイシング）で、ほかの感覚の地図はもっと下にある。

このような構造により、視蓋のニューロンで異なる感覚入力の効果が統合され、僕らは周囲のどこに何があるかをより正確に特定できる。[*2] たとえば、遠くの樹にとまっている鳥の正体を知りたいとしよう。鳥が動いている姿を目視できるか、鳥がさえずるのが聞こえれば好都合だが、眼と耳の両方で確認できるのが一番だ。バードウォッチングなら気軽だが、獲物の捕獲や捕食者の回避は真剣勝負だ。山道を歩いているとき、突然藪のなかからがさごそ音がしたら、あなたは瞬時にすべての注意を（眼も耳も）向けて、そこにいるのがリスなのか怒れる母グマなのか、判断しようとするだろう。視蓋（哺乳類では上丘とよばれる）は視覚情報と聴覚情報を統合し、こうした光景や音に対する定位行動を促す。ヒトの場合、視蓋において視覚空間の地図と聴覚空間の地図が（触覚などほかの地図とともに）重なりあい、反応が生じる。このように、周囲の同じ場所からくる手がかりは、聴覚的なものであれ視覚的なものであれ、視蓋の同じ位置に表象されるのだ。

話をヒゲミズヘビに戻そう。かれらの視蓋を調べると、視覚地図だけでなく触覚地図も見つかり、後者のかなりの部分を触角が占めていた。[*1] 視覚と触覚の地図は対応関係にあり、同じ方向を向いていた。いい換えるなら、僕らが発見したのは共通のテーマに加えられた新たなアレンジだった。ヒゲミズヘビは眼からくる視覚情報と、触角からくる水の動きの情報を、視蓋で統合していたのだ。

こうした知見から、ヒゲミズヘビの触角は魚を見つけて捕まえるのに役立っていると考えられる。この仮説を検証するには、ヘビが眼を使わずに魚を捕えるところを撮影する必要がある。そこで僕らは照明を消し、代わりにヘビには見えない（けれどもカメラには映る）赤外線ライトで水槽内を照らした。撮影した動画から、ヒゲミズヘビは確かに視覚が使えなくても魚を捕食できるとわかった。

ところで、ここでひとつ断っておかなくてはいけない。これだけ触角の話をしてきたあとでは意外に聞こえるかもしれないが、ヒゲミズヘビの主要な感覚は視覚だ。かれらの視覚はとても鋭敏で、太い視神経をもち、視覚を奪われたヘビの攻撃の正確性は通常よりはるかに劣る。それならなぜ、触角モーションセンサーにことさら注目するのか？

僕ら自身の感覚と対比して考えてみよう。視覚はヒトの主要な感覚でもあり、僕らは右と左を見てから道路を渡る（親が子どもに最初に教えこむ鉄則だ）。だからといって、ヒトの聴覚がどうでもいいわけではない。使い古された穴居人と物陰のサーベルタイガーのたとえはやめておこう。この現代にも、音もなく忍び寄り、あなたの命を奪いかねない存在がいる。静音性抜群の電気自動車だ。こうした車は歩行者や自転車乗りに予期せぬ深刻な脅威をもたらす。僕らはエンジン音を頼りに車に気づき、その位置を認識するからだ。アメリカの道路安全交通局は現在、低速走行する電気自動車に警告音をだすことを義務づけている。現代の都市に生きる僕らでさえ、視覚と聴覚の両方の手が

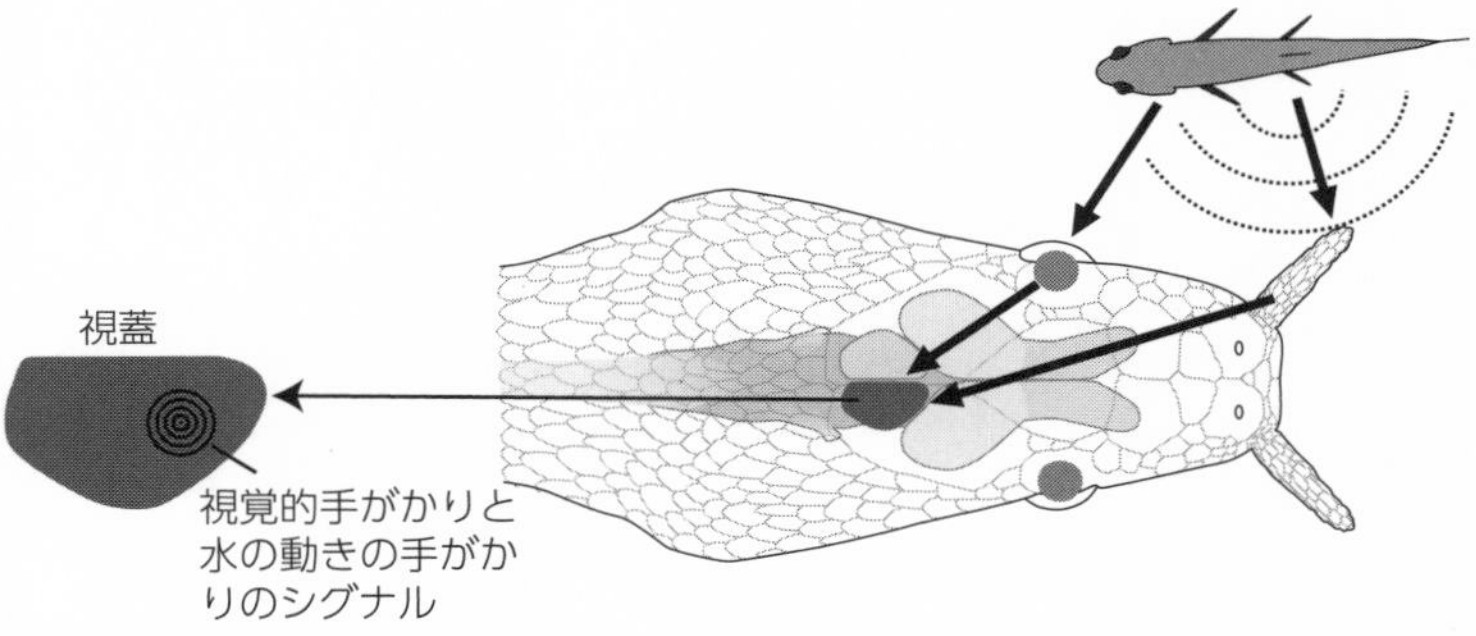

図 3.2 視蓋における感覚シグナルの統合。水の動きの手がかりは触角を、視覚的手がかりは眼を通して伝わる。2 種類のシグナルは視蓋で出会って統合され、ヘビは正確な魚の位置を知覚する。

かりを利用することが、時に生死を分けるのだ。ヒゲミズヘビの場合も状況は似ている。ただし、差し迫った死の危険に直面するのは魚のほう。ヘビは水の動きの手がかりを視覚情報と統合し、攻撃の正確性を極限まで高める。だが、面白いのはここからだ。かれらの攻撃は、ただ正確なだけではない。

自殺する魚

2種類の異なるセンサーを駆使して魚を発見することを考えれば、ヒゲミズヘビが稀代《きたい》の射手であるのはさほど不思議ではない。けれども、かれらの攻撃はあまりに優秀すぎて、ちょっと嘘っぽくすら思える。不気味なくらい正確に、すばしこく滑りやすい標的の頭を捕え、時には一瞬にして魚をほぼ丸呑《まるの》みしてしまうのだ。

かれらの特殊能力に気づいたのは僕が最初ではなかった。両生爬虫類学者のジョン・マーフィーは、ヒゲミズヘビとその仲間にかけては世界屈指のエキスパートであり、『ミズヘビ科のヘビ（*Homalopsid Snakes*）』[*3]と題する驚くほど詳細な学術書を書いている。そのヒゲミズヘビの項目で、彼はヒゲミズヘビの捕食の動画を観察し、奇妙な現象を発見したと記した。獲物の処理時間が「きわめて短いか、事実上存在せず」、しかも「一部の成功した攻撃については、魚は1フレーム以内に消失した。フレーム速度は30分の1秒だった」。

処理時間とは、捕食者が獲物を追いかけ、捕獲し、食べるのにかかる時間のことだ。すでにご存

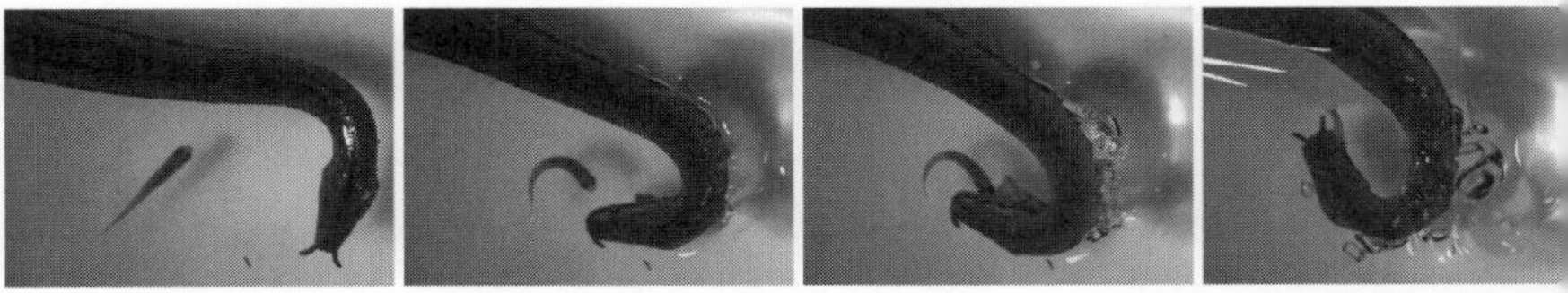

図 3.3 スローモーションカメラ映像から抜粋したフレームの一部。魚は体の向きを変え、近づいてくるヘビの口に向かって進む。

知のとおり、ホシバナモグラは処理時間の（哺乳類界における）記録保持者で、最短１２０ミリ秒、つまり10分の1秒をわずかに超える程度だ。しかし、１秒につき30フレームの１フレームといえば、わずか33ミリ秒である。音が10メートルを進むのに要する時間にほぼ等しい。ヘビはどうやってこれを実現しているのか？ ほかのさまざまな動物行動と同じように、ヘビの攻撃はヒトが肉眼で見るには速すぎる（それどころか、通常のビデオカメラで撮るにも速すぎる）。ここでスローモーションカメラの出番だ。

スローモーション映像により、なぜこんなに処理時間が短いかがわかった。捕獲の際、多くの魚はじつに協力的で、向かってくるヘビのほうに頭を向け、時にはヘビの口のなかへまっすぐ泳いで飛び込んでいたのだ。答えよりもさらなる疑問が湧いてくる発見の最たるものだ。なぜ魚はこんなことをするのだろう？ 魚の神経系について講義で教えていた僕は、ヘビのトリックが効果を発揮するしくみに心当たりがあった。きっとヘビは、魚の脳を「ハック」しているのだ。

最寄りの出口へとにかくダッシュ！

魚は動物界のチキンナゲットであり、数億年にわたって人気メニューの不動の首位を維持してきた。注意散漫でのんびりした魚は生き残れず、化石として姿をとどめるというせめてもの慰めさえ、おそらくは手に入らなかった。一方、すばやく警戒を怠らなければ、捕食者の猛攻から逃げ切り、生きて子孫を残せる見込みもある。そんな厳然たる事実が無数の世代にわたって積み重なった結果、魚は動物界屈指の高速かつ効率的な逃走システムを進化させた。それがCスタート逃走反応で、体をC字型に曲げるところから始まるためにこの名がついた。そして次の瞬間、魚は尾を高速で動かして急発進し、瞬間移動するかのように別の場所へとたどり着く。

洗練された効率的な行動は、洗練された効率的な神経回路によって制御されていることが多く、これは魚のCスタートにもあてはまる。このシステムは数十年にわたってよく研究されていて[*4]、基本要素は驚くほどシンプルだ(少なくともおおまかにいえばそうで、僕らだけでなく、ヘビにとってもそれで十分なようだ)。この神経回路に注目すれば、神経活動から行動が生じるメカニズムの一端を理解できる。魚はまず、単純な二者択一を迫られる。左に曲がるか、それとも右か？　判断基準はどちら側から攻撃されているかであり、捕食者から頭を背けたほうがいい。考えるまでもないことだ。

だが、瞬時に決断を下さなくてはいけないとなると、ことはそう簡単ではない。小魚はわずか6〜7ミリ秒で捕食者のいない側に向きを変えはじめる。参考までに、オリンピックの短距離走選手がスタートの合図に反応するのにかかる時間は約175ミリ秒。魚のほうが25倍も速い。そして、ここからがさらに驚きなのだが、1ミリ秒を争う世界では、視覚は頼りにならない。眼で見たものに反応していたのでは、聴覚や触覚を使う場合と比べ、優に25ミリ秒もロスしてしまう。[*5][*6] たかが40分の1秒と思うかもしれないが、ヘビの攻撃を回避したい魚にとって、あるいはワニガメの口のなかの偽のミミズにうっかり釣られてしまった魚にとっては、生死を分ける一瞬だ。そのとき、魚は何をするのか？

魚は「見たものを信じる」のではなく、「聞いたものを信じる」。視覚反応がヒトでも魚でも網膜で足止めを食らうのに対し、聴覚反応は遅延時間がきわめて短い。音を神経シグナルに変換する構造（有毛細胞）は高速かつ効率的だ。それだけではない。水は空気よりもはるかに密度が高いため、攻撃する捕食者が生みだす大きなノイズは、否応なく空気中よりもはるかに速く伝わる（空気中では秒速340メートルに対し、水中では秒速1500メートル）。ワニガメが口を閉じる際、水中に「衝撃波」が生じ、瞬時に魚に到達する。そのため魚の逃走反応がどうにか間に合い、難を逃れることは珍しくない。

魚がすぐれた聴力をもつと知って驚いた読者もいるかもしれない。一見、魚には耳なんてなさそうだ。魚の耳は頭部の奥深くに隠れているが、水中を伝わる音は魚の体内に直接届くので、反応には何の支障もない。捕食者の攻撃によって生じる衝撃波は、魚が生涯に聞くなかでもっとも重要な（しばしば最後の）刺激だ。衝撃波によって、耳にある機械刺激を受容する感覚細胞が数百本の神経繊維を活性化し、猛スピードで危険信号を特別な脳細胞に伝達する。発見者にちなんでマウスナー細胞とよばれるこの脳細胞は非常に大きく、また一般に、ニューロンは大きいほど信号伝達が速い（詳しくは第5章で）。魚の耳が2つあるのと同じで、マウスナー細胞も脳の両側にひとつずつ存在する。[*7] どちらかのマウスナー細胞からのたったひとつの神経インパルスが、劇的な反応を生みだす、この上なく重要なメッセージなのだ。

それぞれのマウスナー細胞から発した、シグナルを伝える長い生物由来ケーブル（軸索）は、魚の体の正中線を超え、反対側を脊柱に沿って伸びている。軸索を伝わる信号が、接続する別の神経を活性化させ、強力な体幹筋の収縮を引き起こして、特徴的なC字型のポーズをとらせる。このしくみは一見したところ、

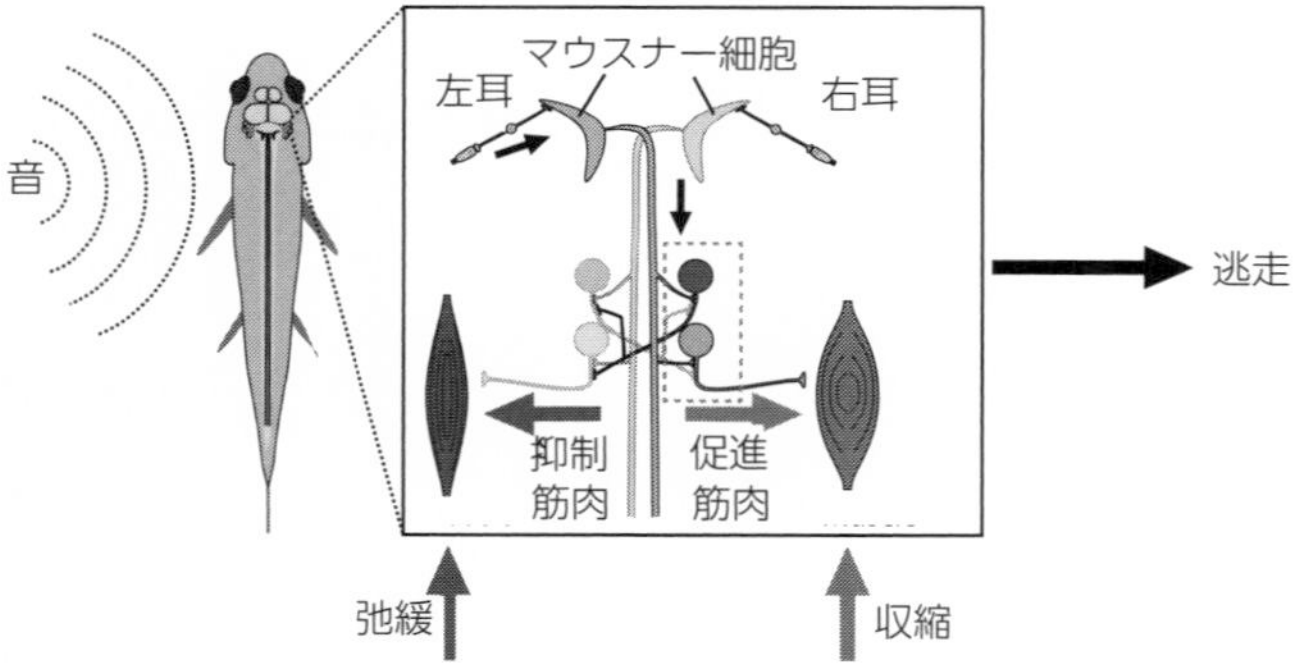

図 3.4 魚の逃走反応を司る回路の模式図。両耳、1 対のマウスナー細胞、情報の流れを示した。この例では攻撃によって生じた音は左側からやってきて、まず左耳を、次いで左側のマウスナー細胞を活性化させる。マウスナー細胞はシグナル（活動電位）を体の反対側に伝え、体幹筋を活性化させて、脅威から身をそらす方向に魚の体を曲げる。反対側のマウスナー細胞は抑制の役割を担い、体の正中線に沿って脅威がある側の筋肉の収縮を止めるシグナルを伝える。これにより迅速な逃走が（たいていは）実現する。

回りくどく思える。なぜ交差して体の反対側に伸びているのだろう？ じつはもっともな理由がある。魚が捕食者から頭を背けるには、攻撃された側のマウスナー細胞が、体の反対側で筋収縮を起こさなくてはいけないからだ。

以上の解剖学的構造を念頭に、魚が捕食者に攻撃された時に何が起こるかを考えてみよう。音が捕食者に近いほうの魚の耳に伝わると、そちら側のマウスナー細胞が活性化して、シグナルが体の反対側に伝わり、魚は捕食者を避けるように体を曲げ、次の瞬間にはそこから泳ぎ去る（最後の泳ぐ部分は別のシステムが担当する）。

ここまでの説明はきわめてシンプルだ。ただし、僕はひとつ疑問に思われるかもしれない部分を省いている。音が魚の体を通過するのなら、両方の耳が活性化するはずだ。しかも水中で音が伝わる速度はきわめて速いので、両耳の反応に時間差はほとんどない。もうひとつのマウスナー細胞も活性化したらどうなるだろう？ 両方の軸索をシグナルが移動し、体の両側の強力な体幹筋が、ほぼ同時に活性化する。魚は一点で硬直し、動けなくなるはずだ。しかも弱り目に祟《たた》り目で、食べられているあいだ、背中まで痛くなるだろう。この問題の解決策は、神経回路が行動を導きだす好例だ。２種類のシグナル、すなわち細胞を活性化させる興奮性シグナルと、細胞の活動を妨げる抑制性シグナルが決定的な役割を果たす。

この問題は、２人の敵対する司令官が争い、最初に反応したほうが全軍の指揮をとる競争だと考えることができる。こんな比喩を思いついたのは、マウスナー細胞がもう片方のマウスナー細胞の指示を無効化する抑制性シグナルも発しているためだ。捕食者と同じ側にある体幹筋は、逃走の邪魔にならないよう活動を停止させられる。この指令を担う抑制性ニューロンは、抑制する対象である筋肉と脊柱をはさんで反対側にある。またもや奇妙な配置に思えるが、交差するマウスナー細胞の軸索からシグナルを受け取るには、この配置でなくてはならない。実際、この抑制性細胞はしばしば「交差抑制性ニューロン」とよばれる。体の正中線を超えて、活性化したマウスナー細胞と同じ側にある筋肉を抑制するシグナルを送り返すからだ。

神経回路のパズルにこのピースを補えば、何が起こるかはもう想像できるはずだ。捕食者が攻撃する。音が魚の近い側の耳に届き、そちら側のマウスナー細胞を先に活性化させる。マウスナー細胞が体の反対側にシグナルを送り、捕食者から頭を背けるように体を曲げ、さらに同時に交差抑制性ニューロンを活性化させる。このニューロンがシグナルを体の反対側に送り返し、捕食者と同じ側の筋肉を強く抑制（弛緩）する。これにより、もう片方の（間違った）マウスナー細胞の誤作動でプロセス全体がぶち壊しになるのを防ぐのだ。

ようやく準備が整った。魚はこれで逃走できる……と思いきや、ちょっと待ってほしい。このメカニズムは完全に左右対称だ。マウスナー細胞によって活性化する抑制性ニューロンは体の両側にある。もし両方のマウスナー細胞が体の反対側に指令を送り、さらに両方の抑制性ニューロンがシグナルを送り返したら、魚の体の両側の筋肉が抑制される。すると同時に筋収縮が起こる代わりに、どちら側でもまったく収縮が起こらない。背中が痛くはならないだろうが、これでは魚はどこにも行けない。

解決策はひとつしかない。抑制性ニューロンに、反対側の抑制性ニューロンも抑制させるのだ！実際に、このとおりのことが起こっている。マウスナー細胞の軸索は、体の反対側の筋肉だけでなく、抑制性ニューロンも活性化させる。後者は体の正中線の向こうにシグナルを送り返し、そちら側の筋肉に加え、もうひとつのマウスナー細胞によって活性化する可能性のある、抑制性ニューロンをも抑制する。こんがらがって、まるでアボットとコステロ［訳注：１９４０年代から１９５０年代に活躍したアメリカのコメディアンコンビ］のコント「Who's on First」のように思えてきたかたは、前掲の回路の模式図を見てほしい。

この回路はカミソリの刃のようにきわどいバランスで成り立っていて、１０００分の１秒でも先に反応したほうのマウスナー細胞が勝利し指揮をとる。要するに、逃走反応には正しい側の筋肉の収縮だけでなく、反対側の筋肉の抑制（弛緩）も必要なのだ。両方がなければ、逃げられない。

怯《おび》えが死を招く

さて、マウスナー細胞を基軸とした逃走反応のしくみに（ヒゲミズヘビと同じように）すっかり精通したあなたなら、ヘビの芸術的な詐欺テクニックを理解できるはずだ。かれらは知られているかぎり、魚のCスタートの弱点につけこむ方法を見いだした唯一のヘビだ。ヒゲミズヘビは頭と首のあいだにくぼんだ空間をつくる。そしてそのまま微動だにせず背景に溶け込んで、魚がくぼんだ空間の中央に入り込むのをじっと待つ。このとき、魚の片方の耳はヘビの首の側に、もう片方の耳はヘビの頭（と口）の側に面している。次の瞬間、ヘビは単純に攻撃するのではなく、初動でフェイントをかける。首をけいれんさせるのだ。本物の攻撃が始まる1～2ミリ秒前に起こるこのフェイントは、水中に音を発生させ、それが瞬時に魚の耳に届く。結果として、反応してはいけないほうのマウスナー細胞が反応の指揮権を握り、どちらに体を曲げるかという、生死を分ける意思決定を下す。数ミリ秒後、本物の攻撃が放たれる。ヘビは針のように鋭い歯の並ぶ口を開け、魚めがけて突進する。真の脅威であるこの攻撃は強烈な衝撃波を発生させるが、もはや手遅れだ。先に活性化された反対側のマウスナー細胞が、この時点で完全に魚の行動を支配している。そのため間違った抑制性ニューロンが活性化されていて、適切な方向への逃走を可能にするはずの体幹筋は機能停止に陥っている。さらに悪いことに、ヘビとの距離が近づくにつれ、C字型に曲がった体は否応なく、魚をヘビの口のなかへと進ませる。

図 3.5 休日のヒゲミズヘビ。

一連の流れを初めてスローモーションで観察したとき、僕は唖然《あぜん》とした。狡猾《こうかつ》さのレベルでいえば、ヒゲミズヘビの攻撃はワニガメの疑似餌よりはるかに上だ。動物の食欲を利用するのは定番中の定番。一方、逃走反応を狩りに役立つよう仕向けるのは、あまりに斬新な手口だ。この方法によって、ジョン・マーフィーが記述した、きわめて短い処理時間も説明できる。[*3] 魚が天敵の口のなかに泳いできてくれるのだから、処理時間は短くなって当然だ。もちろん、このトリックもいつもうまくいくわけではない。どんな捕食者もそうであるように、ヒゲミズヘビの狙いも完璧ではないし、ときにはヘビの「首フェイント」にもかかわらず、魚が攻撃をかわして逃げることもある。それでも、感服するくらい効果的な攻撃であるのは間違いない。

ここへ来て僕は、ギンスの包丁の古いテレビＣＭ★を思いだした。ＣＭで見るかぎり、包丁自体の品質はとてもよさそうだ。なにしろアルミ缶を切ったあとでもトマトをスライスできる。そのあと、お決まりのじらしが入る。「でもちょっと待った。これだけじゃないんです」

未来予測

魚にとって逃走の選択肢は限られている。少なくともＣスタートの開始時点では、左に曲がるか、右に曲がるかしかない。そのため、ヘビが先ほど説明したこけおどしの戦術を使えるのは、魚がヘビの頭と平行な位置にいるときだけだ。では、魚がもともとヘビの頭にまっすぐ向かってきている状態、つまり魚とヘビの頭が直角をなす配置（図3・6の右）のときは、何が起こるのだろう？

ヘビにとっては難しい状況だ。先述の状況（図3・6の左）とは異なり、Cスタートで魚が直接口に向かってくるように仕向けることはできない。さらに悪いことに、フェイントなしの直接攻撃に切り替えた場合、魚がCスタートするのは確実だが、左と右どちらに曲がる反応を示すかは予測できない。そのため、魚の頭（ヘビの標的）はどちらに動く可能性もあり、ヘビの狙いが外れるおそれがある。失敗すればカモフラージュを見破られるという大きな代償が待っているのだから、こんなとき、ヘビは魚を見送ることもできるはずだが、そうはしない。代わりに、さらに一段上の巧妙なトリックを駆使して問題を解決する。

ヘビが首を痙攣《けいれん》させるフェイントを使い、魚はフェイントを避けるようにCスタートを切り、そこをヘビが攻撃する。ここまでは同じだが、ヘビの狙いは魚ではない。代わりに、魚の向こう側にある開放空間をめがけて攻撃を繰りだす。[*8] つまり、将来の時点で逃走する魚の頭があるはずの位置に狙いを定めているのだ。

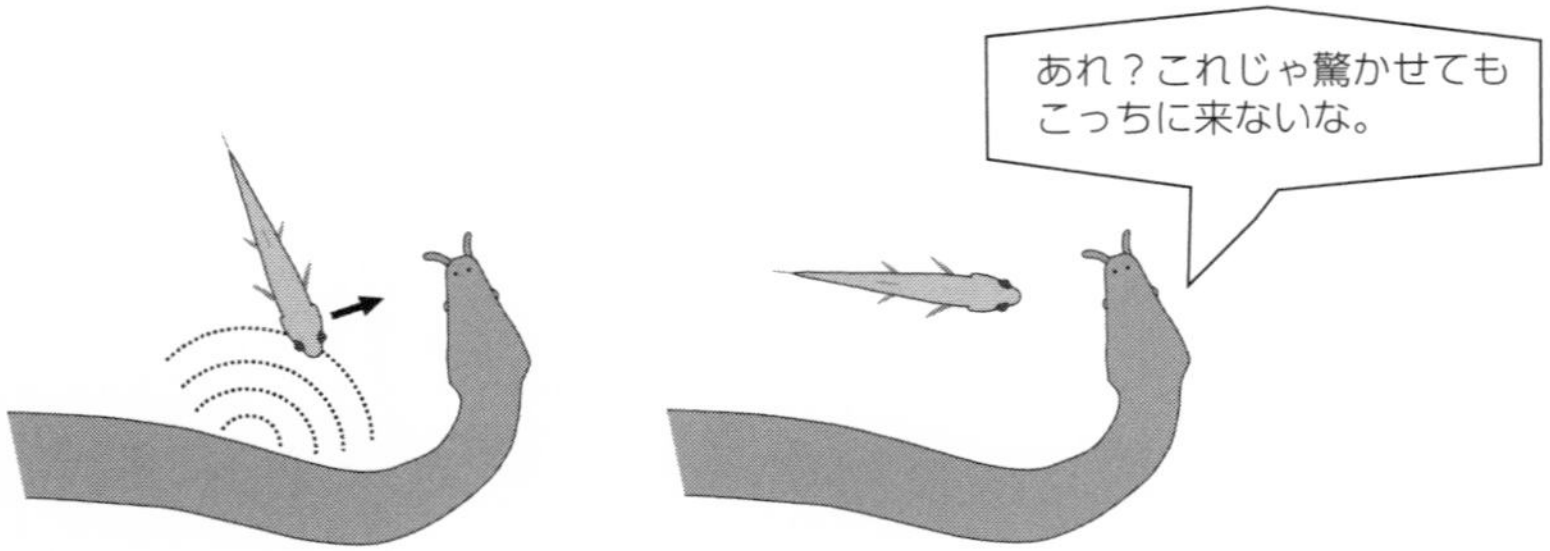

図 3.6 魚がヒゲミズヘビに接近する 2 通りの状況。それぞれに異なる狩りの戦略が必要だ。

この戦略により、ヘビは狩りから偶然の要素を取り去って、またしてもシステムを乗っ取る。今度は魚を予測可能な方向に泳がせておいて、将来頭が来る位置を狙って攻撃する。その結果、マウスナー細胞の指令に従った魚は、みずから死を急ぐようにヘビに近づき、急襲するヘビの口のなかに、従順に頭をさしだす。スローモーションで見ると、2人のダンサーが完璧に呼応しつつ、死のバレエを踊っているようだ。

ヘビは眼や触角を利用して、魚の逃走経路を追い、攻撃目標を途中で修正しているのではないかと思うかもしれない。だが、攻撃の最中にヘビの頭が猛スピードで動くこと、それにヘビが魚より先に動きはじめることを考えれば、目標を修正するのはシンプルに不可能だ。先述の通り、視覚は比較的「遅い」感覚[*6]であるため、網膜は高速移動する周囲の視覚情報を処理できない。僕らが眼を

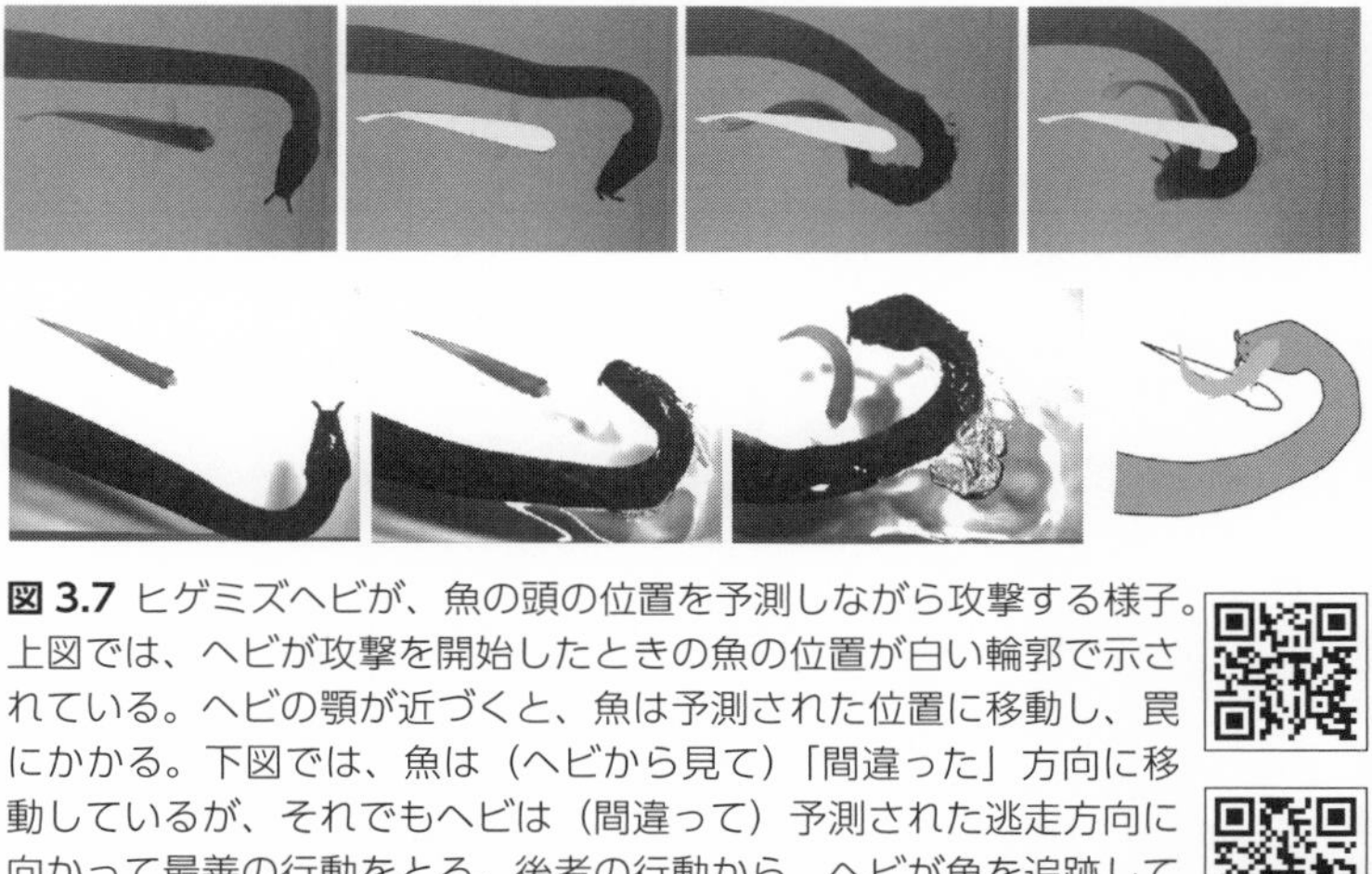

図 3.7 ヒゲミズヘビが、魚の頭の位置を予測しながら攻撃する様子。上図では、ヘビが攻撃を開始したときの魚の位置が白い輪郭で示されている。ヘビの顎が近づくと、魚は予測された位置に移動し、罠にかかる。下図では、魚は（ヘビから見て）「間違った」方向に移動しているが、それでもヘビは（間違って）予測された逃走方向に向かって最善の行動をとる。後者の行動から、ヘビが魚を追跡していないことが確認できる。

動かすときにも同じ問題が生じる。鏡の前に立ち、片眼でもう片方の眼の動きを追ってみても、けっして見えない。ヒトの神経系は眼球が動いているときの視覚シグナルを抑制し、おかげで僕らは、世界が猛スピードで駆け回るような、混乱を招くだけのぼやけた像を見なくてすむ（鏡のあとは、スマートフォンのカメラの自撮りモードで試してみよう。画像表示のわずかな遅延のおかげで、見えなかった動きが見えるはずだ）。ヒゲミズヘビの視覚抑制は、ヒトのさらに上をゆく。眼球を引っ込めて、攻撃の際に傷つかないよう保護するのだ［訳注：ヘビにはまぶたがないので眼を閉じることはできない］。触角についても、水中を猛スピードで移動している際は、それ以外の水の動きを感知できない。つまり、攻撃の最中は眼も触角も役立たずなのだ。それでもまだ納得できない人のために、ヘビのフェイントが効かず、魚が（ヘビから見て）間違った方向にターンした場合に何が起こるかお教えしよう。このようなケースでヘビが攻撃するのは、トリックがうまくいったとしたら魚の頭があるはずだった場所だ。この事実から、ヘビが魚の動きを追っていないのは明らかだ。かれらは将来魚がとる可能性が高い姿勢を予測し、賭けにでるのだ。

幻の魚

ヒゲミズヘビにはまったく脱帽だ。魚の動きを予測して攻撃するなんて、ずる賢さの域を超えている。しかも、ヘビの現実認識を考慮すると、かれらの行動はなおさら興味深い。魚が思い通りの角度で口に近づいてきているときのヘビの視点に立ってみよう。ヘビはJ字型の待ち伏せ姿勢で、枝になりすましている。鋭い視覚と水流を感知する触角で、魚の頭の位置を正確に追尾し、距離がどんどん詰まってくるのを感じる。次の瞬間、罠を作動させ、ヘビは攻撃にでる。ヘビの世界は一瞬真っ暗になり、魚に向かって猛進するあいだもそのままだ。したがって、魚が反射的にCスタートを切る姿はヘビには見えていない。攻撃の直前まで、ヘビはすぐそばにいる魚に全神経を集中させている。けれども接触の瞬間の魚の姿勢は、つねに直前のものとは違っている。つまり、ヘビから見れば、魚はいるはずの場所にいないのだ。

ほしくて仕方ないものに手を伸ばすたび、それが別の場所にあるとしたらどうだろう？ たとえば、あなたが毎朝コーヒーカップに手を伸ばすたび、見えていた場所から15センチメートル右にスライドするとしたら？ この感覚に一番近い体験を味わうには、物体の位置が変わって見える視覚変容ゴーグルを装着する必要がある。こうした実験はヒトを対象におこなわれていて、参加者は時間が経つにつれ、行動を調整し、ゴーグルの視界に惑わされずに直接カップに手を伸ばせるようになる。どうしてもコーヒーが飲みたいならの話だが。

ヘビは何が何でも魚を食べたいし、ある意味で、Cスタートという名のゴーグルを通して魚を見ている。そしてかれらも、比喩的には同じ解決策にたどり着いた。眼に見えるものを信じるな。その魚の頭の位置は錯覚にすぎない。実際はC字型に体を曲げているから、そのつもりで狙え。もちろん、ヘビが本当に魚の位置について、こんなふうに考えているわけではない（それは視覚変容ゴーグルに順応したヒトも同じことだ)。これはあくまでも、ヒトが習得できる技術と、ヘビが習得したかもしれない技術の類似性に注目してもらうためにだした例だ。

　では、この教訓はどこまでヘビの身にしみているのだろう? かれらは逃走する魚の位置を学習するのだろうか? 視覚変容ゴーグルを着けたヒトが物体の本当の位置を把握するように? それとも、ヘビの攻撃は生まれつきCスタートに対応して調整されているのか? ヒゲミズヘビと魚の戦いは数百万年にわたって続いてきたため、生まれたばかりのヘビにこうした能力を授けるような自然淘汰が働く時間は十分にあったはずだ。

　この疑問は、多くの科学的探求がそうであるように、2つの意味をもつ。ひとつは生物学の重箱の隅にある地味な問い、つまり文字通りヒゲミズヘビの新生児が魚の頭を狙って攻撃するかどうか。そしてもうひとつの、はるかに大きく一般的な疑問は、進化がどれだけある種の生物を、その生息環境に合わせて極端に特殊化させうるかだ。動物の行動が「生まれか育ちか」、つまり本能か学習かという視点に立てば、ほかの動物の実際の動きに対応するのはふつう、典型的な学習サイドの行動だ。さらに広い視野で見れば、学習は多様な環境への適応を可能にするが、一方で時間がかかるという大きな欠点もある。生まれたばかりのヘビは無防備で、最初の食事をできるかどうかが生死を分けるかもしれない。かれらは餓死や被食の危険と隣り合わせだ。最悪の場合、小さなヘビは大きな魚の格好の餌食にもなりうる。魚食のスペシャリストにとって、こんなに不名誉な最期はない。

　本能と学習のコストと利益についてはまだまだ話し足りない。ヘビは生まれながらに予測攻撃ができると考える理由も、逆に時間をかけてこの技を身につけなくてはいけない理由も、どちらもあげられる。このような疑問は僕の大好物だ。どちらの結果を予測してもおかしくない十分な根拠があり、しかも答えを導きだす方法がはっきりしている。まだ魚のCスタートに遭遇した経験のない、ヒゲミズヘビの赤ちゃんを手に入れなくては。

生まれつきの知恵？

果てしなく時間はかかったが、とうとう何匹かの大柄なメスのお腹がこれまでになく膨らんできた。僕は期待を胸に待ちつづけ、ある日水槽を覗き込むと、小枝の集まりのようなものが水草の合間に見えた。正体はヒゲミズヘビの新生児たちだ。2腹から合計で17匹の赤ちゃんが生まれた。もちろん誰ひとりとして魚を見たり、魚に触れたりした経験はなかった。

ただし、ひとつ問題があった。ヘビが魚を襲うところを撮影しつつ、データ収集中にヘビが魚のCスタートについて学習しない（学習する可能性がない）ようにするには、どうしたらいいだろう？ 1匹のヘビにつき1試行だけではデータが足りない。僕は最初、偽物の魚の映像をつくり、コンピュータスクリーン上に移動させることを考えた。スクリーンを水平に設置して、ヘビの入った小さな容器を上に置き、デジタルフィッシュの姿を下から見せる。できるかぎり偽物の魚に近づけるように、僕はヘビが入った容器の底をガラス板から透明な薄いシートに取り替えて、ヘビとスクリーンのあいだの距離を数ミリメートル縮めた。

文句なしの解決策だと思った。ところが、水を満たしたヘビの容器を高価なコンピュータスクリーンの上に置き、デジタルフィッシュを何時間も動かしたが、ヘビは偽物の魚にまるで無関心だった。こんな失敗は日常茶飯事で、落ち込んだりはしなかった。それでも失敗に触れたのは、これがのちの成功につながったからだ。

次に、底が透明シートになっている小さな容器を、コンピュータスクリーンの上に置くのではなく、本物の魚の入った別の浅い水槽に沈め、魚が容器の下を泳いで通れるようにした。より現実に近いこの装置にはヘビも納得してくれたようで、積極的に本物の魚に攻撃を仕掛けた。永遠に触れることはできないのだが。

そしてこのとき、すべての科学者の最高の友、セレンディピティが舞い降りた。コンピュータでの実験の失敗がなかったら、僕は容器の底を透明シートに変えたりはしなかった。ところが本物の魚を使った今度の新しい実験では、この薄く柔軟な透明シートが、ヘビの体を使ったフェイントで生じる圧力波を魚のいる水槽内に伝える役割を果たしたのだ。魚は障壁などないかのように、ヘビの攻撃にCスタートで反応した。「偶然が生んだ」実験デザインのまたとない例であり、こうして僕は攻撃するヘビと逃走する魚、両方の動きをスローモーション映像で比較することができた(あとでガラス板を使って再実験したところ、ヘビに攻撃されても魚はCスタートをとらなかった。ここから、視覚的手がかりだけでは、魚の逃走反応のスイッチを入れるには不十分だとわかる)[*9]。

はたして結果は？ 生まればかりのヘビたちは予測攻撃を繰りだし、おとなが実践する一連のトリックをすべて示した。[*9] そして案の定、１匹につき10試行を終えて透明シートを取り外すと、Cスタートについて学ぶ機会は一度もなかったにもかかわらず、赤ちゃんヘビは予測攻撃で見事に魚を仕留めた。

この結果を目の当たりにしたときの驚きは、どんなに言葉を尽くしてもいい表せない。ヒゲミズヘビは途方もなく長い年月にわたって獲物の魚と共進化してきた。そのおかげで、体を使ったフェイントで魚の逃走システムの隙をつき、魚の動きを予測して攻撃するように、あらかじめプログラムされた状態で生まれてくるのだ。まるで野球選手が生まれつき、投球を熟知しているだけでなく、ピッチャーが動く前からボールがどこにくるかを知っていて、さらに好都合なことにボールを打つ能力まで備えているようなものだ。魚が夢を見るとしたら、ヒゲミズヘビは最恐の悪夢に登場しそうだ。

ではなぜ、魚はヒゲミズヘビの罠に対抗できるメカニズムを進化させなかったのだろう？ もっともな疑問だ。これについて僕が思いだすのは、リチャード・ドーキンスがいう「レアな天敵効果」だ。[*10] まれにしか遭遇しない捕食者は、多数からなる獲物の集団に与える影響が小さいため、対抗適応が進化する余地がない。魚にとって、捕食者の攻撃によってできる衝撃波から遠ざかるように逃げるのがたいていは最良の選択であるかぎり、そこにつけこむヒゲミズヘビの戦略は安泰だ。かれらは詐欺と奇術の生業を続け、進化が磨き上げた秘策によって八百長試合を演じつづける。

けれども、もしもヒゲミズヘビが魚の主要捕食者になれば、不正は露呈し、魚は防御手段を進化させるだろう。詐欺師のたとえに戻ると、ありふれた手口は破滅のもとだ。いまとなっては、数百万ドルの資産の国外移転を手伝ってほしいと訴える、ナイジェリアの王子からのメールに返信する人がたくさんいるとは思えない。かつては新型だったこの手の詐欺は、いまや凡庸《ぼんよう》すぎて笑いのネタにしかならないのだ。でも僕は、動物園で出会ったあの日まで、ヒゲミズヘビなんて聞いたこともなかった。賭けてもいいが、たいていの魚もきっと僕と同じだろう。

第4章 ダーウィンのミミズとワームグランティングの秘密

最初にいっておくと、ワームグランティングとはミミズ（ワーム）がやることではなく、ヒトの行動だ。ワームグランターが仕事道具をもって森に向かう様子は、ヴァンパイア狩りでも始まりそうに見える。片手にもつ大きな木の杭は、尖ったほうの端が黒く染みになっていて、反対の端にはハンマーか何かで叩いた跡がある。もう片方の手にもつのは平たい鉄の棒、たいていは古い車の板バネだ。朝日が昇ると、グランターは森の奥深くへ分け入り、地面についたある種の痕跡を探しはじめる。おあつらえむきの場所が見つかったら、グランターはひざまづき、杭の鋭いほうの端を鉄の棒で地面に打ち込む。とはいえ、この世のものとは思えない悲鳴が聞こえたり、秘密の墓からゆらめく霧が立ちこめたりはしない。少なくとも、今のところは。グランターは板バネの両端をもち、木の杭のてっぺんに置いて、一方向に向かってこすりはじめる。杭が振動して生じる低くうなるような音が、太古の肉食獣の求愛音声のように森にこだまする。グランターは奇妙な演奏を続け、一度こするたびに鉄の棒をもち上げては置き直す。次に起こることは超自然的ではないものの、目を疑わずにはいられない。数百匹の大きなミミズが土からはいだし、グランターのまわりに出現するのだ。ワームグランター、またはグランターの相棒は、あたりを歩き回ってミミズを回収し、缶に詰める。ものの数分で缶はミミズであふれかえる。

僕はこの奇妙な現象をずっと前から知っていて、不思議に思っていた。なぜ数百匹の大きなミミズたちは、振動に反応して地表に姿を現すのだろう？ まるで筋が通らない。前章で、魚はたくさんの捕食者に狙われると述べたが、それをいうならミミズは主食であり、生態系全体の「生命の糧」だ。地面が振動したからといって、真昼間に地表にでてくるなんて、このミミズたちは正気なのか？ 地上のありとあらゆる捕食者たちがミミズに飛びつくに決まっているのだから、どう考えてもおかしい。何らかの攪乱《かくらん》を受けたときは、安全な地中のもっと奥深くに潜るほうが理にかなっているのではないか？

ミステリーは僕の大好物だが、最初のうち、僕はこの奇妙な現象が誇張されているのではないかと心配した。けれども文献を調べ、この話題に詳しくなっていくほど、不可解さは増すばかりだった。ワームグランティングはアメリカ南東部で何世代にもわたっておこなわれてきた。ワームチャーミング、ワームフィドリング、ワームスノアリングとよばれる場合もあるらしい［訳注：charm は「魅了する、魔法にかける」、fiddle は「バイオリンを弾く、だます」、snore は「いびきをかく」の意味」。あるバージョンでは、若木の上のほうを切り、残った切り株に金属片をこする。木の根全体を利用して、地中に効率よく振動を伝えられるが、このやり方には新しい場所でミミズを採集するたびに若木を殺してしまうという欠点もある。この方法を知った僕は、ワームグランティングという釣餌集めの奇妙なやり方が、どんなふうに発明され、年月とともに改善されてきたかを想像せずにはいられなかった。ひとりの入植者がのこぎりで木を切っていると、土から大きなミミズが大量に湧きだすのに気づく。こんな異様な経験はそうそう忘れられないだろうし、釣りが一般的でしょっちゅうミミズが必要になる土地ではなおさらだ。

本格的に一攫千金のチャンスがやってきたのは１９６０年代後半から１９７０年代前半だった。地元経済が発展し、店で釣り人向けに餌が売られるようになった。この頃がワームグランティングの最盛期で、毎年「ミミズラッシュ」の時期になると、多くの人びとが普段の仕事を休み、もっと稼ぎのいいミミズ採集に精をだした。ワームグランティングひと筋で生計を立てる家族もいた。フロリダのアパラチコラ国有林には釣りに最適なミミズが生息しているとの評判で、やがてワームグランティングの聖地となった。小規模な釣餌販売業が近くの町ソップチョピーで活況を呈し、そこからミミズが全国に発送された。産業が発展するにつれ、奇妙な風習の噂は広まり、とうとうＣＢＳのニュース記者チャールズ・クロルトの目に止まった。[*1]

クロルトは全国を旅してユニークな人びとのユニークな営みに密着する『オン・ザ・ロード』シリー

ズで高い評価を受けていて、ワームグランティングは番組のテーマにぴったりだった。1972年8月、彼はソップチョピーを訪れてワームグランティングを取材し、かくしてこの風習と地域産業に全米の注目が集まった。クロルトのシリーズのほとんどがそうだったように、エピソードはアメリカ人の生活の唯一無二の一側面を好意的に紹介したもので、ワームグランターたちは放送を誇らしく思った。だが、つかのまの名声は予期せぬ結果を招いた。*2 アメリカ森林局の知るところとなり、森林生態系に不可欠の要素であるミミズが過剰に採集されることを憂慮したかれらが、ワームグランティングの規制に乗りだしたのだ。こうして採集には毎年、許可証の購入が必要になった。規制はそれだけでなく、たとえばワームグランティングのすべては手作業でおこなうことが義務づけられた（以前はチェーンソーを使って振動を生みだす人もいた）。もうひとつ、国税庁がワームグランティングによる未申告所得の調査に着手するという、知られざる副作用もあった。税務調査と経済状況の変化により、ワームグランティングは徐々に廃《すた》れ、現在プロのグランターは数えるほどだ。*3

波乱の歴史は興味深いが、グランティングがうまくいく理由を説明できる人はいないようだった。*4 グランターの多くはミミズがなぜ地表にでてくるのかと首をひねったりせず、ただ採集するだけで満足していた。一部の人は、グランティングはミミズの敏感な皮膚を「くすぐり」、耐えられなくなって土からはいだしてくると考えていた。あるいは、ハーメルンの笛吹きに誘いだされたネズミのように、ミミズが何らかの理由で振動に「魅せられる」という説もあった。さらには、振動は雨を真似たもので、勘違いしたミミズは溺《おぼ》れないようあわてて飛びだしてくるという人もいた。だが、もっとも有力な手がかりをくれたのは、誰あろうチャールズ・ダーウィンだ。

ダーウィンといえば『種の起源』があまりに有名だが、彼の著書はそれだけではない。『種の起源』執筆のずっとあとになって、彼はミミズの研究を始めた。１８８１年、彼は最後の著書となる『ミミズによる腐植土の形成』を発表した。*5 この著作もまた彼の慧眼を裏づけるもので、ダーウィンは実験により、ミミズがとてつもない量の土壌を撹拌し、土壌の肥沃度をおおいに高めると示した。それまでたいていの人にとって、ミミズが農業と土壌生態系に不可欠な役割を果たしていることなど想像もつかなかった。ダーウィンはミミズの感覚にも関心をもち、さまざまな条件でかれらに音楽を聞かせる実験をおこなった。ミミズの音楽的才能を引きだすことはできなかったものの、彼はミミズが音にどう反応するか、識者に聞いてまわったようだ。「地面を叩いたり、何らかの形で振動させると、ミミズはモグラに追われていると思い込み、巣穴を離れるといわれている」と、彼は述べた。想像はつくだろうが、僕はこの一文を読んだとき、驚きで開いた口がふさがらなかった。ミミズは僕の専門ではないが、モグラのことなら多少は知っている。

ダーウィンはいくつかシンプルな実験をおこない、こう結論づけた。「ミミズは地面が振動したとき、必ず巣穴を離れるわけではない。このことを、わたしは鋤《すき》で地面を叩いて確かめたが、おそらく強く叩きすぎたのだろう」。ダーウィンは彼なりのやり方でワームグランティングに挑んだが、失敗したのだ。それを知っただけでもう、僕はこの問題に夢中になった。いち生物学者として、ダーウィンが思案し、少しばかり解決を試みさえした問題のフォローアップをしたくないわけがない。確かにミミズがモグラにどう反応するかという疑問は、地球上のすべての生命の起源の探求ほど壮大ではない。それでもこの問いを掘り下げていけば、文字通り大地を揺るがすほど意義深い結果にたどり着けるはずだ。

ワームグランティングを研究するためには、何人かのワームグランターの協力を仰ぐ必要がある。それも誰でもいいわけではない。どこでどんなふうにグランティングするのがベストかをよく知っている、熟練のグランターと組むのが重要だ。この部分が研究の最大の難関かもしれない。そう思っていたとき、僕は毎年開催されている奇妙なお祭りの話を耳にした。

2000年以来、毎年4月の2度目の週末にソップチョピーで開催されているワームグランティング・フェスティバルは、地域の歴史に根ざしたユニークなイベントだ。内容は子どもたちが参加するワームグランティング・コンテストに、ワームグランティング・ダンス、ワームグランティング・クイーンの戴冠式、ライブ演奏、工芸品の出店、たくさんの屋台、5キロメートル競走と盛りだくさん。ワームグランティングTシャツは毎年新たにデザインされる。でも、僕がウェブサイトを見て興味を惹かれたのは、ゲイリー・レヴェルが毎年実演するライブ・ワームグランティングだった。

ゲイリーと妻のオードリーはプロのワームグランターで、釣餌を売って生計を立てている。かれらのスキルは折り紙つきで、ニュース記事、テレビ番組、ドキュメンタリー作品に取り上げられ、技術と伝統を人びとに伝えてきた功績を称えられフロリダ民俗遺産賞も受賞した。レヴェル夫妻はワームグランティングとアパラチコラ国有林についての豊富な知識を備え、しかもとても親切で暖かい人たちだった。ワームグランティングの手法について研究したいと連絡したところ、かれらは僕を現場見学に招待してくれた。

第一容疑者

ゲイリーとオードリーに会えることになり、僕は興奮していたが、まずは自分で謎解きに取りかかる必要があった。このミステリーにはコインの裏表のような二面性がある。捕食者と被食者だ。被食者の本能的行動を進化させた可能性がある捕食者について考えるとき、ふつう容疑がかかるのは、被害者のすぐそばに何万年も、あるいは何百万年も棲みつづけている動物だ。ワームグランティングを考えるうえで、これは重要な問題だ。というのも、北アメリカにいるミミズの種の多くは過去数百年のあいだにヒトがもち込んだものなのだ。そのため、ミミズの行動の起源の解明はなかなかやっかいだ。現在目の当たりにしている現象は、はるか昔に別の大陸の別の土壌で、別の種との関係のなかで進化したものかもしれない。

だが、少なくともアパラチコラ国有林で採集されるミミズに関しては、こうした心配はないとわかった。グランターたちは自信満々に、ここにいる大きなミミズは特別なんだと教えてくれるが、確かにその通りだった。もっとも頻繁に採集されるミミズは *Diplocardia mississippiensis* (diplocardia はミミズがもつ「12の心臓」を意味する) の学名でよばれる。ミミズ研究者の (小規模なクラブの) 内輪では、この種はフロリダの珍しい砂質土壌を好む在来種として有名だ。つまり、振動に対するミミズの不可解な反応の謎を解く手がかりもまた、アパラチコラ国有林にあるはずだ。

ここから当然の疑問が湧いてくる。ワームグランターたちの仕事場であるアパラチコラ国有林に、第一容疑者であるモグラは生息しているのだろうか? バードウォッチングやその他の野生動物探しと同じように、まずはフィールドガイドで分布図を見て、該当地域に目的の動物が棲んでいるかどうかを確かめるのが先決だ。世界にはおよそ30種のモグラがいて、うち7種が北アメリカに分布するが、ワームグランティングがおこなわれる地域に分布が重なるのは1種だけ。分布域にちなんでトウブモグラ、学名 *Scalopus aquaticus* とよばれるこのモグラは、英名では common mole ともよばれるありふれた種だ。

しょっちゅう民家の庭を荒らすせいか、トウブモグラの評判はあまり芳しくない。モグラ愛好家(ミミズ愛好家よりさらに狭い世界だ)のあいだでも、トウブモグラはあまりぱっとしない種とみなされている。しいて特徴をあげるなら、すべてのモグラのなかでもっとも感覚の特殊化を欠いた種であることくらいだ。他種のモグラはすべて、鋭敏なアイマー器官が鼻の皮膚をおおい、すぐれた触覚を備えている(アイマー器官については第2章で説明した)。ところがトウブモグラにはアイマー器官がなく、代わりに比較的厚くなめらかな皮膚が鼻をおおっている。触覚に関して、トウブモグラはホシバナモグラの対極に位置する。後者が飛び抜けた感度と解像度をもつ一方、前者はきわめて未発達だ。こんな地味な科学トリビアは、クイズ番組『ジェパディ!』の問題にもならないだろう。僕がこの事実を発見したのは、ホシバナモグラの進化を理解しようと各種のモグラの鼻を比較しているときだった。いまやトウブモグラの鼻が俄然《がぜん》面白くなってきた。なぜこの種は厚く鈍感な皮膚を顔にまとっているのだろう？ もしかしたらこの鼻のおかげで、他種よりも摩耗性の強い土壌を好む、あるいは少なくともそうした土壌に耐えられるかもしれない。グランターたちの仕事場の砂質土壌にも生息できそうだ。

手持ちのフィールドガイドのトウブモグラの分布域にはアパラチコラ国有林が含まれていたが、だからといって実際にたくさんいるとは限らない（ルリツグミはテネシー州に分布するが、僕は自宅の庭で一度も見かけたことがない）。僕はこの研究の最初の目標を、モグラの個体数をおおまかに把握することとした。国有林にゴルフ場はないので、僕は蚊がうじゃうじゃいる森のなかを延々と歩き、モグラのトンネルを数える覚悟を決めた。けれども結局、その必要はなかった。エアコンの効いた車から降りなくても、トンネルはいくらでも発見できたからだ。

背景情報として、アパラチコラ国有林を楽しむいちばん手軽な方法は、公式に整備され番号が振られた「林道」を利用することだ。これらの未舗装道路の多くは、毎日行き来する自動車によって硬く押し固められている。にもかかわらず、たった1日で、僕は道路に進入あるいは横断する形で掘り進んだモグラのトンネルを39本も見つけた。地表から見えるトンネルは、戸建て住宅に住む人にはおなじみの、カーペットの下をモグラが動いているような地面の「畝《うね》」として目視できる。整備の行き届いたトンネルの数からして、ここには膨大な数のモグラがいて、活発に暮らしていることが伺える。

トンネルの上を車が通過するたび、モグラは補修しなくてはいけないからだ。

モグラはなぜ道路を横断するトンネルを掘るのだろう？ 冗談でいっているわけではない〔訳注："Why did the chicken cross the road?（ニワトリが道路を渡ったのはなぜ？）"は英語の定番ジョークのひとつで、"To get to the other side（向こう側に行くため）"という答えとセットになっている〕。林道でみられたパターンは、僕が調べようとしているミミズの行動の謎を解く鍵になるかもしれない。トウブモグラはめったにトンネルを離れない。「向こう側に行く」ために、モグラは地表にでてきて歩くのではなく、道路を横切るトンネルをゆっくり掘り進む。このような習性をもつ理由は明らかに、モグラが小型哺乳類の例にもれず、さまざまな捕食者にとって格好の獲物になるからだ。大きくショベルのような前肢は走るのには不向きで、しかもかれらはほぼ盲目。地上にいるモグラは水からでた魚、あるいは座り込んでいるカモと変わらない。この観察結果をもとに考えると、ひとつの重要な知見が得られる。トウブモグラは地上でミミズを襲わない。トンネルがトウブモグラのものとどうしてわかったのか、という

図 4.1 アパラチコラ国有林の砂質土壌の林道を横切る、できたばかりのモグラのトンネル。

疑問はもっともだ。僕はモグラの専門家だからということもできるし、もしモグラじゃなかったらフィールド用のティリーハットを食べてもいいくらいだが、学術誌の査読者はそれでは納得してくれない。何匹かもち主を捕まえて記録する必要があった。とはいえ、僕はもともとそうするつもりだった。こんなに面白そうな森林が広がっているのに、車のなかにこもりきりでいられるわけがない。

だが、どうやって捕まえよう？ ジュディ（あるいはビル・マーレイ）に聞けばアドバイスをくれるだろうが、僕は（たとえ合法だとしても）モグラを撃つつもりはなかった。問題は、トラップで捕まえられるホシバナモグラと違って、トウブモグラは「トラップ嫌い」であることだ。これにはおそらく、単独性でトンネルをほかの動物と共有しないことが関係しているのだろう。かれらは新しいものを強く警戒する。このあいだまでカーブしたトンネルの土壁だったところに、長方形の金属製の箱罠がある場合など、その最たるものだ。モグラはきっと「あれ、こんなものをここに置いた覚えはないぞ」と思うのだろう。もっといい罠を仕掛けるには、モグラになったつもりで考えなくてはいけない。

トウブモグラはいつも地下の植物の根にぶつかっている。根にとくに害はなく、ただ押しのけられるだけだ。これをヒントに、僕は長さ30センチメートルの木の棒を等間隔にトンネルに刺し、念入りにすべてをまっすぐ垂直に立てた。狙い通り、モグラがトンネルを通過すると、木の棒は力強く押しのけられ、激しく揺れる釣りの浮きのような動きが確認できた。この方法で、僕はトンネルを見つけるたびにモグラの動きを追跡し、ハンドタオルを詰めてトンネルを封鎖し閉じ込めた。あとはゆるんだ地面を掘り返すだけだ。こうして僕はティリーハットを食べずにすんだ。

早起きは……

ワームグランティングの名人はみな早起きだ。そこで僕も夜明けのかなり前に起きだし、ゲイリーとオードリーと落ち合って、かれらについて森の奥のお気に入りの仕事場へ案内してもらった。かれらが仕事を愛している理由はよくわかる。夜明けのアパラチコラ国有林は美しく、ゲイリーの言葉を借りれば、渋滞もなければ上司もいないし、たいていはほかに人っ子ひとりいない。子どもの頃から森で作業をしていたゲイリーは、この土地を隅ずみまで知り尽くしていた。２人について歩くのは、まるで熟練のガイドと行く外国のサファリのようだった。かれ

図 4.2 トウブモグラ *Scalopus aquaticus*

らはほとんどすべての樹木と動物の種を知っていて、地元民しか知らない名前でよぶこともあった。ゲイリーは土壌の水分量と標高に応じてどのように異なる植生が分布するかを教えてくれた。名人級のワームグランターだけがもっているこの能力は、ミミズの個体密度がもっとも高いポイントを見つけるのにおおいに役立つ。

　ゲイリーは「ルーピングアイアン」とよばれる鉄の棒と木の杭を取りだし、オードリーはミミズを入れる1ガロン（3・785リットル）缶を用意した。これほど大きな容器が必要になるとは想像しづらかったが、トラックには空の缶がまだまだたくさんあった。ゲイリーは鉄の棒を使って杭を地中20センチメートルほどまで打ち込んだ。彼の説明によると、深さで振動のピッチが決まるらしい。次に彼は膝をつき、杭のてっぺんを鉄の棒でこすりはじめた。低い振動音が土のなかで反響し、森じゅうに広がる。大型のオスのアリ

図 4.3 早朝、ワームグランティングに勤《いそ》しむゲイリー・レヴェル。

ゲーターが発する求愛音声に似ていた。ゲイリーはこれを繰り返し、音を聞いて、杭をさらに深く打ち込んでピッチをあげた。まるで楽器のチューニングをするミュージシャンだ。僕はすっかり夢中だったが、まだミミズの姿はなかった。何度かこする動作を繰り返したあと、オードリーが大きく円を描くように歩きはじめた。ときどきしゃがんで何かを拾っている。僕はあたりを見渡し、そして二度見した。巨大なミミズが地面を這《は》い回っている！まるで2人が何もないところから具現化させたかのようだった。でてくるところは確認できなかったが、目を凝らすほどに、たくさんのミミズたちがてんでばらばらの方向に這っているのが見えてきた。僕もミミズを拾ってオードリーの缶に入れはじめた。まもなく缶は数百匹のミミズであふれかえった。もはやちょっとした奇跡だった。ワームグランティングの話は知っていたし、魔法のようにうまくいくのでなければ誰もこれで生計を立てようとは思わないのだから当然なのだが、それでも見るのと聞くのとでは大違いだ。

最後に何度かこすったあと、ゲイリーは杭の側面を軽く叩いて緩め、地面から引き抜き、新しいポイントに移動して、同じプロセスを再び繰り返した。今度は僕も心の準備ができていて、もっと注意深く観察していたので、ミミズがあたり一面の穴という穴から次つぎに這いだす瞬間を目撃できた。猛スピードで飛びだす個体もいれば、もっと慎重に半分までででてきて止まる個体もいた。だが後者も、ゲイリーが魔法の歌をもう何度か奏でると、全身を地面にさらけだした。オードリーはゲイリーが場所を変えるたびついていき、ひとつひとつ缶をいっぱいにしていき、ほんの数時間で数千匹のミミズを手にした。日が高くなり、気温の上昇とともに蚊の大群が現れた。そろそろ潮時だ。

２人の家に戻ると、オードリーが美味しいアイスティーをだしてくれた。僕は２人にワームグランティングの歴史や、ゲイリーの一族がこの仕事が代々どう受け継いできたかを尋ねた。なぜうまくいくのかはゲイリーも知らなかった。振動は雨を真似たもので、ミミズは溺《おぼ》れないように地表にでてくるという人もいると話しつつも、彼はこの説に納得していないようだった。僕が「モグラ説」について話すと、彼は興味をもった。僕らは庭にでて、モグラのトンネルを指し示した（押し固められた道路の上でもない限り、アパラチコラ国有林の砂質土壌に掘られたモグラのトンネルはあまりはっきりわからない）。この森についてゲイリーが知らず、僕が知っていたことはそれくらい（あるいは本当にそれだけ）だった。そして僕は、彼が森のエキスパートで、ワームグランティングの達人であるわけを理解した。彼はモグラについて何から何まで知りたがった。ミミズの行動とワームグランティングのしくみをもっと詳しく研究したいのでまた戻ってきていいかと僕が尋ねると、彼は二つ返事で快諾してくれた。僕はカーマインと彼の山小屋を思いださずにはいられなかった。寛大で科学への好奇心にあふれた人たちとの出会いに、僕はつくづく恵まれている。

受振器と逃げるミミズ

次にフロリダを訪れたとき、僕の車は器材でいっぱいだった。マスキングテープ、超音波距離計、コンパス、地面の振動を測定する受振器、ビデオカメラ、ラップトップコンピュータ、ＧＰＳ、それに大量の虫除け。ゲイリーは昔ながらのグランティングの研究にこれほどテクノロジーが投入されることに興奮していた（ちなみに彼は蚊にすっかり免疫ができている）。彼がさまざまな向きで鉄の棒を杭にこすりつけるたび、僕は振動の強度と周波数を距離を変えて測定し、ミミズの個体数を数え、ミミズが這い進む向きと出現場所を記録した。こうして得た情報をもとに、あとでワームグランティングとモグラの掘削を比較するのだが、この時点では、ワームグランティングをまったく新しい視点で眺めることを楽しんでいた。グランターの周囲のミミズの分布の全体像を把握するのはふつう不可能だ。けれども、一度のグランティングでミミズが得られた場所に記録用の旗を立てていくと、ゲイリーの周囲は半径十数メートルにわたって旗だらけになった。このプロセスを繰り返し、僕は各地点で採集したミミズの総個体数（約２５０匹）

図 4.4 鉄の棒と杭で作業するゲイリー・レヴェルと、周囲のミミズ出現位置に立てた分布を示す旗。

と、グランターからの距離に応じたミミズの密度を算出した。僕はグランターなら誰でも知っていることを実感しはじめた。ミミズは敏感な生きものなのだ。

測定しているうちに、驚いたことにほかのワームグランターによる振動音が聞こえてきた。ゲイリーの説明では、おそらく僕らはつけられていたか、ゲイリーのグランティングの音を頼りにほかのグランターが近づいてきたかだという。よりによってこんな山奥で、知られざる秘伝の儀式のような仕事の最中に、人と会うなんて！　どうやらワームグランティングの達人は、ミミズの溜まり場を見分けられない素人のターゲットにされやすいらしい。この日の僕らは迂闊《うかつ》だった。もちろん、僕がゲイリーとオードリーの作業を遅らせていたせいだ。ゲイリーは気にする様子もなく、以前に誰かがグランティングしたあとの杭の穴を指差した。杭の穴の形からグランターの出身地がわかるという。ワクラ郡出身のゲイリーは、断面が丸い杭を使う。

「ほら、見てみな」と、彼はいった。「この四角い杭の穴はリバティ郡のやつらだよ」

僕が思っていたより、ワームグランティングはずっとさかんにおこなわれていて、競争が激しいとわかった。そこからひとつアイディアが生まれた。この研究のポイントのひとつは、ワームグランターに比べてモグラがどのくらい生息しているかなのだが、それまで僕は体系的な調査方法が思いつかずにいた。でも、これで答えがわかった。ランダムに選んだ杭の穴から、最寄りのモグラのトンネルまでの距離を測定すれば、ワームグランターとモグラの行動圏がどれだけ重複しているかを推定できる。

さらに何度か測定したあと、ゲイリーはトラックに戻り、杭とルーピングアイアンをもうひとつずつもってきて、僕に手渡した。

「今度は君の番だよ」と、彼はいった。

わくわくしつつ、僕は挑戦を受けて立った。ひざまづき、ルーピングアイアンで杭を地面に打ち込む。ここまでは順調だ。ところが、こすって音をたてようとしても、力を入れすぎてアイアンが動かないか、力を弱めすぎて杭からアイアンが（音もなく）滑り落ちてしまうばかり。こんな光景を100回は見てきたのだろう、ゲイリーとオードリーは穏やかに笑いながら、悪戦苦闘する僕を見守った。僕とて簡単に諦めるわけにはいかない。ゲイリーがグランティングを、オードリーがミミズ回収を続けるあいだ、僕はルーピングアイアンの力と角度をさまざまに変えて試し、とうとうかすかな振動音をだすことに成功した。２人はとても喜んでくれた。

ワームグランティングの方法を身につけるのは、ただの楽しい気晴らしではなかった。ゲイリーとオードリーは楽しそうにしていたが、僕は自分がかれらの仕事の足を引っ張っていると自覚していた。さらに悪いことに、研究の次の段階はもっと時間がかかる見込みだった。蝸牛《かぎゅう》の歩みというより、ミミズの歩みだ。ミミズを追跡観察して、誰も回収しなかったらどうなるかを確かめる必要があるのだ。ゲイリーにルーピングアイアンと杭を貸してもらい、僕は練習を積んだ。数日してある程度技術が身についてきたところで、僕は自分用の採集許可を申請した。まもなく僕は正式に、栄誉ある「正真正銘の」ワームグランターの一員となった。

まさか自分が道もない森のど真ん中で、ストップウォッチ片手にミミズの這う速度を測る日が来るとは思いもしなかった。でもこの苦労をしたおかげで、２つの重要な事実を学んだ。どちらもワームグランティングの謎を解く手がかりだ。第一に、ミミズはふつうグランターの動作に全力のダッシュで反応する。しばらくトップスピードで這い進むと、速度を落とし、やがてでてきた場所から数メートルのところで、土を掘り返して地中に戻るという困難な作業に取りかかる。

もうひとつは、ミミズが命の危険を冒して地表にでてきていることだ。缶に入れられ、釣餌として売られるのは明らかに問題だ。けれども、地表に残されたミミズもときには捕食者に襲われる。僕が見ただけでもアリやトカゲ、肉食昆虫がミミズを捕食していた。僕がいるせいで鳥などの大型動物は無防備なミミズに近づけなかっただろうから、危険を過小評価しているのは確実だ。何匹かのミミズは直射日光の下にでてしまい、地中に戻ることなく地面の熱で死んでしまった。大部分のミミズは生き延び、犠牲になったのはせいぜい１％ほどなので、確率としては悪くない。でもそれをいうなら、飛行機は毎日およそ10万便も飛んでいる。毎日１０００機が墜落するとしたら、あなたは飛行機に乗るだろうか？　この場合、飛行機に乗るには相応の理由がいると思うはずだ。地中から姿を現すリスクと反応の速さは、かれらが危険な何かを避けていることを示唆している。僕は観察するほどに面白さにのめり込んでいった。

モグラと杭と雨

それから数日間、僕はひとりで森をハイキングし、ワームグランターがあけた杭の穴に印をつけて、そこから最寄りのモグラのトンネルを探した。驚いたことに、杭の穴の半分はモグラのトンネルから5メートルも離れておらず、杭の穴とモグラのトンネルの平均距離はわずか21メートルだった。こうした数字は学術論文に書くには好都合だが、簡単にいえば「アパラチコラ国有林では杭を振ったらモグラに当たる」のだ。

高い生息密度を考えれば、このエリアでモグラはミミズにとって脅威になっているはずだ。だが、実際モグラはミミズにとってどれくらい危険なのだろう？ チャンスさえあればどれだけたくさん在来種のミミズを1匹のモグラが食べるかがわかれば、有力な手がかりになる。この問いに答えるのは簡単だった。なにしろ僕は、世界でもっとも有名な釣餌採集者と一緒に仕事をしていて、売り物の在来ミミズはかれらの手元に無数にいるのだ。僕は木の棒を使った「モグラ監視」のトリックを使って1匹のモグラを捕獲し、10日間のミミズ捕食テストをおこなった。その結果、1匹のモグラは1日に平均23匹、計42グラムののミミズを食べるとわかった。となると1年に8000匹以上、約15キログラムものミミズを摂取することになる。じつに途方もない数で、立ち止まって考えてみてもいいだろう。1匹のモグラが15キログラム食べるのだから、10匹いれば年間150キログラムの計算になる。ミミズにとっては恐ろしいデータだ。

穴を掘るモグラが生みだす振動についてはどうだろう？　モグラの食料探しの痕跡は、民家の庭で見れば丸わかりだ。モグラはどうにかして芝生を広範囲にわたって掘り起こし、たくさんの塚をつくるが、そのプロセスは植物の成長や山脈の隆起のように緩慢で、僕らはふだん気づきもしない。モグラが仕掛けるイリュージョンの原因は、かれら自身の振動への敏感さにある。家主やゴルフ場の整備員がやってくると、モグラは掘るのをやめる。だが、辛抱強く静かに待っていれば、モグラは掘削作業を再開する。そうしてやっと、かれらの前肢のパワーと、掘削作業の荒々しさを体感できる。見えない鋤《すき》で掘り起こしたかのように土が隆起し、地下でからみあう根がちぎれるかすかな音まで聞こえてくる。

入念な計画とモグラとの根比べのすえに、僕は受振器を通り道にいくつか設置し、かれらが地中で大暴れする際に生じる振動の記録に成功した。モグラの振動をワームグランターの振動と比較すると、明らかに類似性があった。モグラとミミズのつながりを支持するさらなる証拠だ。

けれども、ミミズの行動の理由として、よく引き合いにだされる説明がもうひとつあった。雨だ。ワームグランティングというミステリーのなかで、雨はモグラの強力なアリバイであり、調べないわけにはいかない。ところで、僕の兄はたくさんの映画やテレビ番組で特殊効果監督を務めていて、急な頼みでもありとあらゆる変わった機材を用意できる。雨を再現するのは、特殊効果の世界では基本のトリックだ。兄は給水車と雨のシミュレーション装置を用意するよと気前よくいってくれて、僕は給水車をどこに置くかを考えはじめた。だが、あるできごとがきっかけで、もっと簡単な方法があると気づいた。本物の雨が降りだしたのだ。僕はすぐに森に駆け込み、その日から天気予報を忘れずにチェックして、雨が降るたびに（夜中のことも多かったが）アパラチコラ国有林にミミズ探しに出かけた。結局、土砂降りのなかでさえ、ミミズは1匹も見つからなかった。

ふだんの僕はこうした現実に即した状況で仮説検証をするほうが好きなのだが、雨仮説についてはもっと証拠がほしかった。たとえば、もしかしたら僕は雷雨のなか、たまたまミミズの少ない場所に行ってしまったのかもしれない。観察すべきミミズが確実にいる状況をつくるため、僕はおおいのない大きな木製の飼育場をつくり、土とゲイリーの釣餌屋で買った数百匹のミミズで満たした。そして次に猛烈な雷雨がやってきたとき、最初の1時間にわたって連続観察し、ミミズの反応を確かめた。結局、３００匹のミミズのうち、地表にでてきたのは2匹だけだった。そのあと確認のため土を掘り返してみると、ミミズたちはみなびしょ濡れのまま、元気で幸せそうにしていた。また小ぶりの容器もいくつか製作し、もっと激しい雨を想定したシミュレーションもおこなった。本物だろうが偽物だろうが、ミミズは雨を意に介さなかった。

それならなぜ、雨のあとの地面であんなにしょっちゅうミミズを見かけるのだろう？ これについては先行研究があり、一部の種のミミズは確かに溺れるおそれがあって、実際に地面にでてくる。だが、降りはじめたとたんに大急ぎで地表に現れるわけではない。むしろ何時間も経ってからの話で、だから大雨の翌朝はミミズがたくさん出現するのだ。アパラチコラ国有林のミミズ（*Diplocardia mississippiensis*）が雨に反応して地表にでることを示唆する証拠はほとんどなく、少なくとも豪雨に見舞われたとたんに猛然と飛びだしはしないのは確実だ。しばらく考えているうちに、僕はあることに気づいた。雨を真似るだけなら、そもそもグランティングは必要ない。釣餌採集は実利的で競争的な世界で、かれらはワームグランティングの技術を芸術の域まで高めてきた。アパラチコラ国有林のミミズが雨のたびに地面にでてくるなら、グランターたちはただ雷雨を待てばいい。それだけで無数のミミズが同時に姿を表すなら、杭もルーピングアイアンもいらない。

動かぬ証拠

モグラのアリバイは総崩れとなり、地道な証拠固めで外堀が埋まって、いよいよ楽しい部分に取りかかるときが来た。モグラ捕食仮説を直接検証するのだ。僕はモグラを投入するミミズでいっぱいの大型ケージを用意し、また小型の容器にもミミズを入れてスピーカーを装着して、モグラの穴掘りの音を再生できるようにした。そして装置全体を動画撮影し、モグラとミミズの相互作用のすべてを詳細に記録できるよう準備を整えた。

この最新設備のもとで観察する前に、僕は捕まえたばかりのモグラとともにゲイリーの家に立ち寄った。彼はちょうどバケツいっぱいの土とミミズを自身の釣餌店にもっていくところだった。僕らはもう長いこと一緒に仕事をしてきて、研究の話もかなりしていたので、モグラをバケツに入れたらどうなるか試さずにはいられなかった。なにしろ、そうすればゲイリーも僕も、真実が明らかになる瞬間の目撃者になれるのだ。僕が土の表面にモグラをそっと置くと、すぐに潜りはじめた。それとほぼ同時に、ミミズが一斉に土からあふれはじめた。かれらなりの全速力で、バケツから這いだそうとしている。とても興奮した。怯えたミミズは脱兎のごとく逃げだしたのだ。

ゲイリーの反応を見て、僕はいっそうわくわくした。彼は目を丸くしていた。僕らは同時に同じ結論に至ったようだ。ワームグランティングは明らかに、モグラの穴掘りを真似ている。僕はこのとき、研究がもっとも重要な審査員の厳しいチェックに合格したのだと気がついた。ゲイリーは生まれてこのかたミミズとワームグランティング、それにアパラチコラ国有林について学びつづけてきたエキスパートだ。彼以上に実験系を熟知している人物が、これから論文を読む査読者にいるはずがない。

そのあと僕は統制環境でたくさんの実験をおこない、そのようすを撮影した。どの結果も決定的で、すべてがダーウィンの推測を裏づけていた。モグラが掘り進んで近づいてくると、ミミズは地表に逃げる。ミミズにとって地面にでることはリスクだが、モグラの口のなかで確実な死を迎えるのに比べれば、どんな選択肢もまだましだ。こうして、生態系という大きな謎のピースがひとつ綺麗に埋まった。けれども、この謎のなかで僕がいちばん興味を惹かれるのは、ワームグランターの存在だ。かれらはミミズを騙している。しかもそのトリックは、ヒゲミズへビと同じで、ふだんなら適応的な逃走反応につけこむというものだ。ヒゲミズへビは魚に間違った方向への逃避反応を起こさせ、グランターも手段は違えど同様の結果を得る。どちらも「レアな天敵効果」[*6]の実例だ。ミミズにとってのありふれた天敵は、膨大な数の飢えたモグラたちで、かれらは昼夜も季節も問わず森のなかを徘徊している。ミミズにとってモグラの穴掘りで生じる振動を感じるのは、海水浴中のヒトが接近する巨大な背びれを見るようなものだ。僕らは水から上がり、かれらは土からでる。ワームグランターはレアな天敵であり、「偽装モグラ」に反応して土から飛びだした不運なミミズは、釣針に刺さって最期を迎える。

実験を計画し実行するのは、科学者による謎解きの半分でしかない。残りの半分は論文や書籍を漁り、関連事例や支持する傍証をそろえることだ。僕はグランターと同じミミズ狩り戦略に関する報告をあと２つ見つけた。どちらも実行するのはヒトではない。１９５１年、ダーウィンがミミズに関する著書を刊行してから70年後に、ニコ・ティンバーゲンが同じくらい詳細なカモメの研究を著書『セグロカモメの世界（The Herring Gull's World）』[*7]にまとめた。このなかで彼は、カモメが砂の上で足を小刻みにぺたぺたと叩きつける、奇妙な「フットパドリング」行動について記述した。「ほかのカモメの行動を観察したわたしは、パドリングには２つの異なる機能があると確信するに至った。ひとつはミミズをおびきだすことだ。ミミズは土壌の振動に対する生得的反応を備えており、これは不倶戴天の敵であるモグラから逃れる際に役立つ」（ちなみに、もうひとつは水中の獲物を驚かすことで、これは浅瀬に立ってパドリングする場合にあてはまる）。時は流れて１９８６年、フロリダ大学のジョン・カウフマンは、モリイシガメが地団駄を踏んでミミズを誘いだし、簡単に食料にありつくと報告した。[*8] 彼はカメが「グランティング」する、との記述まで残している。

手にした実験的証拠と、ダーウィン、ティンバーゲン、カウフマンが残してくれた手がかりを盛り込んで、僕はワームグランティングの長年の謎の解決を宣言する論文を投稿した。論文は２００８年、学術誌『PLOS One』に掲載され、ゲイリーとオードリーによるグランティングと、土を掘るモグラに反応してミミズが土から「逃走」するようすを収めた動画も添えられた。[*9] これはいまでも僕のお気に入りの研究のひとつだ。生物学、歴史、文化が融合し、科学のプロセスのなかでこんなに面白い人たちに出会えたのは、貴重な経験になった。論文刊行後、とくに嬉しかったのは、研究をまとめた図がワームグランティング・フェスティバルの公式Ｔシャツのデザインに採用されたことだ。ダーウィン、カモメ、モリイシガメ、それ

図 4.5 ソップチョピーでの研究結果をまとめたワームグランティング・フェスティバルのＴシャツ。著作権者 の Sopchoppy Preservation and Improvement Association Committee より許可を得て複製。

にモグラとミミズのつながりがすべて、見事に描かれている。

謎解きは終わらない

ミステリーは解決し、一件落着と思うかもしれない。けれども科学の世界では、謎解きが本当の意味で終わることはない。いってみれば、全体像のなかにいくつピースをはめこみたいか次第なのだ。これまで僕が目を向けてこなかった、欠けた大きなピースがもうひとつあった。トウブモグラはどうやってミミズを見つけるのだろう？　この問いの意味を考えるには、一見まったく関係なさそうな、コウモリと蛾が夜ごと繰り広げる戦いと軍拡競争に注目するといいだろう。コウモリは哺乳類界で屈指の大繁栄をとげていて、世界に１０００種以上が生息する。かれらの成功の大部分は（哺乳類としては）ユニークな飛翔という能力のおかげであり、これにより膨大な多様性を誇る夜間飛翔性昆虫という資源へのアクセスを獲得した。しかし、コウモリの強みは飛翔能力だけではない。かれらは発声器官と聴覚器官を高度に適応させ、地球上でもっとも驚くべき感覚機構のひとつである、エコーロケーションを実現した。コウモリは超高周波の大きな鳴き声で能動的に昆虫を探知する。海軍の駆逐艦がソナーを使って敵の潜水艦を探知するようなものだ。加えて、モグラと同じようにコウモリは毎日体重のかなりの割合に相当する大量の餌を食べる。１日にコウモリのコロニーひとつが捕食する昆虫の量は、誇張ではなく時に何トンにものぼる。

昆虫はこの猛攻をただなすすべなく受けてきたわけではない。多くの昆虫が、コウモリの超高周波のエコーロケーション音声を検知するという、たったひとつの機能だけをもつ耳を進化させた。なかでも蛾はこの能力に長けていて、接近するコウモリに気づくと地面に急降下し、エコーロケーションが役に立たない植生のなかに紛れ込む。コウモリと昆虫の共進化は豊穣なる驚異の物語であり、生物学に多くの教訓をもたらした。[*10] そしてコウモリとモグラには意外なほど共通点が多い。いずれもほかのほとんどの哺乳類が利用できない、食物資源が豊富なユニークな環境に生息している。ここにもうひとつ、僕がモグラを観察して得たディテールをつけ足そう。トウブモグラの穴掘りを見ているうちに、地表に逃げだすのはミミズだけでなく、ほかの無脊椎動物もあとを追うと気づいた（モグラはこうした生きものも餌にする）。地中性の無脊椎動物にとってモグラが重大な脅威であるのは明らかで、そのため飛翔性昆虫とコウモリの関係でそうだったように、これらの多くがモグラを回避する逃走メカニズムを進化させてきた。モグラとコウモリも、その獲物であるミミズと蛾もまったくかけ離れた動物どうしなのに、全体的な共進化の構図がここまで似ているのは驚きだ。接近の際に捕食者が発する特徴的なシグナルを、それぞれの獲物が検知し、逃走を試みる。

ここからが僕のワームグランティング研究に欠けていた部分だ。コウモリはエコーロケーションで獲物を見つける。モグラの戦略は何だろう？　土のなかでは当然エコーロケーションはできない（それにモグラの耳は顕微鏡レベルに退化している）。すべての行動は地下で起こるので、モグラの身になって考えるのは一筋縄ではいかない。僕は長いあいだ、モグラはただ掘っているうちにたまたまミミズにでくわすのだろうと考えていた。だが、この単純な仮定には大きな穴がある。土を掘るには膨大な量のエネルギーが必要だ。モグラに「狙い」の正確さを少しでも高める手段があるのなら、何であれ相当な時間とエネルギーの節約になる。結局、答えはモグラが教えてくれた。

トウブモグラの鼻の皮膚にアイマー器官がないと知ったときは驚いた。僕はそこからひとつ実験を思いついた。ホシバナモグラとトウブモグラに、いわば早食い対決をさせるのだ。星という顔面の特殊触覚センサーをもたない哀れなトウブモグラは、ホシバナモグラに歯が立たないだろうと僕は予想した。捕食効率の比較研究にもってこいだ。

ところがトウブモグラは負けを認めなかった。ひとつの餌から次の餌へ、でたらめにうろつき回るだろうという僕の予想に反し、トウブモグラは最短コースで餌に直進した。まるで試行が始まる前からどこに餌があるか超能力で知っていたかのように。僕はまたもや新しい、別種の、信じられないような能力に出会ったのだ。トウブモグラがあまりにやすやすと餌に向かって直進するので、僕は念のため照明を赤外線ライトに替えて実験を撮影し、視覚に頼っていないことを確かめた。かれらの眼はとても小さく、毛と皮膚におおわれていて、赤外線照明下でもやはり難なく餌を発見

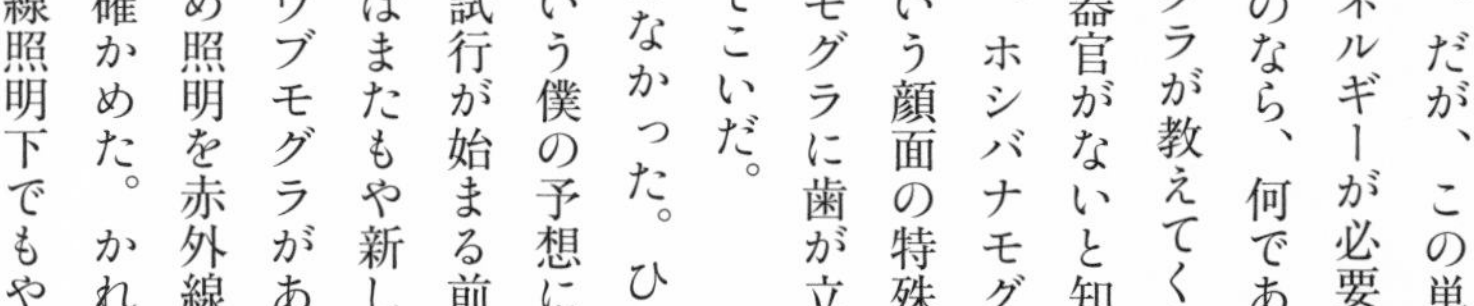

図 4.6 嗅覚を駆使して「最短コース」で餌に到達するトウブモグラ（モグラと餌のあいだににおいの痕跡はない）。

した。やがてかれらは嗅覚を利用しているのだと気づいた。しかも、僕が知るどんな動物よりも効率よく使っているのだ。

モグラの嗅覚を観察し研究するほど、ますます謎は深まっていき、僕はついにありえないと思っていた可能性に行き着いた。ステレオ嗅覚だ。嗅覚による定位は以前から提唱されていたが、正直いって、僕は哺乳類にそんなことができるとは思っていなかった。理屈としては、左右の鼻孔のあいだでにおい分子の濃度を比較すれば、ひと嗅ぎでにおいの発生源の方向に関する情報を得られる。同様の戦略は視覚と聴覚で利用されているのだから、確かに筋は通っている。2つの眼からの入力情報の統合は奥行き知覚の鍵であり、両耳からの情報の統合は音源定位に欠かせない。だが嗅覚の場合、近くにある物体が発するにおい分子の分布勾配にはごくわずかな差しかないため、検出は難しいはずだ。なにしろ眼や耳と違って、2つの鼻孔はほとんど離れていない。とはいえ、この可能性を検証するのは簡単だ。片方の鼻孔をふさいでやればいい。

たくさんのトウブモグラを対象に（一時的に鼻栓を装着して）この実験をしたところ、すべての結果がステレオ嗅覚の利用という仮説に一致した。片方の鼻孔だけを使った場合、まさにステレオ嗅覚から予測される通り、モグラはわずかにずれた方向に向かうミスを犯した。鼻栓を取ると、再び通常通りの最短コースを正確に選んだ。補足すると、この実験ではモグラが餌に向かって動く際の空気吸入を検出できるよう、ハイスピードカメラや圧力計も使用した。すべてのデータを分析した結果、モグラは複数の嗅覚戦略を組み合わせていて、ステレオ嗅覚（2つの鼻孔の入力情報の比較）はかれらの並外れた能力の一部でしかないとわかった。[*11] モグラは高速連続吸入という、僕らが家のなかで焦げ臭さを感じたときにするのとよく似た行動をとっていた。こんなとき、ヒトは部屋から部屋へあちこちを歩き回りながら、においがもっとも強い場所を探し、最終的に発生源を見つける（僕は以前こうやってアーク放電しているコンセントを見つけた）。トウブモグラは僕らと同じことをもっと速く正確にやってのけ、さらに鼻孔間比較、つまりステレオ嗅覚が加わって、これまで研究されたどんな哺乳類よりもすぐれたにおい発生源の特定能力を示す。[*11]

これはパズルの大きな1ピースだ。コウモリにはエコーロケーションがあり、トウブモグラにはステレオ嗅覚がある。もしあなたがコウモリやモグラの獲物なら、ただ気づかず通り過ぎてくれるのを祈ってもだめで、必死で逃げるしかない。アパラチコラ国有林にはコウモリもモグラも多数生息しているので、蛾とミミズがそれぞれ空中と地中の死神から逃れてきた結果、地表で鉢合わせすることもあるだろう。蛾は地表にいればコウモリに襲われない。エコーロケーションは固い表面にある物体の検出には向かないからだ。同じように、モグラはふつう獲物を追って地上にでてこないため、ミミズもモグラの脅威とは無縁だ。

もちろんつねに例外はある。１匹のモグラが犯したミスの悲惨な結果が、イングランドのある農場で見つかった。[*12] 羽を血に染めて死んでいるカモメの肩のあたりから、モグラの死骸が飛びだしていたのだ。エディンバラ大学獣医学部で標本の検分がおこなわれた結果、次のことがわかった――「モグラは生きたまま飲み込まれ、その時点ではおそらく無傷だった。モグラは飲み込まれながら、カモメの食道に2センチメートルの裂傷をつくりつつ、食道から伸縮性の高い消化管の素嚢《そのう》部分に到達した。その後、モグラは胃壁を破り、掘り進んで叉骨《さこつ》のアーチを通過したが、そこで息絶え、発見時のような頭と前肢がカモメの体外に出た状態になった」。奇妙な珍しい出会いによって、どちらも死に至ったように思える。だが、すでに見たように、ワームグランターと同じくカモメもフットパドリングをして、モグラのトンネルのそばでミミズを誘いだす。モグラとカモメが近くに居合わせるのは、じつは珍しいことではないのだ。この教訓は、あらゆる科学的探求につきものの、予期せぬ副産物だ。加えて、お決まりの教訓がもうひとつ。いつでもよく噛んで食べよう。

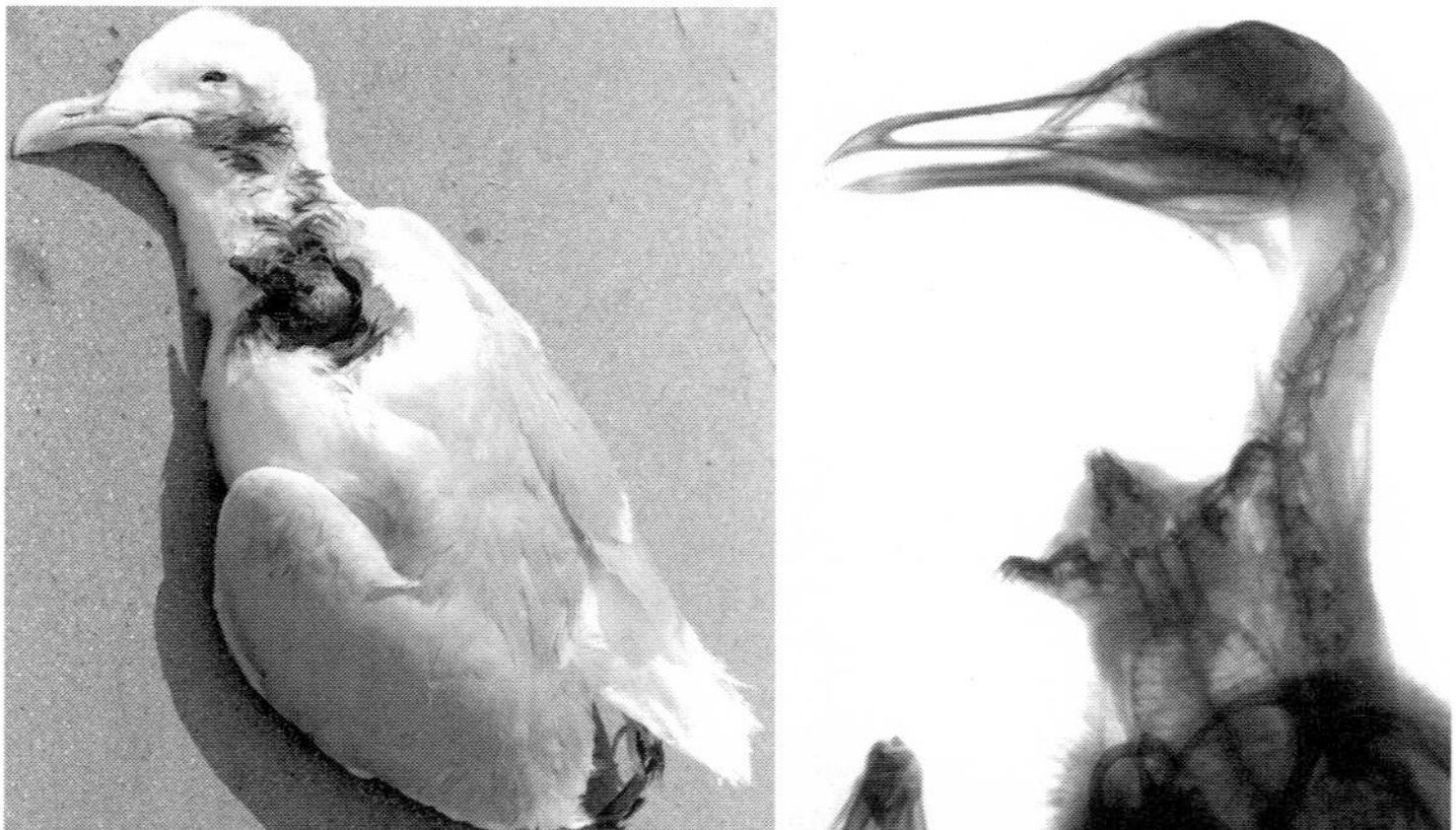

図 4.7 イングランドで見つかった、羽を血に染め、肩からモグラが突きだしているカモメの死骸。スコットランド自然史博物館より許可を得て複製。

第5章 トガリネズミは小さなTレックス

トガリネズミは地球上でもっとも過小評価されている動物のひとつだ。上の写真を見てほしい。僕からおやつをもらおうと首を伸ばす、モフモフのかわいい小さな生きもの。種子や(運がよければ)チーズをびくびくしながら探しまわる、齧歯《げっし》類の一種だと思ったのではないだろうか？ ひげ、長い尾、被毛、尖った鼻先、確かにどれをとってもネズミそっくりだ。けれども、トガリネズミは齧歯類ではない。あなたが見ているのはまったく違う生きもの、いわばミニチュアのトラだ。

信用できない？ それなら僕だけでなく、第26代合衆国大統領セオドア・ルーズベルトの言葉を見てみよう。大統領に就任するずっと前、ありとあらゆる野生動物に魅了されていたルーズベルトは、ブラリナトガリネズミを捕まえて飼っていた(偶然にもペンシルベニアの湿地で僕らがいちばんよく捕獲した種だ)。トガリネズミにマウスや小さなヘビを与えると、どちらも殺して食べた[*1]のを見て、彼はトガリネズミを「わたしの知るなかで、まちがいなく大きさの割にもっとも血に飢えた動物」と評した。ルーズベルトは筋金入りのナチュラリストだったので驚くことではないが、彼によるトガリネズミの捕食行動の初期の観察記録は、のちに生物学者により裏づけられた。研究者のひとりによれば、「飢えたトガリネズミはどんな肉を与えても食べた」という。[*2]

トガリネズミは世界の大部分に400種弱が分布し、どれも基本的に肉食性だ。体の小ささを考えると（なかには1セント銅貨ほどの重さしかない種もいる）じつに驚きだし、僕らにとっては朗報だ。茂みから飛びだしてきた腹をすかせたトガリネズミに襲われ、引きずりこまれる心配をしなくてすむ。1959年の映画『The Killer Shrews（邦題：人喰いネズミの島）★』には、有毒の唾液と底なしの食欲を備えた巨大トガリネズミが登場した。映画で科学者たちは純粋な善意から、トガリネズミの生物学的特徴を利用してヒトを小型化するという、クリエイティブかつ奇妙な方法で食料危機の回避をめざした。この大ヒット（？）映画をご自身で見てみたい人のために、結末のネタバレは控えるが、正直いってトガリネズミの真実はフィクションよりも面白い。

ほとんどのトガリネズミは晩春から初夏に生まれ、急速におとなのサイズに成長する。やがて冬が近づくと、一部の種は本当に体と骨（頭骨を含む）を縮小し、内臓も縮む。頭も脳も文字通り小さくなるのだ。それもちょっと小さくなる程度ではなく、重量が25％も減少することさえある。[*3] それにも増して驚きなのは、春になると頭骨と脳が再成長することだ（とはいえ、トガリネズミには残念な知らせだが、脳容積は冬より前のレベルまで完全に回復するわけではない）。この驚異のトリックは、厳しい冬の時期にエネルギー要求量を抑制する機能を果たしていると考えられる（トガリネズミは冬眠しない）。このプロセスは１９４０年代に発見した研究者にちなんでデネル現象とよばれている。

ハリウッド版トガリネズミには、ほかにも真実のかけらが含まれている。一部のトガリネズミは本当に唾液に毒があるのだ。哺乳類では非常に珍しいが、ブラリナトガリネズミは噛みついて毒を注入する。ヒトなら噛まれてもその部分に痛みと腫れが生じるだけだが、マウスなどの小動物には致死的な効果をもつ。こんなに小さな捕食者でありながら相対的に大きな獲物を倒せるのは、毒のおかげかもしれない（僕はブラリナトガリネズミが毒をもつと知らないまま動物園で働いていた。知らぬが仏だ）。

トガリネズミはふつう昆虫やミミズなどの無脊椎動物を食べる。だが、ルーズベルトの著述の通り、かれらは機会さえあれば倒せる相手は何でも捕食する。僕自身もそんな光景を何度も観察してきた。しかも多くの種は、自分の体重を上回る量の食料を毎日確保しなくてはならない。なかでももっとも代謝が高く、そのためもっとも食欲旺盛なのはトガリネズミ亜科［訳注：トガリネズミ科はジネズミ亜科、モリジネズミ亜科、トガリネズミ亜科の3つに大別される］のグループで、北アメリカに広くみられ、ルーズベルトが観察したブラリナトガリネズミ *Blarina brevicauda* もトガリネズミ亜科の一員だ。英語で Red toothed shrew（赤い歯のトガリネズミ）とよばれるのは、歯の先端に鉄を蓄積させて強度（それに見た目の不気味さ）を増しているためだ。代謝が高く絶えず食べているので、丈夫な歯が必要なのだろう。

獰猛《どうもう》な捕食者というかれらの評判も、究極的には代謝の高さに由来すると考えられる。多くの種のトガリネズミは、ほんの数時間食料にありつけなかっただけで餓死してしまう。また、飢えたライオンやトラがそうであるように、選択肢さえあればたいていは小さく虚弱な獲物を狙うとしても、大きく強い獲物しかいない場合もある。トガリネズミはどんな捕食性哺乳類よりも、こうした機会に頻繁に遭遇《そうぐう》する。トガリネズミは「hangry（空腹で殺気立った）」の概念を具現化したような動物といってもいい。

共通点と多様性

トガリネズミは並外れた捕食者だが、だからといってかれらを敵視しないでほしい。英語でトガリネズミをさすshrewが、すでに侮蔑《ぶべつ》語になっているのは悲しい事実だ。そもそも、肉食性といってもかれらが食べるのはおもに昆虫で、獲物の多くは作物や庭を荒らす害虫だ。それにトガリネズミがヒトの食料を探してキッチンを引っかき回す心配はいらない（キャビネットが害虫だらけなら別だが、それならトガリネズミに居てもらったほうがいいだろう）。捕食者という意味ではネコもイヌも同じだが、かれらはヒトが寵愛する伴侶でもある。これに関連して、もうひとつ強調しておきたい。

トガリネズミはミニチュアのトラ[*4]と評されるが、ネコ科にさまざまなバリエーションがあるように、トガリネズミも多様性に富んでいる。ここまでの話はルーズベルトのペットで、北アメリカでもっともよく見られる哺乳類のひとつである、ブラリナトガリネズミが主役だった。この種はいわばトガリネズミ界のグリズリーで、比較的大柄だが、あまり器用ではない、マッチョなタイプだ。僕はそれよりも、小型でほっそりしたミズベトガリネズミ *Sorex palustris* に魅力を感じる。かれらはミニチュアのチーター、しかも泳げるチーターだ。潜水する哺乳類としてはもっとも小さく、体重は約12グラムしかない。かれらは人目につかない動物でもあり、ホシバナモグラと同じく、発見の難しさは伝説級だ。

国立動物園で働いていたとき、学生が研究用にミズベトガリネズミの採集を計画したが、失敗に終わった話を聞いた。噂によれば、何週間もキャンプと山歩きをして探し回った末、へとへとになったその学生は、一縷《いちる》の望みをかけてトラップを覗《のぞ》き込んだ。すると、そこには念願のミズベトガリネズミがいたが、トラップの扉がわずかに開いた隙をつき、飛びだして姿を消してしまった。学生は涙目だったという。この話を思いだすたび、僕は罪悪感に駆られる。何年ものあいだ、定期的にミズベトガリネズミを混獲していながら、「くそっ、ホシバナモグラじゃない」としか思わずに草むらに放していたからだ。ある時、わざわざ「ミズベ」トガリネズミというくらいだからと、僕は捕まえた個体を小川のそばに放すことにした。ドアを開けると、その個体は一瞬ためらい、トラップの入口付近を注意深く調べたあと、片方の前肢を流れに浸した。そして次の瞬間、勢いよく飛び込んだかと思うと、川底に沿って泳ぎ、対岸の水中に沈んだ植物のなかに消えた。どこか現実離れした光景だった。アシカやアザラシやカワウソといった哺乳類は泳ぐものとわかっているし、明らかに遊泳に特化したつくりをしている。でも、ミズベトガリネズミはとてもそんな風には見えない。かれらはどうやって泳いでいるのだろう？

ミズベトガリネズミは2つの重要な遊泳適応を隠しもっている。ひとつは体をおおう被毛で、顕微鏡でなければ見えない微細構造によって空気の層を保持し、水中でも防水・断熱状態を維持する。潜水中のミズベトガリネズミが小魚のような銀色の光沢を放つのはこのためだ。かれらは冬眠をしないが、断熱のおかげで冬じゅう凍てつく水に潜り、獲物を探すことができる。ふたつめの適応は、足と指を取り囲むように生える数千本の特殊な毛だ。トガリネズミが泳ぐとき、動力を生みだすストロークごとにこの毛が広がり、1000本のミニチュアのオールのように水をとらえる。前に戻すときには毛は再び寝た状態になる。機能面でいえば、この毛は指のあいだに張った水かきに相当する。

第2章で述べたとおり、ホシバナモグラもミズベトガリネズミも水中嗅覚で泳ぎながらにおいを探り当てる。だが、それ以外の面では両者の採食戦略は大きく異なる。ホシバナモグラが食べるのは、小さく、体がやわらかく、動きの遅い無脊椎動物だったが、ミズベトガリネズミは捕まえられるものなら何でも食べる。少な

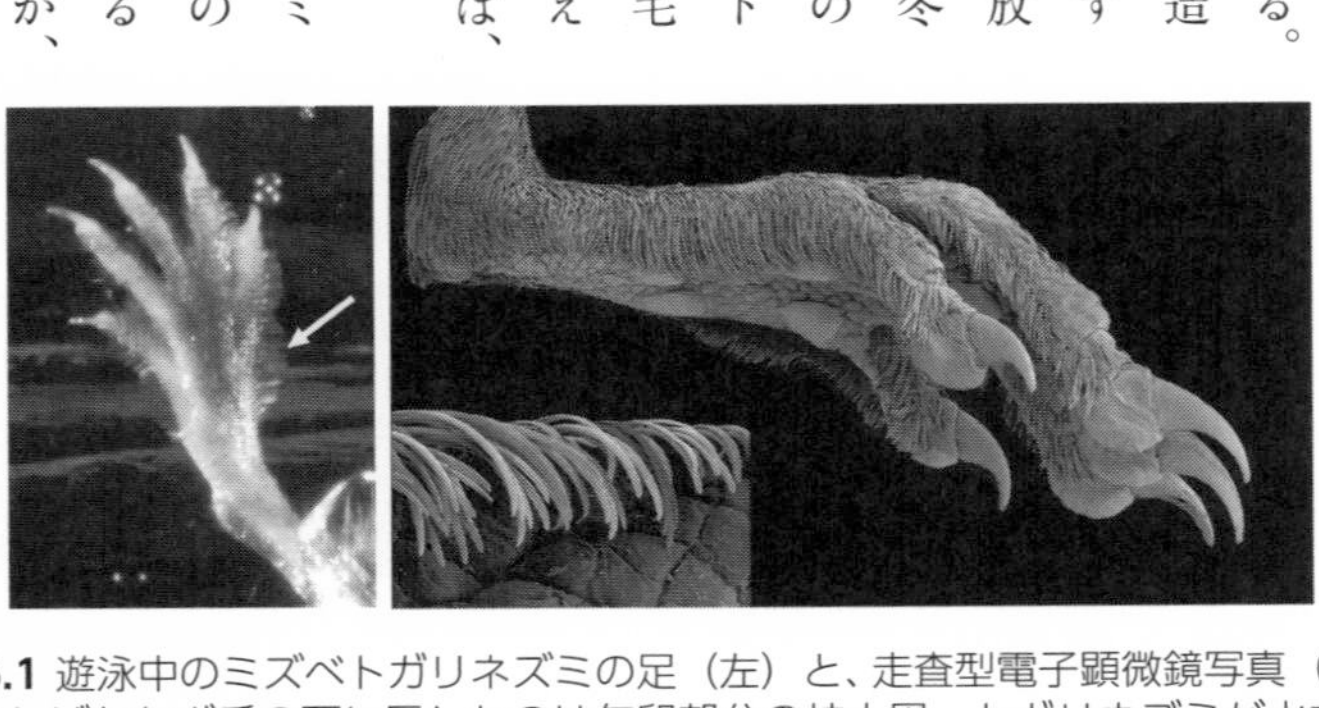

図 5.1 遊泳中のミズベトガリネズミの足（左）と、走査型電子顕微鏡写真（右）。恐ろしげなかぎ爪の下に示したのは矢印部分の拡大図。トガリネズミが水中で足をかくと毛のフリンジが広がり、表面積が大きくなる

くとも、そういう評判だ。

僕は噂が本当かどうか確かめることにした。とくに興味を惹かれたのは（またしても）セオドア・ルーズベルトによる記述だった。彼は著書『荒野のハンター（The Wilderness Hunter）』で次のように書いている[*6]。

わたしは渓流のそばの大きな岩の上に座り、近くから飛んできたミソサザイをぼんやりと眺めていた……突然、１匹の小動物が水たまりを泳いで横切り、わたしの足元にやってきた。ハツカネズミより小さな体を皿のように平たくして、小さな気泡を身にまといながら、水中をすばやく泳ぎ回った……１、２分後、わたしはトガリネズミに再び目を留めた。そいつは小さな水たまりに入り、小魚を捕えた。そして半分水に浸った石に登り、両手の間に魚を挟んで力強く引き寄せながら、貪欲に魚をむさぼった。

ミズベトガリネズミの狩りを目撃したルーズベルトの観察記録がどれだけ珍しい（そしてラッキー）かは、いくら強調しても足りないくらいだ。僕はかなりの時間を「トガリネズミの地」で過ごしてきたが、トラップの外でミズベトガリネズミを見たことは一度もない。マウスと小型のヘビを食べたというブラリナトガリネズミの観察報告と同じように、ミズベトガリネズミの魚捕りの観察も貴重なデータであり、重要な問いを提起する。ミズベトガリネズミはどうやって魚を捕獲するのだろう？すばしこく、滑りやすく、しかも（読者のみなさんはもうご存知のように）一触即発の逃走反応システムを備えた魚を？ この問いの答えからは、哺乳類であることの本質的な利点だけでなく、僕らがどうやってここまできたかを考える手がかり（これについては章の後半で）も浮かびあがってくる。

逃げも隠れもできない

ミズベトガリネズミを野生で観察するのはきわめて難しい。にもかかわらず、驚いたことに、かれらは好奇心旺盛で積極的だ。学習も速く、僕が脅威でないと知った（正確には僕がおいしいおやつの供給源であると知った）とたん、かれらは飼育ケージのなかの知らないエリアを堂々と探索しはじめた。そんなようすを見ていると、野生でどうやって生きているのか不思議に思えてくる。もしミズベトガリネズミがペットとして飼われていたら、きっと「好奇心がミズベトガリネズミを殺す」なんていい回しができていただろう（僕らの個体は飼育下で交尾し、子育てまでした）。そんなかわいらしい動物である一方、やはりトガリネズミ亜科らしく、獰猛な捕食者としての一面も垣間見えた。かれらは満腹のときでも狩りをやめない本能を備えているため、給餌はやっかいだ。トガリネズミは余分な獲物を殺したあと、ケージのそこかしこに隠して貯める。野生では苦境を乗り切る大事な命綱だが、飼育下ではそれに気づくまで、僕らはどれだけ食べれば気が済むのだろうと思っていた。当然、ケージを掃除する手間は何倍にも増えた。とはいえ、こんなふうにつねに食料を探す習性は、狩猟行動の研究と撮影には好都合だ。

浅い水槽に小魚を入れ、初めてミズベトガリネズミに与えた結果は衝撃的だった。トガリネズミは水に飛び込み、電光石火の動きと水しぶきが見えたかと思うと、いつのまにか魚を捕えて水から上がった。眼で追うには速すぎたので、僕はハイスピードカメラに頼った。すばやく泳ぎ回る小魚をトガリネズミが発見し、追跡し、捕獲するのに要する時間は2秒に満たず、時には1秒を切ることさえあった[*5]。

こうして文字にすると、記録保持者のホシバナモグラのスローモーションのように思えるかもしれない。だが、ミズベトガリネズミのスピードは種類が違う。ホシバナモグラは小さくじっとしている獲物なら瞬時に見つけて食べるが、高速移動する相手を追いかけて捕まえるのは絶望的に下手だ。何度もかれらに魚やザリガニを与えて実験したが、いつも結果は散々だった。対照的に、ミズベトガリネズミは僕の第一印象を裏切らない、まさにミニチュアのチーターだった。この比喩の的確なところは、ミズベトガリネズミの強みのひとつが長い尾である点だ。チーターもミズベトガリネズミも、逃げる獲物を追って高速で無駄なくターンする際に、尾でバランスをとる。トガリネズミは口を開けたまま魚を追尾し、滑りやすい標的を、先端が赤く染まった

図 5.2 準備万端に歯を見せながら、逃げまどう魚を俊敏に追い回すミズベトガリネズミ。捕獲したあとは陸にあがって獲物を食べる。

歯ですぐさま確保する。魚を捕えると、トガリネズミは水から上がって食べはじめる。だが、かれらはそもそもどうやって魚を見つけて追跡するのだろう？

チーターのたとえには欠点もある。ほかのネコ科の肉食獣と同様、チーターはきわめて精度の高い立体視の能力をもつ。一方、トガリネズミは眼の悪さで有名だ。比べてみると、イエネコでさえ片眼につき10万本を優に超える視神経繊維が情報を運び、マウスの視神経は約5万本の神経繊維からなるのに対し、ミズベトガリネズミの眼にはたった６０００本の神経繊維しかない。[*7] 哺乳類のなかでもまちがいなく最少クラスで、視覚による追跡能力が高いとは考えにくい。念のため実験で検証したが、やはりミズベトガリネズミは完全な暗闇でも、（かれらには見えない）赤外線照明の下でも、同じくらい上手に魚を捕えた。でも、視覚でないなら、いったいどうやっているのだろう？

ホシバナモグラがどうやって餌を見つけると思うか聞かれたら、ふつうは顔を見て、星が何か重要な役割を果たしているのだろうと推測するし、もちろん実際にそうだった。同じやり方をミズベトガリネズミにあてはめるなら、かれらの眼と耳はごく小さいのに対し、鼻先から放射状に広がる多数の長いひげはとても印象的だ。これを使って魚の位置を特定し、追跡することはできるだろうか？ ひげが水中センサーになるなんて考えたこともないかもしれないが、アザラシやアシカ、セイウチは哺乳類界屈指の立派なひげをもっている。さらに、ゼニガタアザラシは泳ぐ魚がつくる後方乱流をひげで検知して追跡できる。[*8] トガリネズミについても、ハイスピードカメラ映像を見るかぎり、同じことをしている可能性がある。たとえば、ミズベトガリネズミは狩りを開始する際、例外なくひげを下に向けて水に浸し、時には魚のすぐそばにひげが接近する。

魚は近づいてくる捕食者が空腹かどうかを見極めるまでじっと待ったりはしない。かれらには瞬間的な逃走反応が組み込まれていて、おかげでたいてい逃げるべきときに先手を打つことができる。だが、これには欠点もある。高速での逃走は、否応なく猛烈な水の動きを生みだす。ハイスピードカメラの映像から、トガリネズミは魚を追跡する際、水の動きに狙いを定めているように見える。問題はこの仮説をどう検証するかだ。

ミズベトガリネズミのひげを刺激する装置は市販されていないが、コンピュータ制御の水圧装置をつくり、魚が生みだす後流と同等の長さの急激な水流を発生させるのはそう難しくない。水圧装置を設置すると、トガリネズミは水槽に飛び込み、あちこちを向いて探索していた。そしてパルス水流をだしたとたん、「魚の幻」に向かって激しく攻撃を仕掛け、何もない空間に噛みつき、排水口をひげで探った。さらに気泡の再吸入という、水生哺乳類に特有のテク

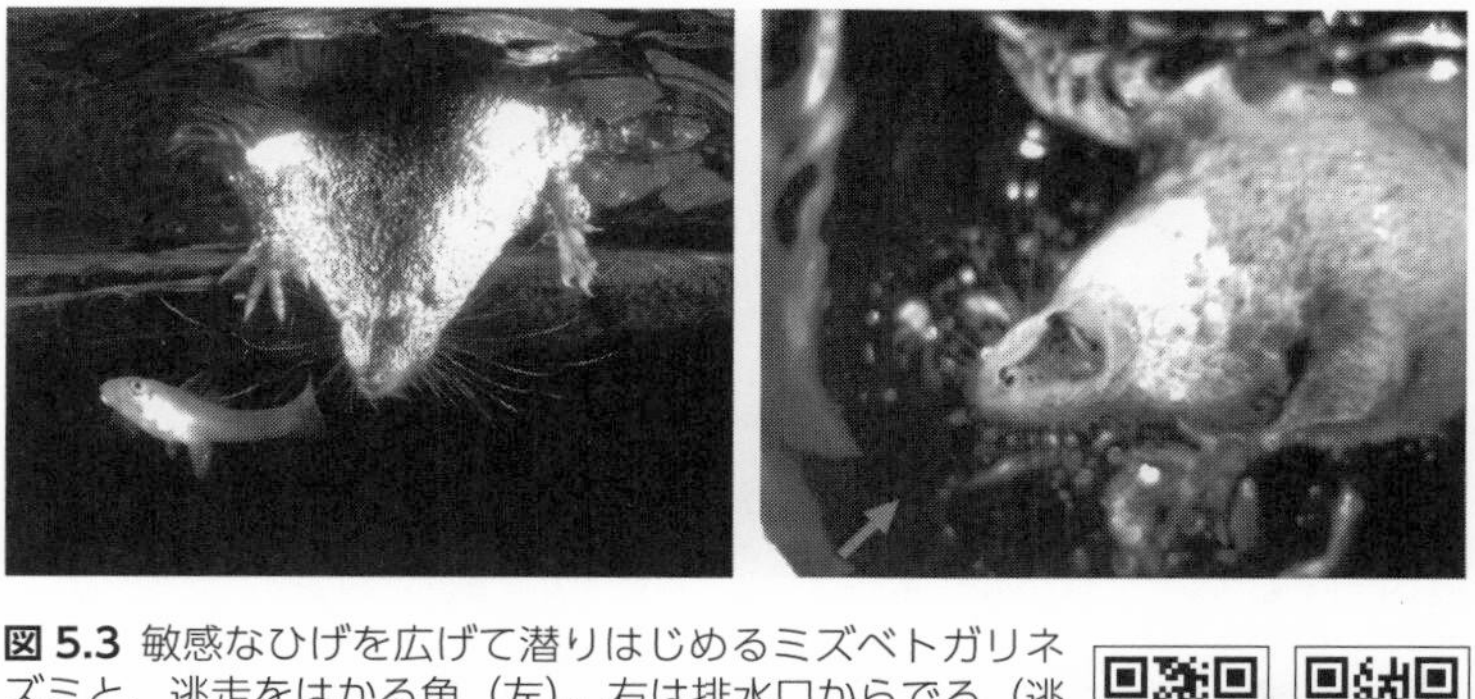

図 5.3 敏感なひげを広げて潜りはじめるミズベトガリネズミと、逃走をはかる魚（左）。右は排水口からでる（逃走する魚を模した）短いパルス状の水流に襲いかかるトガリネズミ。鉄で強度を増した暗色の歯に注目。

ニック[*5]を駆使して、排水口のにおいをかぐ行動も頻繁にみられた。何か動いたらとりあえず噛みつき、ほかのことはあとで考えるというのが、狡猾《こうかつ》なかれらの狩猟戦略だ。

僕は魚向けの注意書きを考えずにはいられなかった。「ミズベトガリネズミに襲われたら、逃げないで！」そこから、獲物の側から見たもうひとつの疑問が浮かぶ。じっとしているのと逃げるのとでは、どちらが安全なのだろう？ 動かなければ、自分の存在をばらす水の動きは生じない。けれども多くの研究により、マウスやラットはひげを器用に使って、静止状態の物体の形や質感を特定できるとわかっている。ミズベトガリネズミにも同じ能力はあるのだろうか？ 顔と口にびっしり並んだ印象的なひげを見るかぎり、可能性は高そうだ。魚の動きを真似てかれらをだます作戦はうまくいった。魚の形や質感を利用したトリックにも引っかかるかもしれない。こうして僕は、偽物の魚をつくりはじめた。

生物標本を顕微鏡レベルのディテールまで型取りするのに使う樹脂にはさまざまな種類がある。そこで、小魚の模型をたくさん試作したあと、僕はミズベトガリネズミを対象に新たな実験を開始した。偽の魚だけでなく、シリコン製の物体をほかにもたくさん用意して、ひげを使って探索し、どれに襲いかかるか判断しなければならない状況をつくった。結果は明快だった。ミズベトガリネズミはほかの物体には見向きもせず、毎回魚の模型に近づき、しばしば模型を食べようとした。偽の魚のまわりに50個のシリコン製の物体を並べたときでさえ、トガリネズミはものの数秒で魚を見つけだした。[*5]

この狩猟戦略が、獲物の魚を板挟みの状況に立たせる。逃げて水流をつくりだせば、瞬時に攻撃される。だがじっとしていても、トガリネズミの触覚（と水中嗅覚）に見つかってしまう。ベストな戦略は何だろう？ 魚にとっては、逃走が圧倒的にすぐれている。反撃もできないのにその場にとどまる意味はないからだ。では、もし応戦できるとしたら？

闘争か逃走か

ザリガニの体には、危機に直面した際に動物がとりうる2つの選択肢が凝縮されている。戦うか、逃げるかだ。前半身にある威圧的なハサミがどうみても闘争の武器である一方、後半身の尾は明らかに逃走を念頭に置いたデザインだ。尾には強靭な筋肉があり、急襲する捕食者（あるいは子どもの網のひとすくい）が生みだす衝撃波をザリガニが感知すると、反射的に活性化する。ザリガニ捕りの経験者なら誰でも、魔法のような瞬間移動の能力を目の当たりにした覚えがあるはずだ。この反応は多くの面で魚の逃走反応に似ていて、同じように神経科学者たちが数十年にわたって研究し、ほかの種にもあてはまる数かずの重要な発見をなしとげてきた[*9]。一例として、電気シナプス（複数の神経細胞のあいだで電気信号を伝達する直接のつながり）はザリガニで最初に発見され[*10]、のちに（ヒトを含む）多くの動物においてニューロン間の基本的なコミュニケーション手段のひとつであると示された。ザリガニでは、電気シナプスが神経シグナルの高速伝達とすばやい逃走を可能にしている。だが、ミズベトガリネズミはさらに速く、ザリガニを追跡し捕獲できる。ただし食べるときは獲物を水から

図 5.4 ミズベトガリネズミとザリガニが対峙する時間は短い。

引き上げなくてはならない。陸に上がったザリガニは尾を逃走に使えないため、戦うしか道はない。

ザリガニの防御姿勢は見る者をひるませる。2丁のピストルを抜いて両手に構える、西部劇のガンマンのようだ。銃弾こそないが、強力なハサミは鋭い歯を備えている。あなたがミズベトガリネズミのサイズに縮んだとしたら、ザリガニはあなたの3分の1の大きさで、骨をも砕くハサミはあなたの手ほどもある。そのうえザリガニの背中は甲冑のような殻におおわれている。さすがのトガリネズミも諦めて、ほかの食べ物を探しにいく……かと思いきや、そうはならない。防御装備とハサミがありながら、ものの数秒でザリガニは無力化され、裏返しにされ、あの鋼の歯で引き裂かれてしまう。なぜ両者の戦いは、いつも同じ結末を迎えるのだろう?

トガリネズミの勝利は、哺乳類であることの根本的な優位性の表れだ。ここまで僕は、トガリネズミの代謝の高さを弱点として説明してきた。たしかにそういう面はある。たった数時間餌にありつけないだけで餓死の危険があるのだから。けれどもこの弱点は、狩りの場面では大きな強みになる。さらに広くとらえると、ミズベトガリネズミは内温性だ。そのため、カナダ北部の酷寒の冬の最中でも、かれらの体は常に高速運動を実現する最適な温度に保たれている。トガリネズミにとってこの温度は何よりも重要で、潜水の前にあらかじめ体温を上げて水の冷却効果に対抗するほどだ。一方、ザリガニの体温は生息環境である冷たい水のなかと同じだ。さらに踏み込んで考えると、動物の体温が低いほど、神経繊維のシグナル（活動電位）の伝達速度は低下するため、反応も遅くなる。

外見からはわからないトガリネズミのもうひとつの武器が、神経繊維の高速伝導だ。ザリガニと違い、ミズベトガリネズミの神経繊維はミエリンとよばれる脂質に包まれていて、これが電気絶縁の機能を果たし、神経回路のシグナルの高速化を可能にしている（ミエリンはすべての哺乳類の脳に存在する。脳の「白質」の淡い色はこれが原因）。神経インパルスの伝導は温度が高いほど速いので、この2つの特殊化がトガリネズミにスピード面で優位をもたらす。ザリガニもすばやい反応を生みだす、電気シナプスや逃走回路を構成する巨大神経繊維といった別の適応を備えているが、それでもミズベトガリネズミにはまるで歯が立たない。

ミズベトガリネズミは実際、どれくらい速いのだろう？　ヒトの反応時間を測定するのは、実験参加者にできるだけ速く刺激に反応するように指示すればいいだけだから簡単だ。ミズベトガリネズミを指示に従わせることはできた試しがないが、水流パルスを使った実験は反応時間の測定にうってつけだった。僕は水流の噴出口を小さなゴムの蓋《ふた》で塞ぎ、水がでたら開くようにした。これでパルスが発生してからトガリネズミが攻撃するまでの遅延時間を簡単に測定できる。

水流を止めている蓋が動きはじめてから、ミズベトガリネズミが攻撃を開始するまではわずか20ミリ秒、つまり1秒の50分の1しかかからなかった。50ミリ秒（1秒の20分の1）以内にトガリネズミは水流の発生源に移動し、狙いを定めて噛みつこうと口を開けた。[*5] この結果は驚異的だった。というのも、トガリネズミの攻撃は魚のCスタートのような汎用の反射ではなく、正確に標的に向けられた捕食攻撃だからだ。比較のためにいうと、ミズベトガリネズミが標的を発見し攻撃するのにかかる時間は、ザリガニがハサミを閉じるのに要する時間の半分だ。早食い王のホシバナモグラに対し、ミズベトガリネズミは記録のあるかぎり、哺乳類界で最速の捕食攻撃を仕掛ける。ザリガニに勝つ見込みがないのも仕方ない。ミズベトガリネズミから見れば、ザリガニはスローモーションで動いているも同然なのだ。

こうした強みの数かずを書き連ねれば、ミズベトガリネズミの履

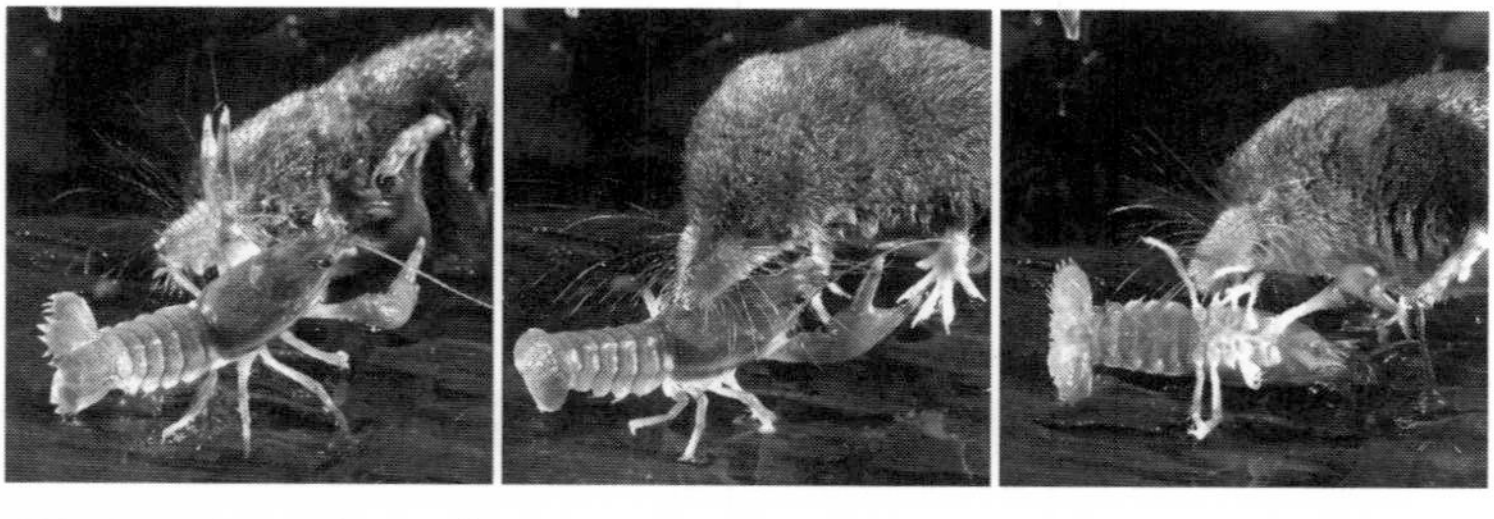

図 5.5 ミズベトガリネズミはいともたやすくのろまなザリガニの裏をかき、手頃な食事にありつく。

歴書は目を惹くものになりそうだ。だが、それは大局的に何を意味するのだろう？ 章の前半で、トガリネズミの研究から、僕ら（つまりヒト）がどうやってここまでできたかを考える手がかりが得られる可能性に触れた。小さな哺乳類に与えるには、かなり立派な肩書きだ。

脳のゴンドワナ大陸？

大勢の神経科学者たちが新皮質の基本構造を理解しようと日々努力を重ねている。第2章のおさらいだが、新皮質は哺乳類だけがもつ脳の表層の組織で、ヒトの脳の大部分を占めている（もちろんライオンの脳の大部分《ライオンズシェア》も占めている）。新皮質とはつまり、僕らに認知能力を授け、ヒトをヒトたらしめる部分なのだから、僕らがその構造を解明したがるのは当然だ。けれども同時に、こんな疑問も当然ながら湧いてくる。新皮質は最初、どんなふうにできたのだろう？ こういい換えてもいい――恐竜と同時期に地上をうろついていた最初の哺乳類の脳はどんなものだったのか？ こうした初期哺乳類は、脳を使って何ができただろう？

こうした問いは解決不能に思えるかもしれないが、化石記録には多くの手がかりが残されている。もっとも保存されやすい体のパーツは歯とあごで、たくさんの化石から、ジュラ紀の哺乳類がおもに昆虫などの無脊椎動物を食べていたことは明らかだ。共通点はそれだけではない。初期哺乳類は小型でトガリネズミに近い大きさであり、さらに新皮質がほとんどない小さな脳をもっていた[*11]。こんなことがわかるのは、適切な状況下では、動物の脳（の輪郭）が化石として残るからだ。頭蓋腔に無機物が入り込み、脳とまるっきり同じ形の空間を埋めて、それが時間とともに硬化する場合がある。こうしたまれで貴重な化石から、僕らのジュラ紀の祖先たちにはトガリネズミほどの新皮質しかなかったことが明らかになった。

ところで、トガリネズミの新皮質はどんなふうにできているのだろう？ 大学院生のダンカン・リーチをはじめ、大勢の学生や同僚たちの力を借りて、僕はトガリネズミの脳地図を完成させ、皮質領域の数と位置を特定した。[*12][*13] その結果、トガリネズミは哺乳類のなかでもっとも単純な新皮質をもつことがわかったが、そのシンプルな構造がかえって興味深かった。特定できた皮質領域はたった5つだけで、これらはまとまって隣どうしに集まり、あいだにスペースは一切なかった。同じ5つの領域はヒトにも、これまで調べられてきたほとんどの哺乳類にもある。しかしトガリネズミ以外では、新皮質の領域間につねに間隔が空いている。トガリネズミの新皮質はまるで、哺乳類の新皮質における「ゴンドワナ大陸」だった（ゴンドワナ大陸は太古の昔にあった超大陸であり、地球上のすべての陸塊がひとつにまとまっていた頃の少しあとに存在した）。トガリネズミのすべての皮質領域はひとつの塊を形成する。

トガリネズミの5つの新皮質領域のうち、4つは「一次」領域だ。一次体性感覚野（S1）は（モグラと同様）、トガリネズミの身体の触覚受容器の地図を左右反転した形で描きだす。一次視覚野（V1）と一次聴覚野（A1）もあり、名前からわかるように、それぞれ哺乳類の視覚と聴覚の情報処理を担う根

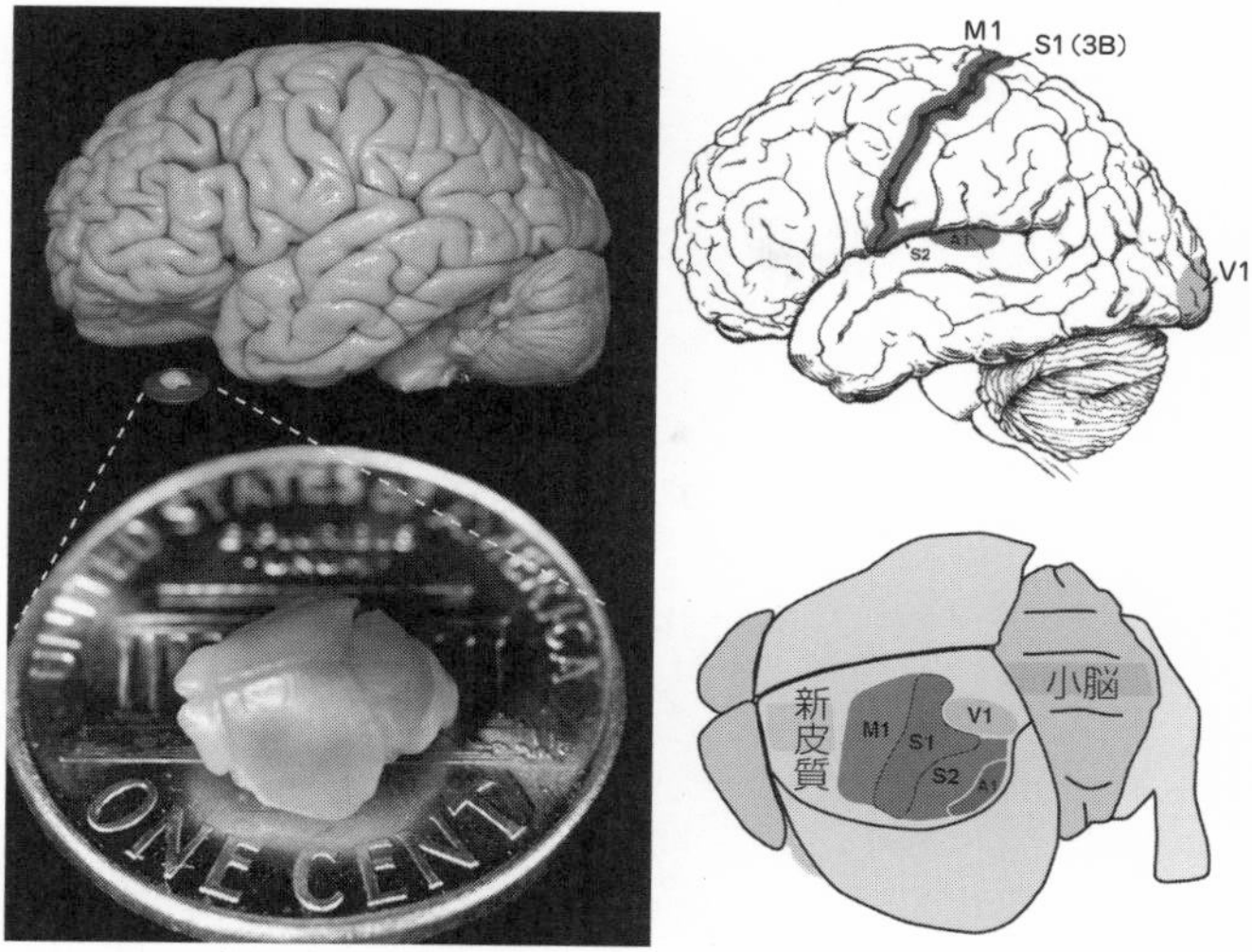

図 5.6 ヒトの脳と、サイズ比較のため 1 セント銅貨に乗せたトガリネズミの脳。ヒトもトガリネズミも新皮質をもつ。どちらもに存在する、ほぼすべての哺乳類に共通の基本領域は以下の通り：一次運動野（M1）、一次体性感覚野（S1）、一次視覚野（V1）、一次聴覚野（A1）、二次体性感覚野（S2）。トガリネズミの脳ではこれらの領域は直接隣接しているが、ヒトの脳ではそれぞれのあいだにたくさんの（図示していない）皮質領域がある。

幹部分だ。さらに大きな二次体性感覚野（S2）もみられ、こちらもこれまでに研究されたすべての哺乳類でみつかっている。最後に、トガリネズミを対象とした先行研究[14]から、一次運動野の位置を突き止めることができた。筋肉の動きを制御し、自発的な運動を司る重要な部位だ。

トガリネズミの新皮質の圧倒的なシンプルさは、ヒトの脳と照らし合わせて比較してみれば一目瞭然だ。大型哺乳類の脳は小動物の脳の単なる拡大版ではないことがよくわかる。霊長類など大きな脳をもつ哺乳類は、進化の過程で新皮質領域をつけ加えていった。ヒトは100を優に超える新皮質領域をもち、200以上の可能性もある[15]（ヒトの新たな皮質領域は今なお発見が続いている）。トガリネズミにも未発見の皮質領域が、とくに前頭葉にはあるかもしれない。だが、かれらの小さな脳にあと100個も皮質領域が隠れてはいないのは確実だ。

ひとつ断っておくが、トガリネズミは哺乳類の祖先ではない。トガリネズミは現生の哺乳類であり、現在の生態系のなかで完璧にうまくやっていけているし、現代のほかの哺乳類がトガリネズミから進化したわけではない。とはいえ、重要な化石証拠の数かずを検分した古生物学者たちは、初期哺乳類は嗅覚と体毛の触覚に強く依存していたと結論づける。[*16] トガリネズミの感覚世界と瓜ふたつだ。哺乳類の祖先状態を類推するための代替手段として、トガリネズミの脳はじつにすぐれている。

シンプル・イズ・ベスト

トガリネズミの脳の隣に置かれたヒトの巨大な脳を見て、ちょっとうぬぼれた気持ちになっているかもしれない。僕らはずいぶん遠くまで来たものだ。ヒトの新皮質の地図を見てみよう。数百もの独立した新皮質領域のおかげで、僕らは言語や文化、道具使用、それに（1周回って）新皮質の研究をする能力を手に入れた。一方、トガリネズミの脳はシンプルそのものだ。でも騙《だま》されてはいけない。トガリネズミの行動は単純とは程遠い。ミズベトガリネズミは物体の質感や形、におい、動きに基づいて瞬時に判断を下し、危険な獲物をスピードで圧倒して瞬殺する。しかもホシバナモグラと同様、かれらは水中でにおいの痕跡をたどることもできる。加えてかれらは方向感覚にすぐれ、夜の湿地の複雑な環境のなかを、視覚に頼らず行き来する。わずかな新皮質にたった5つの皮質領域しかない小さな脳で、かれらはどうやって、これほどのスピードと効率を実現しているのだろう?

このような複雑な問いにひとつの答えを用意するのは不可能だ。それでも、かれらの繁栄に一役買ったであろう、直感に反するひとつの可能性をここに示そうと思う。それは小さくシンプルな脳だ。大きな脳にはたくさんの工学的課題がつきまとう。ここ数十年、僕らはコンピュータの（そして最近は電話と時計の）情報処理速度に憑《つ》かれたように執着してきた。CPUが遅くてプログラムどころかタイピングにさえついていけない古いコンピュータで仕事をするのは本当にイライラする。脳はコンピュータではないが、脳の大型化がコンピュータのCPU速度のケースに似た工学的課題をともなうことはよく知られている。[*17] 原因は、脳の生物学的配線であるニューロンの軸索と樹状突起が、金属のワイヤーのようには電気を伝えない点にある。活動電位とよばれるシグナルの伝達速度は、人工のケーブルの数百万分の1だ。伝達速度に影響を与える要因はたくさんあり、すでに述べたように、温度（内温性はプラスに作用する）やミエリンによる絶縁も含まれる。軸索の伝達速度を定めるもうひとつの重要要因が直径だ。一般に、細い繊維は伝達が遅く、繊維が太いほど速くなる。

この事実を頭に置いて、哺乳類の進化の過程で起こったように、新皮質が肥大化するとどうなるかを考えてみよう。新たな領域が追加されるたび、既存の領域は離れた場所に追いやられる。処理速度の現状を維持するだけでも、軸索が長くなるのに応じて直径を大きくしなければならない。やっかいな問題だ。直径を大きくすれば、脳をさらにサイズアップしなくてはならず、またもや領域間の距離が遠くなって、問題を助長する。軸索を太くすることだけが解決策ではなく、コンピュータの場合と同様に、並列処理をしたり、タスクの処理を脳全体に分散させる代わりに特定の部分に集中させるといった方法もある。それでも、大きな脳がスピードと効率性にかける負担は完全には解消されない。小さなトガリネズミは、小さな脳にコンパクトにまとまった新皮質領域のネットワークを搭載し、大幅な「節税」を実現している。こうして得られた見返りを、かれらは驚異的なスピードと敏捷性《びんしょうせい》に投資したようだ。

思考の糧《かて》

なぜ僕がトガリネズミは誤解され過小評価されていると思うのか、読者のみなさんはそろそろおわかりかもしれない。ジュラ紀の初期哺乳類も同じように過小評価されているとしたらどうだろう？　化石証拠からして[*11][*15]、初期の「幹」哺乳類は（トガリネズミのように）小さく、（トガリネズミのように）おもに昆虫を食べ、（トガリネズミのように）触覚と嗅覚に強く依存し、（トガリネズミのように）新皮質の割合の低い小さな脳をもっていた。ここまではいい。

けれども、この対比はしばしばさらに踏み込んで、初期哺乳類は（トガリネズミのように）原始的で臆病で、夜間にだけ活動し、恐竜が眠っているあいだに忍び足で昆虫を探し、餌のかけらにありついたとされがちだ。この推論によれば、ジュラ紀の小さな哺乳類が脇に追いやられ、巨大で鋭い牙を備えた肉食恐竜の絶え間ない脅威にさらされていたのは自明の理だ。確かにもっともらしいし、僕も最初にこうした記述を読んだときは思い込みにとらわれそうになった。けれども自分たちでおこなったフィールドワークを思いだし、僕は目が覚めた。もし哺乳類の祖先が現生のトガリネズミのような形態と行動を備えていたなら、かれらの小さな新皮質は、恐竜のことなど気にも留めなかったはずだ。

どうして、そういえるのか？　ひとつ個人的な例をあげよう。僕のラボではアリゲーター、クロコダイル、デンキウナギ、ヘビ、カメ、タランチュラ、カリバチ、モグラ、オコジョなど、さまざまな動物を研究対象にしている。妻のリズと僕は、たいていどんな動物でも見つけられるのが自慢（リズの専門はミズベトガリネズミ）だが、ある動物にだけは出し抜かれ、完敗を喫した。その名はマスクトガリネズミ *Sorex cinereous*。僕らは膨大な時間とエネルギーを費やし、繁殖コロニーを創設しようとしたが、ついにひと夏にオスとメスの両方を捕まえることはできなかった。いくつもの州を巡るフィールドワーク漬けの夏を過ごし、ほかのトガリネズミ研究者の助けも借りつつ、へとへとになりながら全力で取り組んだが、結局手ぶらで帰るはめになったのだ。途中で僕はひざを負傷し、リズは病気になって、僕らは敗北を噛み締めながら重い足取りで帰宅した。僕は霊長類で、大きな新皮質、抜群の立体視力、トガリネズミの行動に関する数十年分の人類の叡智へのアクセスをもっていて、しかも言葉を使って集団狩猟を統率できるうえ、懐中電灯、ＧＰＳデバイス、無線、数百個の金属製トラップといった最先端ツールを自由に使えた。それでも結果は惨敗だった。僕らが捜索した場所には、膨大な数のマスクトガリネズミがいるはずだというのに（生息状況はピットフォールトラップを使った研究などでわかっていた）。

僕らが失敗したのはトガリネズミが夜行性だからだと思うかもしれない（これまた哺乳類の祖先に想定される特徴のひとつだ）。よくある誤解で、トガリネズミのフィールドワーク経験がある人はこれを聞くとにんまりする。実際は、ほとんどの種のトガリネズミは昼夜を問わず捕獲でき、これはかれらの採食頻度や活動パターンの研究結果と一致している[*18,*19,*2]。正確を期していえば、世界には３００種以上のトガリネズミがいて、一部の種は夜間に活動のピークがある。だが、そうした種であっても、空腹になれば門限破りをためらわない。にもかかわらず、トラップの外で見つけることは不可能に等しいのだ。トガリネズミのような哺乳類は植生に隠れて生活しているため、夜行性でなくても見つかるおそれは小さい。つまりある晴れた午後、数百匹の小型哺乳類が活動する広大な野原のど真ん中に立ってみても、１匹として見つからない可能性はきわめて高いのだ。たとえ運よくトガリネズミを見かけたとしても、捕まえるのはまず無理だ。恐竜にとってもそうだっただろう。

ジュラ紀の哺乳類が実際にどんな行動を示したかは永遠の謎かもしれないが、かれらがよくいわれるように原始的で、いわば哺乳類の「Ｔ型フォード〔訳注：１９０８年に発売された史上初の量産型大衆車〕」だったという説は疑わしいと思う。内燃エンジンと皮質領域の小さなネットワークを備えたかれらは、むしろ当時のフェラーリだったのかもしれない。もしそうなら、面倒な恐竜たちが去ったあとで、かれらが新しく大きな形態へと爆発的な適応放散をとげたのは、必然といっても過言ではないだろう。

第6章 500ボルトの衝撃

デンキウナギにまつわるもっとも驚くべき事実は、こんな生きものが実在していることだ。もしも地球上にデンキウナギが存在しない別の世界線で、このような生物が理論上は進化しうると僕が主張したら、あなたはどう思うだろう?「本当だって。収縮しない特殊化した筋肉が体内に何千個もあって、そこで電気をつくるんだよ。これが直列に、つまり長くて明るい懐中電灯に入っている電池みたいに並んでたら、このウナギは何百ボルトの電気を自在に生みだせる。電気はどういうわけかウナギの頭から流れでて、ウナギ自身は何のダメージも受けないけど、周囲の水中にいる動物はまとめて気絶しちゃうんだ」。頭は大丈夫か、といわれるに決まっている。あまりにもばかげた考えとしか思えないのだから、それも仕方ない。みなさんを説得する必要がなくてよかった。僕らはSFの創作のような生物と同じ星に住んでいる。

現代の僕らから見てもこんなに奇妙なデンキウナギは、数百年前にはどう思われていたのだろう？　1700年代には電池は存在せず、ガラスの花瓶の内側と外側を金属でコーティングして静電気を蓄える、ライデン瓶のような単純な装置しかなかった。ライデン瓶には数千ボルトの静電気を貯蔵でき、好奇心旺盛な科学者たちは強力な電気ショックを身をもって体験した。デンキウナギにその手を触れ、謎めいた「衝撃」を食らった数少ない人びとは、両者の感覚は同じだと主張した。けれども、そんなことがありえるだろうか？　ライデン瓶は水中では使えないし、そもそも動物がどうやって電気をつくるというのか？　でも、もし仮に生きものとライデン瓶が同じ力を生みだすとしたら、この奇妙な力はもしかして、生命に必要不可欠な要素のひとつなのでは？

これはかなり壮大な疑問だ。いつの世もおおいなる謎は野心的な科学者を魅了する。こうして大勢がデンキウナギに夢中になった。[*1]問題は、デンキウナギが入手困難だったことだ。かれらは淡水と海水を行き来し、分布も広く誰でも知っているウナギとは近縁ではない。デンキウナギの親戚にあたるのは、同じく南米のアマゾン川とその周辺に分布する、弱い電気を発する魚たちだ（こうした威力の弱い電気魚はほかの動物を攻撃することはできず、周囲の環境を知覚するのに電気を使う）。アマゾンでの魚類調査はいまでも冒険で、1800年代ともなればなおさらだった。

ここで登場するのが、当時最高の博物学者、アレクサンダー・フォン・フンボルトだ。動植物が単に記録され収蔵されるべき対象とみられがちだった時代にあって、フンボルトは生命世界を複雑な網として、相互接続し相互依存する生態系として認識していた[*2]。自然に関する彼の記述はダーウィン、ヘンリー・デイヴィッド・ソロー、ラルフ・ウォルド・エマーソン、さらにはエドガー・アラン・ポーにも影響を与えた。だが、もっとも影響力の大きい著作を発表するずっと前、フンボルトは壮大な冒険譚《たん》でヨーロッパの人びとを魅了し名声を得た。なかでもとっておきの逸話（ほら話という人もいる）に、デンキウナギが登場する。

１８００年3月、人生を決定づける南米大紀行に赴いてまだ数か月の頃、フンボルトと同行者（エメ・ボンプラン）はデンキウナギを使った実験をしようと考えた。だが、ほとんどの地元漁師は悪名高い魚を怖がって、手を貸そうとしなかった。やがて彼らは、独創的だが野蛮な方法を知る漁師たちに出会った。かれらは「馬で魚を釣る」という。サバンナに向かうかれらを見送ったフンボルトには、このあと何が起こるのか見当もつかなかった[*3]。嫌がる馬の群れを追い立てて戻ってきたかれらは、大騒動の末、たくさんのデンキウナギが潜む濁った淵に馬たちを押し込んだ。次に起こったできごとはまさに驚異で、ただし意外ではないが、馬にとっては災難だった。泥から姿を現したデンキウナギが四方八方から襲いかかり、暴れて悲鳴をあげる馬たちに繰り返し電撃を加えた。5分と経たないうちに、2頭の馬が水面下に沈んだ。残りの馬たちも時間の問題だとフンボルトは思ったが、やがてデンキウナギは力を使い果たした。どうやらこれが目的だったらしい。こうして安全に採集された魚を使い、フンボルトは念願の実験をおこなった。この逸話はフンボルト（とデンキウナギ）の名を世に知らしめた。

デンキウナギを実験に使った著名な歴史上の人物はフンボルトだけではない。電気に関する理解を刷新し、史上もっとも偉大な科学者のひとりとされるマイケル・ファラデーもまた、1832年にデンキウナギの実験をおこない[*4]、現代生理学の礎を築いた。

ダーウィンもデンキウナギに頭を悩ませた。こんな生きものがどうやって進化したのだろう？ 彼は『種の起源』の「自然淘汰理論が抱える難題」と題する章でこの魚について論じた。これだけでも歴史書にデンキウナギを載せるには十分だが、さらにアレッサンドロ・ボルタは、デンキウナギの発電器官の構造から着想を得て、異なる種類の金属を重ね、世界初の電池を発明した[*5]。デンキウナギの科学への貢献はまだ終わら

図 6.1 アレクサンダー・フォン・フンボルトの肖像画（1806 年）と、名高いデンキウナギと馬の戦いの挿画。

ない。1970年代、デンキウナギはアセチルコリン受容体の単離に中心的な役割を果たした。[*6]この タンパク質は筋肉の機能に不可欠で、分子レベルの極小の扉を形成し、電荷を帯びた分子に細胞膜の内外を行き来させる。また近年では、歴史は繰り返すものなのか、デンキウナギをモデルにしたやわらかい素材の電池が開発され、ペースメーカーやその他のインプラント医療機器の電源としての将来の用途に期待が寄せられている。[*7]デンキウナギやそのほかの電気魚は、電気と生物に関する僕らの理解に多大な貢献を果たしてきたし、それをテーマにした本もたくさんある。語り継がれてきた歴史を考えれば、デンキウナギの能力がまだまだ過小評価されていた事実を、僕が発見できたのは驚きだ。

現代技術の驚異

僕が教える動物の感覚システムと行動の講義では、いつもデンキウナギを大きくフィーチャーしてきた。長いあいだ、学生たちに最初に見せていたのは、元ニューヨーク水族館館長のクリストファー・コーツが巨大なデンキウナギを抱えている写真だ。もしゴム手袋をはめていなかったら、コーツは500ボルトの電気パルスを連続で胸に食らっていただろう。インパクトのある写真だが、1950年代に撮られたモノクロで、さすがに時代遅れなのは否めない。僕はようやく講義をアップデートしようと決心した。デンキウナギを入手して、写真とスローモーション動画を撮影したら楽しそうだ。こうして僕のラボに何匹もデンキウナギがやってきた。

僕の撮影プランを聞いたら、無謀だと思うかもしれない。ポートレートを撮りたいからちょっとこの椅子に座ってて、とデンキウナギに頼むわけにはいかない。だが、頂点捕食者は僕らにとって好都合な特徴を備えている。デンキウナギは「大胆」で、電気魚としては珍しく日中に活動する。しかもイヌやネコといったおなじみの肉食性の人類の友と同じように、かれらは食料に強く動機づけられ、要するに餌で釣られやすい。それに、自分が理解したいと思う動物につきっきりで長い時間を過ごすのは、かけがえのない経験だ。イヌの障害物競走《アジリティ》の練習でも、デンキウナギの撮影でも、それは変わらない。この真理は、写真撮影にも動物行動の研究にも等しくあてはまる。加えてもうひとつ、両方にいえることがある。

図 6.2 大きなデンキウナギを抱えて見せびらかすニューヨーク水族館館長クリストファー・コーツ、1950 年。

最新機器はいつだって、昔はできなかったことを可能にしてくれる。

１９８０年代、僕はマニュアルカメラのニコンFMで写真を撮りはじめた。フィルムを込めると24枚の撮影ができたが、フィルムを現像するまで、ライティングや焦点や構図が適切だったかどうかは知る由もなかった。1時間で現像してもらうには追加料金が必要で、そのたびに店に行って列に並ばなければならなかった。１９９３年、このプロセスを何度も繰り返して、ようやく第1章のホシバナモグラの写真ができあがった。教室がひとつしかない学校に、雪のなか裸足で、行きも帰りも上り坂の道を歩いて通学するようなものだ。

いまではニコンのデジタルカメラをコンピュータに接続するだけで、高解像度のカラー画像を2秒で読み込み、即座に見ることができる。そんな驚異の現代技術のおかげで、デンキウナギが電撃を発する瞬間を写真に収めるのに長くはかからなかった。現代の写真にいえることは、ビデオカメラにもあてはまる。僕はこれまでの研究者には事実上不可能だったことをなしとげた。デンキウナギの捕食行動を、ハイスピードカメラを使ってスローモーションで撮影したのだ。すると、思わぬ問題にでくわした。これはいい兆候だ。あまりに奇妙で、学生た

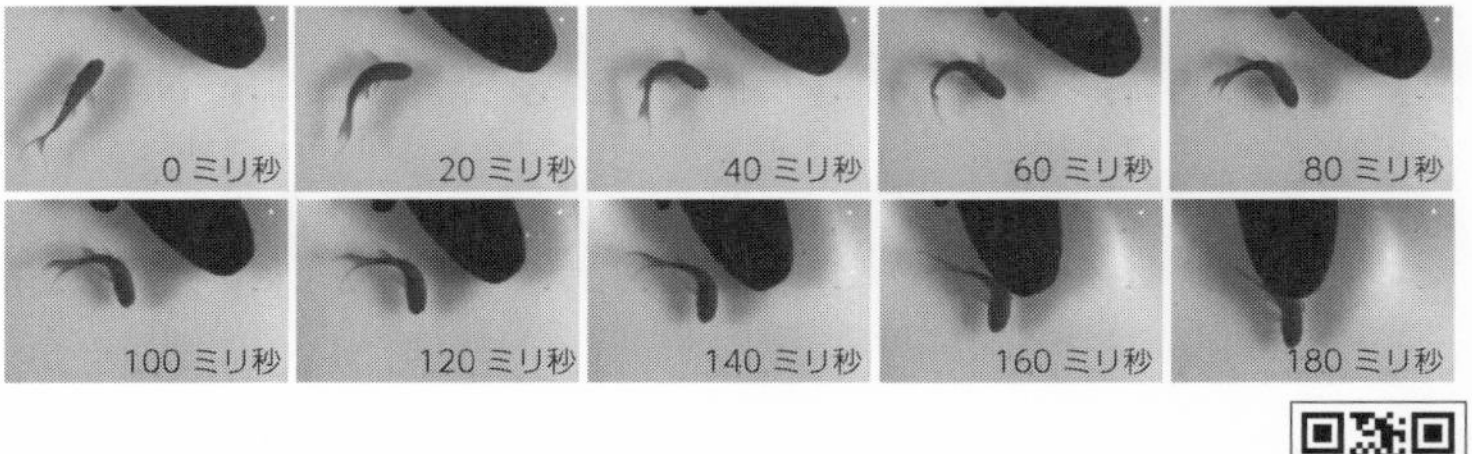

図6.3 デンキウナギは高圧電流で金魚を瞬時に麻痺させて捕食する（電気の発生は60ミリ秒のコマ以降）。

ちに説明するどころか、自分でも納得のいかない現象が、そこに映っていた。

金魚を攻撃するとき、デンキウナギはまず高圧パルスを連射して、そのあと（パルスの連射を続けながら）口を開け、金魚に向かって突進した。ここまでは予想通りだったのだが、問題は金魚の行動、というか正確には行動の欠如だった。電撃が始まってわずか3ミリ秒のうちに、金魚は無抵抗に浮かぶだけの状態になり、体やひれ、尾がいずれも同じ位置で固まった。まるで氷漬けにされたかのように。

単にデンキウナギが金魚を殺したのだと思うかもしれないが、そうではない。どんな捕食者もそうだが、デンキウナギも時にターゲットを外す。デンキウナギが突進で金魚を食べそこない、高圧パルスが切れると、金魚はすぐに再び泳ぎはじめる。何らかの方法で、デンキウナギは金魚の体の動きのすべてを、わずか3ミリ秒のうちに一時停止させるのだ。実感がわくように比較すると、デンキウナギの電撃が効力を発揮するのにかかる時間は、45口径の銃弾が1メートル進むのにかかる時間よりも短い。もちろん、電気はウナギの体を離れた次の瞬間には金魚に到達する。だが、どうしてこんなに速く金魚の動きを封じられるのだろう？ この謎に直面し、僕のデンキウナギ研究が始まった。

充電が必要

ファラデーやフンボルトは自身の手でデンキウナギの高圧電流を測定したが、いまでは痛みをともなわない方法で電気的活動をすべて「聞きとる」ことができる。必要なのはスピーカーと、水槽内の水に接触するケーブルだけだ。こうして電気パルスを音に変換し、また同じケーブルをデータレコーダーに接続することで、詳細な記録を残せる。第1章で説明したおなじみの装置によく似ている。テレビドラマの緊迫した病院のシーンでは、必ず心拍モニターが背景でピー、ピーと音を発している。これも同じように、僕らの臓器の電気的活動によって生じたパルスを記録しているのだ。

心拍モニターを思い浮かべれば、筋肉がかなりの電流をつくりだすことは納得できる。つまり、筋肉は発電器官の進化の出発点として適切だ。実際、デンキウナギの発電器官は特殊化した筋肉であり、電気細胞（electrocyte）とよばれる。収縮能力を失っているが、代わりに細胞膜を通してイオンを移動させる分子チャンネルの数を大幅に増やした結果、大きな電流を生みだせる（大型個体では1アンペアに達する）。心臓が電気の「パルス」をつくりだすのと、デンキウナギの発電器官の作用は基本的に同じだ。

小さく弱い発電器官が最初に進化し、のちに（デンキウナギの祖先の系統で）強力な電池の獲得につながった。小さく控えめな発電器官が何の役に立つのだろう、と疑問に思ったあなたには、いい先輩がいる。ダーウィンも同じ疑問を抱き、最後まで答えにたどり着けなかった。現代の僕らは、小さな発電器官は「能動電気受容」とよばれる、精巧な感覚システムの一部であると知っている。アフリカと南米に分布する、数百種の弱い電気魚たちが利用する感覚だ。[*8] これらの魚たちは、電気器官の活動中はつねに周囲に電場を発生させていて、電場の内部に何かが侵入して形が乱れると、皮膚にある電気センサーで感知する。デンキウナギは南米の弱い電気魚から進化した。いってみれば、かれらは進化の過程で平和的な感覚システムを「大量破壊兵器」のレベルに魔改造したわけだが、一方で感覚システムとしての低圧電流も維持している。

このようにデンキウナギの発電器官の基本を知っておけば、その威力を理解する助けになる。デンキウナギの出力設定は2段階しかない。どの個体でも値は固定されていて、明るさが2段階しかない懐中電灯のようなものだ（ただし予想はつくだろうが、成長して体が大きくなるにつれ、発電器官が大きくなり、電流の威力も増す）。低圧パルスが周囲の環境を知覚するためだけに使われるのはすでに説明した。デンキウナギは泳ぎ、狩りをし、周囲の環境を探索するあいだ、無害で電圧の低い探索シグナルをつねに毎秒5～10回の頻度で発している。だが、付近にいる獲物に気づいた（あるいは捕食者や好奇心旺盛な科学者にいらだった）とたん、

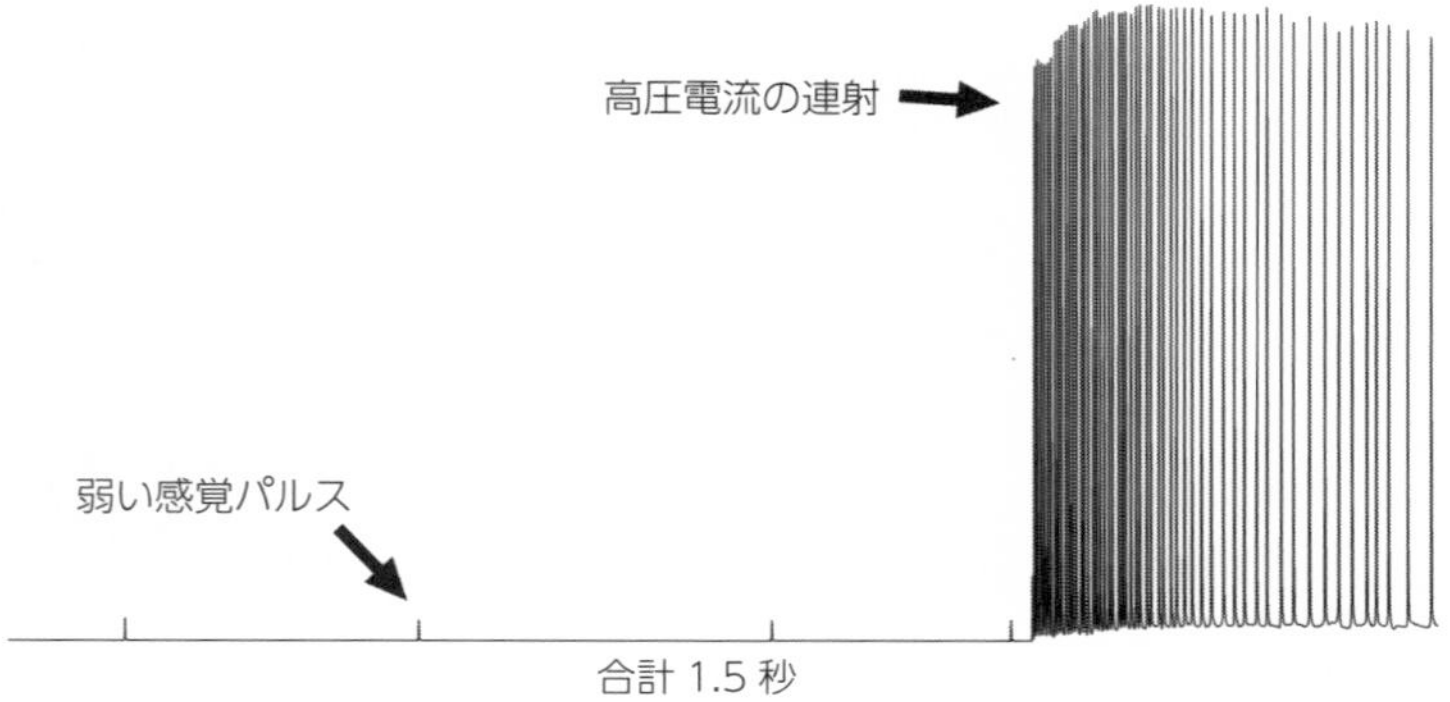

図 6.4 水槽から得られた電気的記録から、デンキウナギが 2 種類の放電をおこなうことがわかる。低頻度の弱いパルスはデンキウナギの電気感覚システムの一部で、周囲の動物を感電させない。獲物の動きを封じるのは、高頻度の高圧パルスだ。

強出力モードに切り替え、高圧パルスを1秒間に最大400回の頻度で連射する。金魚を硬直させたのはこの攻撃だ。だがいったい、どうやって？ 僕には考えがあった。

水中のテーザーガン？

ヒトが発明したあるテクノロジーを、何百万年も前にすでに動物が進化させていた例は驚くほど多い。鳥と飛行機の翼、イルカと潜水艦のソナーは代表例だ。デンキウナギもそうかもしれない、と僕は考えた。僕の頭にあったのは、ほとんどの人が知っている（ただしあまりお近づきにはなりたくない）、警察が使うテーザーガン［訳注：電極を射出し、皮膚に刺さったところから電気ショックを与える遠隔攻撃型スタンガン］だ。テーザーガンのしくみはおおまかには知っていたが、ここはぜひ専門家に実体験を聞いておきたい。

ふつうならここで壁にぶつかるところだが、幸い僕には長く警察に勤め、現在はある主要警察機関で銃器インストラクター兼戦術トレーナーとして活躍する、トムという友人がいた。彼はテーザーガンを何から何まで知りつくしていた。彼の家を訪ね、武器コレクションを見せてもらったが、すごく不気味な博物館を鑑賞している気分だった。彼はいくつのもタイプのテーザーガンをもっていて、事細かにショッキングな説明をしてくれた。しかも（僕にとっては）嬉しいことに、彼は訓練中に何度も電撃を食らったことがあり、その経験についてもすべて教えてくれた。さらにちょっとした実験もやってみて、帰るまでに僕はテーザーガンのしくみを十分に把握できた。

適切に使用した場合、テーザーガンは一時的に神経筋を麻痺させる。発射される2本の電極は細いワイヤーにつながっていて、高圧電流の短いパルスを携帯ユニットから標的に流す。テーザーガンの電気パルスの目的は、相手の神経系を活性化させ、筋肉を硬直させること。デンキウナギが獲物の動きを封じるしくみの説明としても期待できそうだ。

でも、デンキウナギの電気が筋肉にどんな効果をもたらすか、どうすれば調べられるだろう？しばらく頭を悩ませていたが、（同じく神経科学者の）リズが助言をくれた。「まだ筋肉機能が残ってる死んだ魚を使ってみたら？」これには先例があり、種こそ違うが、カエルの脚の筋肉は数世紀にわたって実験に使われてきた。脚の筋肉はカエルが死んだあともしばらくは機能しつづけるからだ（フンボルトもカエルの脚を使い、動物の体の制御に電気が果たす役割を検討した）。同じことが死んだ魚（ただしこちらは全身）にもあてはまるとしたら、思ったとおりの実験ができそうだ。

このやり方は理想的な検証方法だった。魚を水槽の底に固定し、さらに筋収縮の強さを測定するため、水の外にある力変換器に丈夫なケーブルで接続した。次のポイントは、デンキウナギと死んだ魚を導電性の障壁で隔てることだ。実験をランチに変えられては元も子もない。

ここで以前動物園に勤めていた経験が役立った。僕が長い時間を費やして、アガロースというゼリーのような物質で電気を通す壁をつくったのを覚えているだろうか（第1章で紹介した、アド・カルマインのサメを対象とした先行研究に基づく実験）。ホシバナモグラの実験はうまくいかなかったが、アガロースの壁をつくるのは慣れたものだ。今回はゼリー状素材をナイロンメッシュで強化して、デンキウナギに突き破られないようにした。ここからは簡単だ。デンキウナギに高圧パルスを放電させるには、ミミズを投げ込むだけでいい。デンキウナギはミミズに電撃をお見舞いして食べ、そのあいだに僕は死んだ魚の筋肉に起こる変化を測定し記録した。

実験の先には「エウレカ」の瞬間が待っていた。デンキウナギがミミズに電撃を与えはじめて3ミリ秒後、すぐそばの死んだ魚に強烈な全身性筋収縮が起こったのだ。スローモーション動画を撮影したときに魚が硬直するまでの時間差とまったく同じだ。しかも、筋収縮を測定するこのシンプルな方法は、ほかのさまざまな実験へと発展した。一連の実験から、デンキウナギの高圧パルスは獲物の小魚の筋肉を直接活性化させるわけではなく、筋肉に接続する神経を活性化させるのだとわかった。[*9] こうして僕は驚きの結論にたどりつ

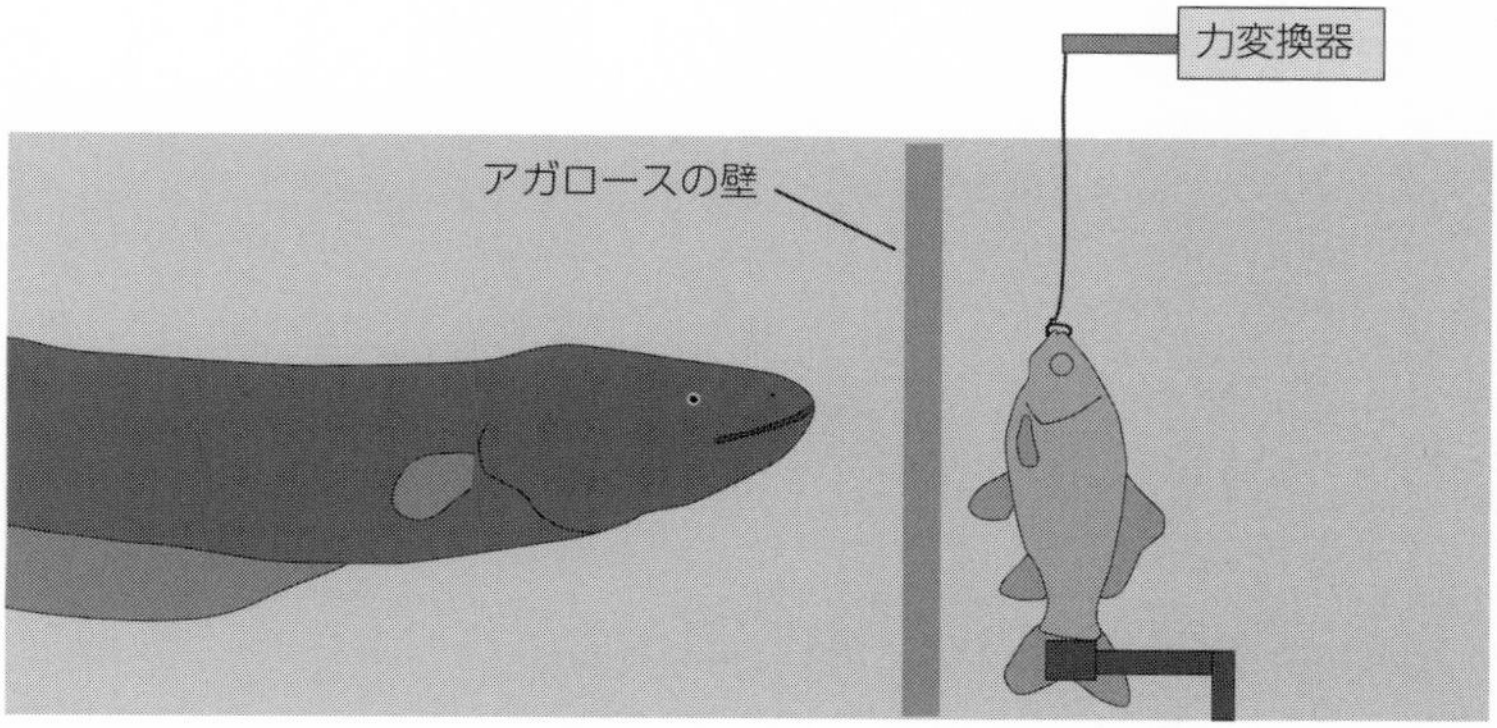

図 6.5 デンキウナギの高圧パルスが魚の筋肉に与える影響を測定した実験装置。アガロースの壁は電気を通しつつ、デンキウナギが死んだ魚を食べてしまうのを防ぐ。力変換器が筋収縮の強さを測定する。

いた。高圧パルスは、一種の高精度遠隔操作だ。導電性をもつ水がアンテナの役割を果たし、デンキウナギから獲物の体へ到達した電気は、神経系をハイジャックするのだ。

科学における発見の多くがそうであるように、この発見もあとから考えれば当たり前に思える。それにクールな要素も否めない。けれども何より大事なのは、僕らに視点の転換を促してくれたことだ。デンキウナギを理解するための研究のほとんどは、論理的に考えて当然だが、デンキウナギに注目してきた。でも、もしかれらの高圧電流の本質が周囲の動物の神経系に「侵入する」メカニズムだとしたら、獲物の視点に立つことで、デンキウナギの攻撃について何か新しい事実がわかるかもしれない。

図 6.6 デンキウナギは獲物の筋肉を遠隔操作で活性化させる。

巧妙な手口

1970年代、リチャード・バウアーという研究者が、興味深いデンキウナギの「狩猟」行動を記録した[*10]。彼の記述によれば、「水槽に獲物を入れるとデンキウナギは興奮し、泳ぎまわるが、しばしば水槽の隅で停止する。こうして停止する際、2回の高圧パルスを2ミリ秒間隔で発する」。バウアーが記録したのは単発の「2拍子《ダブレット》」で、デンキウナギが何かを探っている（とくに狩りをしている）際に発する、高圧パルスの短い放電と考えられる。僕も実験をするたびに同じ行動を目撃したが、どんな意味があるのかわからなかった。バウアーの記述に後押しされて、僕は踏み込んで調べてみることにした。

デンキウナギが単発の2拍子の高圧電流を放ったとき、獲物の魚には何が起こるのだろう？ 答えを知るためには、先述のとおり、まだ筋肉が機能する死んだ魚を使って測定実験をすればいい。その結果、筋肉を硬直させる高圧パルスの長い連射と異なり、2拍子のパルスでは一時的だが強烈な全身の「けいれん」だけが引き起こされるとわかった。このけいれんは、魚のどんな自発的運動よりも力強い。魚には（あるいはヒトにも）意図的に全身の筋肉を同時に収縮させるなど不可能だからだ。だがデンキウナギは、このように自然にはありえない強烈な動きを、周囲の水中にいるどんな動物に対しても強制することができる（体がいくら大きくても高圧パルスからは逃れられないことは、フンボルトがウマで派手に証明したとおりだ）。

ここでもうひとつ、パズルのピースをつけ加えなくてはならない。デンキウナギの体は「神経小丘（neuromast）」とよばれる、水の動きに対してきわめて敏感なセンサーでおおわれている。水槽をトンと叩いたり、水滴ひとつを落として水面を乱したりするだけで、フルパワーで高圧パルスを連射するデンキウナギの捕食攻撃が発動する。いい換えれば、空腹のデンキウナギは水の乱れを感知すると、「まずは電撃、あとで確認」の方針をとるのだ。つまり単発の2拍子は、デンキウナギ流の「おまえ、生きもの？」という質問であり、要するに「おまえのこと食べていい？」という意味なのだ。こう質問されたら、僕らは全身の猛烈なけいれんという形で答えるしかない。

驚きの仮説だ。デンキウナギは遠隔操作のトリックを使って隠れている獲物を動かし、居場所を「吐かせて」いるのかもしれない。そもそも、野生のデンキウナギは水槽で金魚を食べたりはしない。かれらは夜、濁ったアマゾン川の水中で狩りをする。遠隔操作のトリックは合理的に思えたが、だからといってデンキウナギが実際にそうしているとは限らない。かの有名な天文学者のカール・セーガンがいうように、「途方もない主張には途方もない証拠が必要だ」。「2拍子ハンティング」仮説を支持する、あるいは棄却するデータを集めるには、相当な実験を積み重ねなくてはならない。

僕はすでに「2拍子攻撃」を記録していた。つまり、デンキウナギが2拍子の放電をして、隠れている獲物がけいれんし、そのあと高圧連続放電を全開にして攻撃するという流れが、時に起こることはわかっていた。でも、デンキウナギが本当に獲物のけいれんに反応していると示すには、どうしたらいいだろう？　もしかしたら、かれらは単に時どき、2拍子のあとに高圧連続放電をするのであって、獲物がけいれんするかどうかは無関係なのかもしれない。新しい実験に着手するときだ。

新しい実験をするとき、覚えておいてほしいのは、幸運な偶然に恵まれて発見をなしとげるチャンスはいくらでもあるということだ。いってみれば、望遠鏡を覗き込むようなもの。最初はひとつの物事に焦点をあてるけれど、いったんピントが合えば、視野のなかに意外なものが見つかるかもしれない。1610年に起こったのは、まさにそんなできごとだった。望遠鏡で木星を観察していたガリレオが、木星の月を発見したのだ。この偶然の発見は人びとの世界観を覆《くつがえ》した（当時ほとんどの人は、すべての天体は地球を中心に回っていると信じていた）。いまでは小型望遠鏡で途方もない新発見をなしとげるのはかなり難しい。けれども、新しい実験をするとき、僕らは世界中の誰ひとりとして観察したことのない現象を、歴史上初めて明らかにするという、ガリレオと同じ立場にいる。これから説明する突拍子もない実験は、僕なりの「木星観察」だと思ってほしい。そのあとで、実験の過程で偶然発見した

図 6.7 デンキウナギの2拍子の高圧パルスは、近くにいるあらゆる動物に強烈な全身の筋肉のけいれんを引き起こす。これが獲物の探索に役立っているのだろうか？

「月」について話そう。

この実験は現代の驚異の先端機器に頼るところが大きい。今度もまた死んだ魚を使うが、力変換器につないで筋収縮を測定するのではなく、魚を電気刺激装置につないで、筋収縮、というより正確には強力な全身性けいれんを起こさせた。これはデンキウナギの2拍子電撃によって通常生じる反応だ（もっとも、デンキウナギには何ひとつ普通なところなどないのだが）。そしてもっとも重要なポイントは、魚の死体を薄いプラスチック袋（ジップロック®）に入れ、デンキウナギの電撃を完全に遮断したことだ。これにより、デンキウナギによる魚の遠隔操作を妨害した。さらにここからが現代技術の驚異だ。魚にけいれんを起こさせた電気刺激装置は、デンキウナギの高圧放電を記録するデータレコーダーによって制御されている。僕は電気刺激装置にプログラムを組み込み、デンキウナギが2拍子を発した直後に魚をけいれんさせるように設定した。つまり事実上、魚の「リモコン」を（電気刺激装置を経由する形で）デンキウナギに

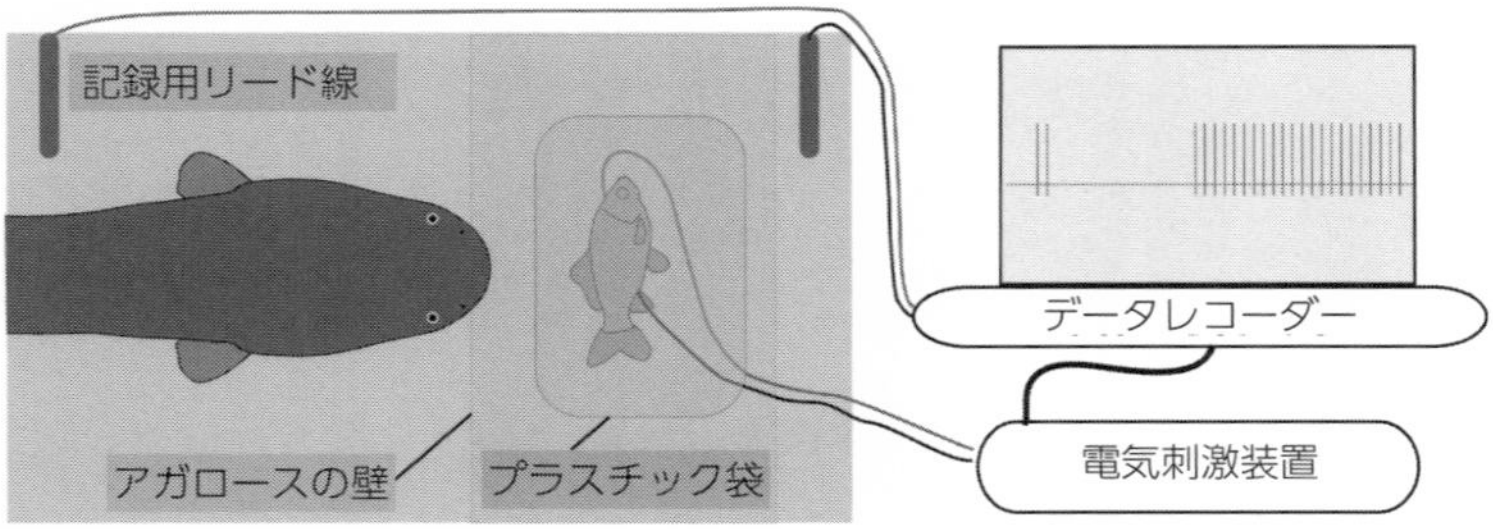

図 6.8 デンキウナギが近くの獲物の筋肉のけいれんにどう反応するかを調べるために用いた実験装置の概略図。この条件では、死んだ（ただし筋肉はまだ機能する）魚はプラスチック袋に入れて絶縁され、電気刺激装置に取りつけられたリード線を介して制御されている。アガロースの壁はウナギが魚に接触するのを防ぐが、魚のけいれんに伴う水の動きは妨げない。

返したわけだ。対照条件では、電気刺激装置のスイッチを切り、デンキウナギの2拍子が魚にけいれんを起こさせない（プラスチック袋で絶縁されているため）ようにした。

この複雑な設定が完璧な解決策といえるのは、ありとあらゆる実験条件と対照条件を設けて、デンキウナギがいつ、どのように魚のけいれんに反応するかを調べられるからだ。ここでは、これまで知られていなかった狩猟戦略に関する「途方もない証拠」を集めるため、僕が試したすべての条件のバリエーションを説明するのは控える。けれども最終的に、僕はデンキウナギの通常の「2拍子攻撃」を人為的な条件で再現することに成功し、隠れた獲物がけいれんしたときにだけ、かれらが本番の攻撃を仕掛けることを示した。

要するに、デンキウナギは2つのタイプの遠隔制御を駆使して獲物を捕えるのだ。相手が生きものかどうか、攻撃する価値があるかどうか不確かな場合、デンキウナギはまずけいれんを起こさせ、ランチにちょうどいいかどうかを見極める。生死を分ける情報暴露に続き、コンマ数秒後には総攻撃だ。長く続く高圧パルスの連射で獲物を麻痺させ、そのあいだに接近し、丸呑みにする。

僕はこれをホラー映画にたとえずにはいられない。あなたはいま、クローゼットのなかで物音ひとつ立てず、洋服の山に身を隠している。外には飢えた怪物が部屋をのし歩いている。水を打ったような静寂のなか、怪物はようやく諦め、背を向けて部屋を出ていくかに思えた。ところが奴はドアの前で止まり、超能力を発動させた。あの2拍子だ。あなたは否応なく全身性けいれんに襲われ、物音で居場所がばれてしまう。あまりに不公平だ。

デンキウナギが2拍子の高圧電流をどう使うかを検証した僕の奇妙な実験について、あらためて少し考えてみてほしい。よほどの理由がないかぎり、まともな人はまだ筋肉が機能する死んだ魚をジップロック®に入れて、ワイヤーで電気刺激装置に接続し、デンキウナギの電撃で装置のスイッチが入るように設定して、すべてをスーパースローモーションで撮影しようとは思わない。珍妙な装置はまるでフランケンシュタイン博士の実験室から借りてきたようだ。こんなものを製作したのは、ひとえに僕がデンキウナギの行動を（比喩的な意味で）望遠鏡で観察したかったからだ。だが、せっかくつくったのだから、装置を通して見えるものすべてに細心の注意を払わない手はない。そうして僕は、予想もしなかった現象に気づいた。

それについて詳しく話す前に、デンキウナギが攻撃の際にとる3つの行動を覚えておいてほしい（これは2拍子で獲物がけいれんしたのに応じて攻撃するか、最初から全力で攻撃するかを問わない）。まず高圧電流の連射で麻痺させる。次に頭を動かし、口を獲物に近づける（この動きはとても速く、「突進」とよぶにふさわしい）。最後に、獲物を口のなかに吸い込む。この3つすべてが瞬時に起こり、その間ずっとデンキウナギは高圧電流の連射を続けている。突進が失敗に終わっても、まだ最後の吸入する部分が残っている。このパートは見た目からも明らかで、デンキウナギが魚を吸い込もうとするとき、鰓孔《えらあな》から気泡が勢いよく噴出する。

一に高圧電流、二に突進、三に吸入。これがいつものやり方だ。だが、例外があることに僕は気づいた。絶縁されたプラスチック袋のなかで魚がけいれんする場合、デンキウナギは高圧電流を連射し、突進するところまでは同じだが、第3段階に進まない。最後の吸入が起こらないのだ。いったいなぜ？

　これまで僕は、デンキウナギは魚を感知したとたんに全力で向かっていく、反射的な攻撃をするという前提に立っていた。ボートを狙う旧式の魚雷のようなもので、ボートが進行方向を変えたとしても、魚雷は最初に狙った軌道を進んでいく。これに代わる仮説として、デンキウナギがなんらかの方法で攻撃の最中に魚の位置を把握している可能性は、さまざまな理由からありそうもなかった。たとえば、水の動きを敏感に知覚する感覚器（神経小丘）は、デンキウナギの頭が魚に向かって突進しているあいだは役に立たない。自身が加速しているときには、大量の水が皮膚の表面を通過し、近くの魚が発する信号をかき消してしまうからだ。

　視覚は？　第3章を思いだそう。視覚システムは眼が高速移動しているときには機能せず、デンキウナギの突進はまさにそれだ。し

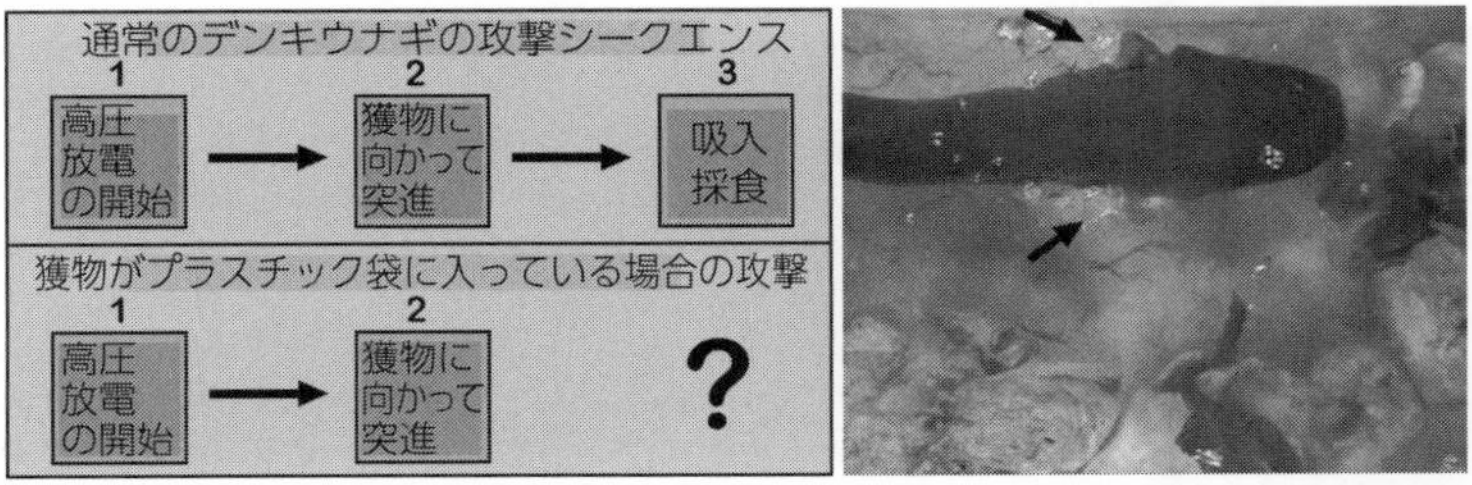

図 6.9 デンキウナギの攻撃シークエンス（左）と、第3段階で吸入時に噴出する気泡（矢印）をとらえた映像の1コマ。獲物がプラスチック袋で絶縁されている場合は第3段階に進まない。

かもデンキウナギの視覚はとても貧弱で、通常狩りがおこなわれる夜の濁った水中ではまるで役に立たない。

電気受容ならどうだろう？ デンキウナギは近縁の弱い電気魚にみられる低圧の電気感覚システムを保持している。もしも攻撃の最中に「逃げようとする」獲物をなんらかの方法で知覚しているなら、これが最有力候補だろう。問題は、攻撃の最中に弱い電気感覚システムがまったくの不活性状態であることだ。そのうえ、攻撃中に電気受容を利用したくても、もっとやっかいな問題がある。高圧電流を放電中なのだ。

一般に、動物は自身でつくりだす強力なシグナルを発するとき、それを受容するセンサーを抑制し、キャパオーバーを避ける。コウモリは大音量のエコーロケーションコールを発する際、自身の鋭敏な聴覚を壊さないようにこうした対策を実践し、そのあと音量にして1000分の1ほどしかない反響シグナルを聴きとる。[*11] デンキウナギに話を戻すと、500ボルトの連続高圧電流パルスほど、気が散るどころか痛みさえともなう自己刺激はないだろう。なにしろ近くにいる動物の体に到達し、ニューロンを遠隔で活性化できるほど強烈なのだ。ほかの動物の神経を壊せるくらいなのだから、自分自身の神経も同じ目にあいかねない。動物界のありとあらゆる行動のなかで、これほど末端神経系の入力遮断が不可欠なものは、ほかに思いつかない。それくらい明白ではあるのだが、これまで実際にデンキウナギで検証した人はいなかった。

たとえばデンキウナギが、センサーのスイッチを切るのではなく、高圧パルスを武器であると同時に、感覚システムとしても使っていたとしたら？　同じ電撃で、相手を気絶させ、発見し、追跡するという、３つすべてをこなせるとしたら？　突拍子もない考えだ。いわば、敵を発見すると同時に焼き殺すレーザービジョンのようなもの。でも、高出力電気受容の可能性は、どうしたら検証できるだろう？

僕が電気受容を気に入っている最大の理由は、あまりに異質だからだ。ホシバナモグラの感覚世界は、少なくとも想像はできる。僕らにも手という、鋭敏な触覚を備えた付属器官があるからだ。コウモリのエコーロケーションはもっと想像力が必要だが、それでもヒトにもすぐれた聴覚があるし、たいていの人は一度くらいこだまを聞いた経験がある。視覚障害をもつ人のなかには、舌のクリック音を使ったエコーロケーションを会得した人さえいる。[*12] 一方、世界を電気で感じとるのは、僕らとはこれ以上ないくらい隔たっている。

前述のとおり、最初の材料は電気魚が自分のまわりを電気力線で取り囲むのに使う発電器官だ。こうして形成される電場は、魚の体の一点からでて、再び別の点に戻る曲線の集まりと考えてほしい。これらの曲線（力線）は、発電器官が活性化するたびに電荷が流れる経路を表している。

２つめの材料は電場をモニターする感覚システムだ。力線を知覚し、その位置や密度の微妙な変化を感じ取るシステムと考えられる。[*13] 実際、すべての電気魚は全身を電気受容器におおわれていて、時にこれらは総じて「電気受容網膜」とよばれる。入射光の感知と電気信号の感知のおおまかな類似性に注目しているわけだが、このたとえはあまり参考にならない。というのも、電場と光の働きは異なるからだ。エネルギーの出力をともなうという意味では、むしろレーダーシステムに似ている。ただしレーダーと違って、デンキウナギは付近の物体に反射した信号を感知しているわけではない。だんだんわかってきただろうか。電気受容は僕らが知っているさまざまなものに少しずつ似ているが、どれともそっくりとはいいがたい。だからこそ、とても興味深いのだ。

電気魚は電気受容を利用して、いったい何を感知しているのだろう？　電気魚が感知するもっとも顕著な物体の特徴のひとつが、伝導性、つまり物体がどれだけ電気を通しやすいかだ。周囲の水よりも伝導率が高い物体には力線が集中して通過するため、物体に近い部分の魚の電気受容器にも力線が集中する（図6・10右）。非伝導性の物体は逆の効果をもち、力線が物体を避けるように曲がるため、近くの電気受容器の力線の密度は下がる。そして、デンキウナギの電撃の効果を考えればわかるように、魚は伝導性だ（もし非伝導性なら、体内を通過する高圧パル

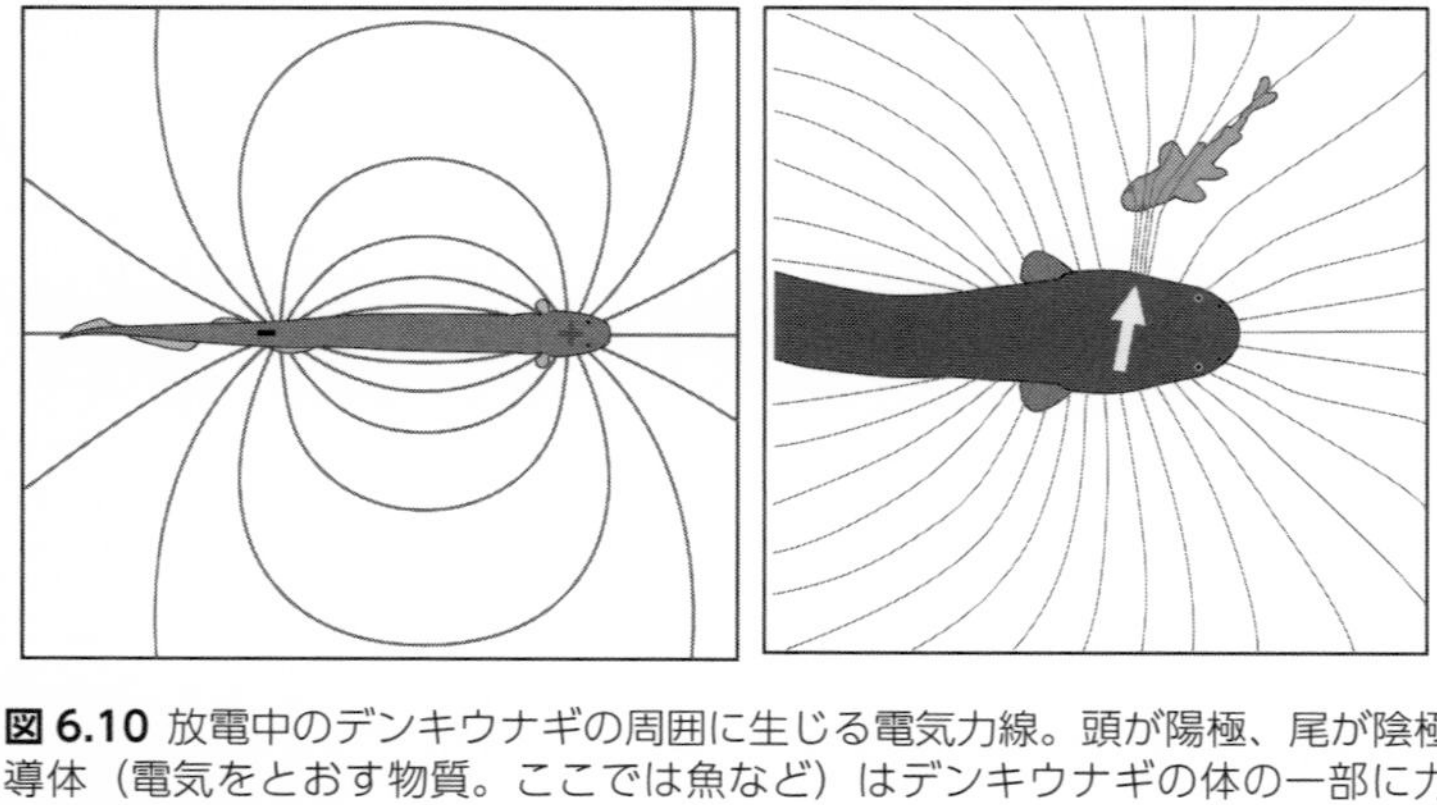

図 6.10 放電中のデンキウナギの周囲に生じる電気力線。頭が陽極、尾が陰極。導体（電気をとおす物質。ここでは魚など）はデンキウナギの体の一部に力線を集中させる（右）。

スが神経線維を活性化するはずがない）。ということは、デンキウナギは伝導性の物体に対して、魚と間違えて攻撃を仕掛けるかもしれない。

この背景知識を念頭に、僕はシンプルな実験で、デンキウナギが高圧パルスを攻撃目標の定位に使っているのかどうかを調べた。ジップロック®実験に伝導性の物体を加えたのだ。使ったのは伝導率の高い炭素棒。細長い形がおおざっぱにいえば魚やミミズに似ているからだ。ダミーとして、まったく同じ外見の6本のプラスチック棒も用意した。7本は見た目も手触りもそっくりだが、電気的性質では炭素棒が仲間はずれだ。

はたして結果は？　棒を水槽内に沈めた状態で電気刺激装置で魚をけいれんさせると、デンキウナギは攻撃の全シークエンスを遂行した。何より重要なのは、かれらが例外なく炭素棒を選んだことだ。「選んだ」とはつまり、激しく攻撃し、電気を通すアガロースの壁を突き破って炭素棒を食べようとした、という意味だ。時には炭素棒をプラスチック製のホルダーから引き抜いてしまい、僕が（ゴム手袋をはめて）飲み込む前に引き離すは

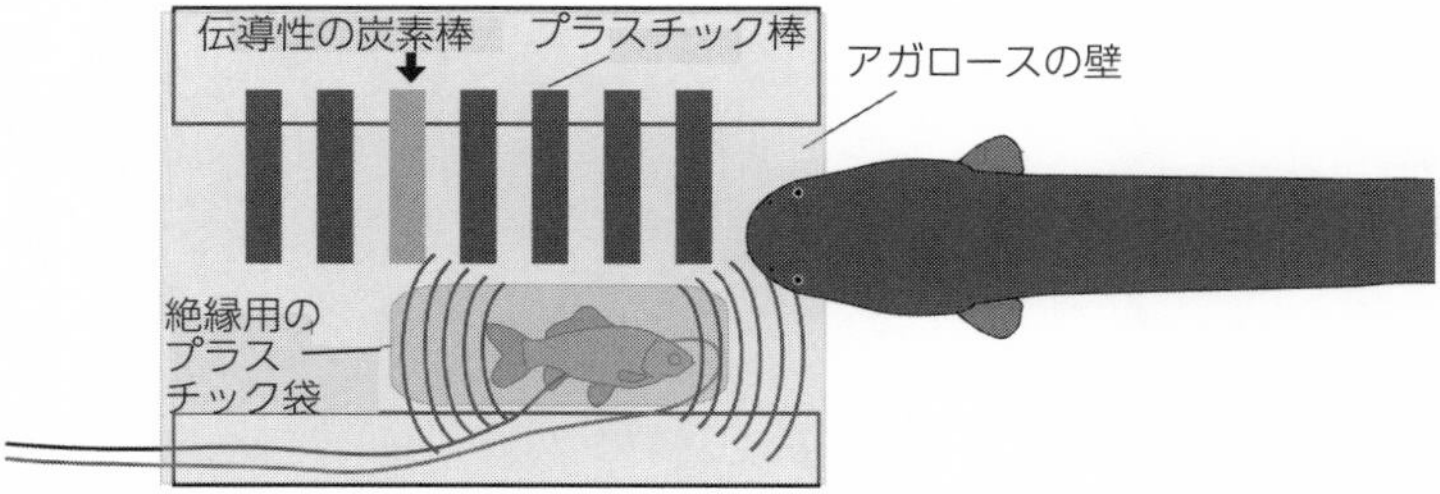

図 6.11 デンキウナギの高圧電気受容を検証する実験設定の模式図。ここでは1本の伝導性の炭素棒をはさんで複数のプラスチック棒が並んでいる。絶縁された魚がけいれんすると、デンキウナギは放電を開始し、続いて炭素棒に激しい攻撃を加える（デンキウナギは伝導体を獲物とみなす）。

めになることもあった。多くの実験試行で、デンキウナギはまずけいれんした魚に向かって進んだあと、コースを変えて炭素棒を攻撃した（繰り返すが、魚はプラスチック袋に入っているので、電気的には「見えない」）。一連の行動はすべて高圧放電中に起こった[*14]。

こうして高圧電気受容の有力な証拠が得られた。けれども、僕はデンキウナギの能力の限界を知りたかった。そこで今度はミニチュアのメリーゴーラウンドをつくってみた。ただし小さな馬の代わりに、小さな円形の炭素ディスクをひとつ、回転する大きなディスクに埋め込み、さらに同じ見た目の15個の小さなプラスチックディスクも並べた。今回は、デンキウナギに攻撃を促すのに、水の動きを生じさせる必要はなかった。デンキウナギ自身が低圧パルスの感覚システムで伝導体の動

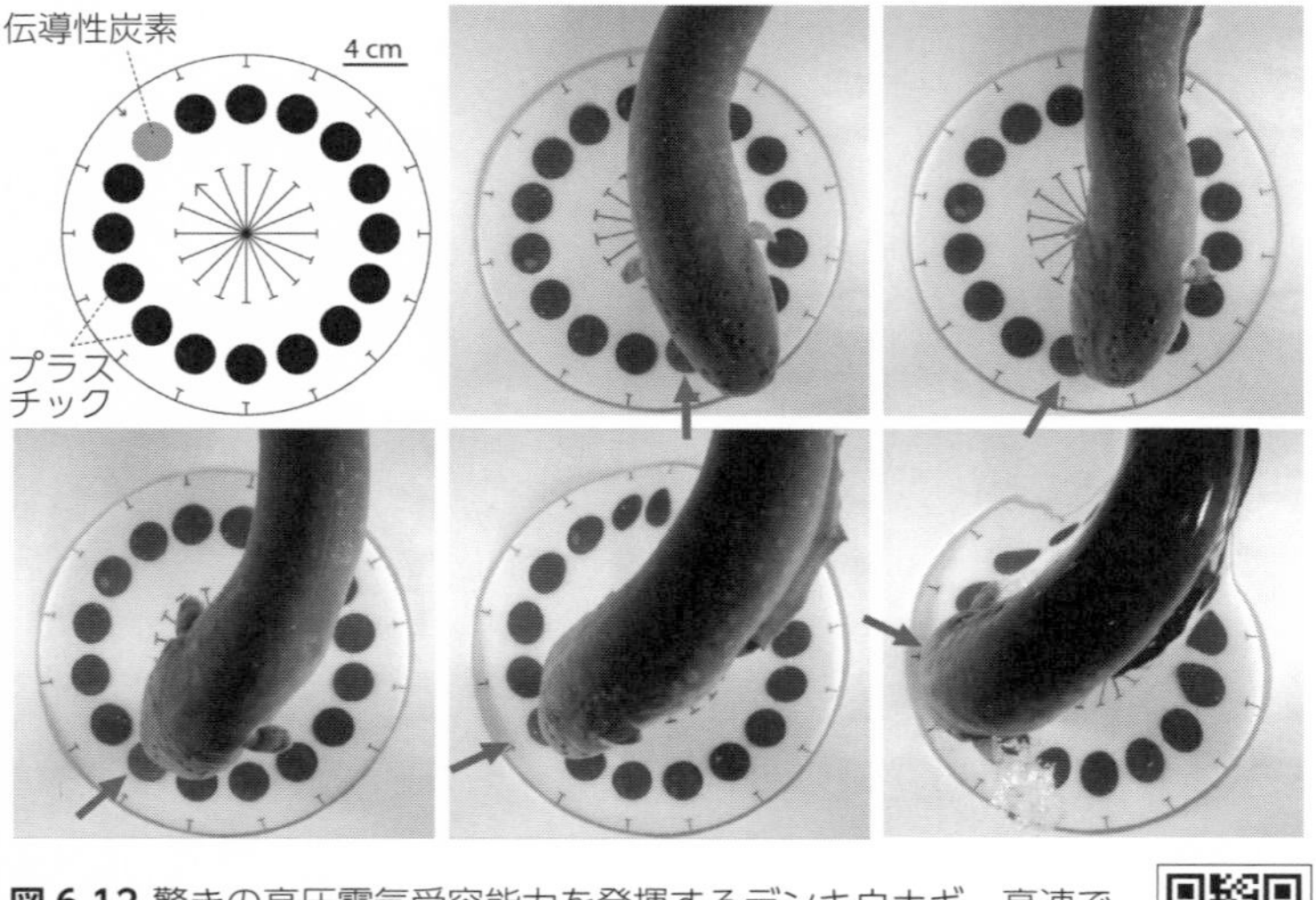

図 6.12 驚きの高圧電気受容能力を発揮するデンキウナギ。高速で動く小さな伝導性炭素ディスク（獲物を模倣、小さな矢印で位置を示した）を追跡し、完璧に狙いすました吸入採食の攻撃を見せた。

きを感知し（運動は実際の獲物の顕著な特徴のひとつだ）、攻撃したからだ。デンキウナギは高圧パルスを放ち、動く小さな炭素ディスクを正確に追尾した。そして狙いすまして標的に食らいつき、吸入まで試みた。

ディスクは僕らにはみな同じに見えるが、電気感覚をもつデンキウナギにとって、プラスチックディスクのなかにある導電性の炭素素材は、ひとつだけ色の違う派手な旗のように、あるいは1個だけ虹色のパウダーをふりかけたカップケーキのように目立っていたのだ。デンキウナギは明らかに高圧電流を使って「見て」いて、しかも僕ら自慢の霊長類の視覚よりも正確に見抜いていた。

こうして新しいピースが埋まったパズルを俯瞰《ふかん》で見てみると、デンキウナギの高圧電流は武器であると同時に、感覚システムに不可欠なパーツのひとつでもあるとわかる。[*14] すでに筋肉を動かせなくなっている魚を感知し追跡する必要があるのだろうかと思うかもしれないが、これには2つのまっとうな理由がある。第一に、デンキウナギの水中モーションセンサーでは魚の正確な位置はわからないが、高圧電流なら突き止められる。第二に、獲物の筋肉を麻痺させたからといって、魚の受動的な動きまでは止められない。多くの場合、硬直した魚はデンキウナギが攻撃するあいだに水に流される。

この点まで考慮に入れたうえで、思いだしてほしいのだが、どんなに奇抜な形質にもしばしば一般性が見いだせる（ホシバナモグラの触覚の中心窩と、僕らの視覚の中心窩に類似性があるように）。高圧電気受容に似ているものがあるとしたら、いったい何だろう？ 僕が考えるに、それはデンキウナギとはこれ以上ないくらいかけ離れた動物、夜空のなかエコーロケーションで狩りをするコウモリだ。第3章で触れたように、コウモリはエコーロケーションコール（パルス）を発して飛んでいる獲物を探す。コウモリが探索モードのとき、コールの頻度は低い。だがいったん獲物に気づき、接近する際には「フィーディングバズ」とよばれるエコーロケーションパルスの連射に切り替え、この時の発声頻度は1秒間に200回を超える[*15]（蛾はこの音声を手がかりに究極の逃走手段をとる）。デンキウナギでもコウモリでも、高頻度の感覚パルスは獲物を「照らしだし」、攻撃のもっとも重要な段階で、位置とスピードに関する最大限の情報をもたらす。コウモリのフィーディングバズの音声（超音波をヒトの可聴域に変換したもの）と、デンキウナギの高圧連続放電の音（スピーカーを通して音声に変換したもの）は、不思議なくらい似ている。エコーロケーションコールが武器として使われる例は聞いたことがないが、動物の能力の限界を知っていると思い込むのはもうやめた。とにかく、新しい発見に出会うたび、僕のデンキウナギに対する畏敬《いけい》の念は大きくなる一方で、それはいいことだった。なにしろ、次のトリックのターゲットは僕自身だったのだから。

フンボルトの眉唾話

フンボルトが馬をおとりにデンキウナギを捕まえた話はすでに書いた。この話が世にでたのは1807年で、それから19世紀の終わりまでに「教養人なら誰でも知っている」逸話となり、ドイツのすべての教科書に掲載された[*16]。けれども、大魚の話はえてしてそういうものだが、この話を驚きよりも不審の目で見る人もいた。

1877年（フンボルト死去から7年後）、ドイツの科学者カール・サックスは「デンキウナギと馬の死闘」の現場を訪れた。彼もまた多大な資金と労力をかけて南米探検を敢行し、ついに名高いあの闘いが起こったエル・ラストロという小村にたどり着いた。村は疫病に襲われ住民の3分の2が亡くなっており、しかも野生馬とラバの大半は屠殺されていて、77年前の面影はまるでなかった。そのうえ、サックスがどうにか住民を集め、馬を使って「デンキウナギ狩り」をしたいと告げたところ、かれらは狂人を見るかのように彼を笑い者にした（サックスはのちに別の場所で、網を使ってデンキウナギを捕獲した）。彼はこう結論づけた――「リャノス（草原）において、馬を水中に追い込み、ジムノート（デンキウナギ）を捕獲する習慣がかつて存在した可能性はまったくない[*17]」

当時のフンボルトの神のごとき威信を考えれば、サックスの後追いの探検はおそらくあまり注目されなかったのだろう。フンボルトの著書は世界的に有名だが、サックスの探検をつづった著書を手に入れようと思ったら、古書店めぐりを何年も続けなくてはいけないかもしれない。けれども、懐疑的だったのはサックスだけではない。ニューヨーク水族館のクリストファー・コーツもこの話を「与太話」[*18]とよんだ。のちのデンキウナギ研究者たちも（僕を含めて）半信半疑で、時には「創作」とみなした。

僕自身の考えをいえば、デンキウナギが近づきすぎた馬に対して自衛攻撃をするのは間違いないと思う。うっかり足の踏み場を間違った牛や馬や人がこうして痛い目に遭うのは、南米では日常茶飯事だ。引っかかるのは、フンボルトの話のなかのデンキウナギが攻勢にでているところだ。泥から這いだし、水面まで来て、馬を激しく攻撃する。怯えて暴れる馬に体を押しつけるものまでいる。踏みつけられるかもしれないのに、なぜデンキウナギは馬に近づいて攻撃するのだろう？　泥のなかに逃げ込んで隠れていればいいのでは？　捕食のためではありえない。デンキウナギの歯は小さく、かれらは獲物を丸呑みする。フンボルトの逸話は、控えめにいっても誇張に思える。たぶん実際は、馬は単なる不運な「カナリア」として、デンキウナギを見つけ、岸に追いやってから捕まえるために使われたのだろう。２００年以上ものあいだ、デンキウナギが自分より大きな動物に対して攻勢にでるところを記録した人物はほかにいなかった。僕らが覆《くつがえ》すまでは。

おかしいな

科学においていちばん興奮をかきたてる決まり文句は、「エウレカ」ではなく「おかしいな」だとよくいわれるけれど、この小見だしは次の発見のきっかけになった言葉ではない。僕が実際に口にしたのはずっと下品な言葉だったので、ここには書けない。その頃、デンキウナギを実験のために移動させるときに使う網を、枠と柄が金属でできたものに買い換えたばかりだった。これを選んだ理由は、柄が丈夫で、いちばん大きなデンキウナギを入れても壊れないから。僕はいつもゴム手袋をはめていたので、高圧電流を完全に遮断でき、危険はないはずだった。ところが、大型のデンキウナギに初めて網を近づけたとき、おかしなことが起こった。デンキウナギが自ら飛びだし、下顎を金属製の柄に押しつけて、高圧パルスを放電したのだ。文字通りにも比喩的にもショッキングだった。デンキウナギが柄に乗っかったまま、僕の手に向かって登ってきたからだ。デンキウナギが水中から飛びだしたり、水から顔をだす光景は、それまでどんな状況でも一度として見たことがなかった。衝撃から立ち直った僕は、研究室にいたリズをよびだし、「見てて」といった。次の瞬間、またしてもここには書けないきわどい言葉を叫ぶことになった。

当初、僕はデンキウナギの奇妙な行動をどう理解していいかわからなかった。しょっちゅう起こるわけではないが、どんな魚でも網で追いかければ水中から飛びだすことはありうる。これも興奮したデンキウナギが見せる、単なる逃走手段なのかもしれない。だが、ほかの個体もすべて同じ行動を示したことから、どうやら固定的で生得的な行動のようだ。それにデンキウナギの標的には僕も含まれていたので、もしゴム手袋をしていなかったら、どんな結果になっていたかはいうまでもない。この行動は、強力な防御戦略としての特徴をすべて備えている。

しかもこの行動は、これ以上ないくらい実験向きだった。網の代わりに電圧計につないだ金属板を使えば、水からでたデンキウナギの電圧がどう変化するかを簡単に測定できる。思ったとおり、デンキウナギが水から遠く離れるほど、標的が食らう電圧は大きくなった。デンキウナギに対して絶対にやってはいけないことを考えれば、これは理にかなっている。頭と尾をつかんで水から引き上げた場合、残された電流が流れる経路はあなたの体を通過するものだけになる。デンキウナギは水から飛び出すことで、状況を（人にとって）「最悪のケース」にできるかぎり近づけようとしていたのだ。

デンキウナギがつくりだす電気回路をモデル化してみても、この予測は支持された。でも、無味乾燥な回路図なんてつまらない。このショッキングな発見を説明するには、もっといい方法があるはずだ。デンキウナギの攻撃を食らうのがどんな体験か、見る人に想像できるやり方がいい。僕はつくりものの腕にLEDを埋め込んで、デンキウナギの高圧パルスで点灯するように配線するアイディアを思いついた。簡単につくれそうに思えるかもしれないが、経験からいって、複雑な実験装置は（僕が焼く）パンケーキのようなものだ。最初はたいてい大失敗に終わり、最後のほうでようやくうまくいく。それも生地がたっぷりあればの話だ。というわけで、僕はいじくり回せる偽物の腕をたくさん用意する必要に迫られた。

ゾンビの助けを借りて

プロジェクトを形にするのは難しく、高くつきそうだった。僕はナッシュビルの中古ショップをかたっぱしからあたって、リアルな腕のついた中古マネキンを探したが、マネキンはひとつひとつ型が違っていて、しかもどれも高価だった。いちばんグロテスクだったのは採血の練習に使う医療用マネキンで、不気味で、不潔で、しかも針穴だらけだった。売り物だったが、たとえお金をもらっても触りたくなかった。けれども、その不気味さが正解への道しるべになった。ゾンビの腕があるじゃないか。どうして思いつかなかったのだろう？　リズと僕はハロウィーンが大好きで（ハロウィーンに結婚式を挙げたくらいだ）、小道具ならたくさんもっていた。屋根裏にはぞっとするようなプラスチック製の体のパーツがぎっしり詰まった収納箱まで置いてある。コレクションをひっくり返してみると、ちょうどいい切断されたゾンビの腕１本が見つかり、しかも同じモデルがまだネットで売っていた。

ひとつやっかいだったのは、何しろゾンビの腕なので、血管が緑、切り口が血の色、爪が黄色に塗ってあったことだ。ＬＥＤと配線を埋め込む前に、アセトンで色を落として塗り直す必要があった。汚れるし臭いもきついので、ラボの化学実験用ドラフトチャンバーを使うことにした。けれどもいざ作業に取りかかってみて、これは見た目がよろしくないと気づいた。そしてそんなときに限って、１人の学部生が玄関を通り、オフィスを覗いて僕がいないのを確認すると、専攻の申請用紙に僕のサインをもらうため、ラボの反対側から近づいてきた。僕はといえば、ちぎれた腕の切り口とそこから飛びでた腕についた血をぬぐいとっている最中で、ドラフトにはまだ十数本の腕が山と積まれていた。お互いにうろたえた、いまとなっては笑える瞬間だ。幸い、僕には至極まっとうないい訳があった。

「大丈夫、これ本物じゃないから。ええと、これに電飾をつけて、デンキウナギに攻撃させるつもりなんだ」

そんなこんなで塗り直しが終わると、腕は本物そっくりになった。僕はちょっと練習したあと、大量のケーブルを使い、腕の端から端までにＬＥＤを埋め込んだ。これを伝導性のアルミニウムテープに接続し、テープを腕の裏面に貼って、デンキウナギが感知し攻撃するように仕向けた。ちょっとは変化も欲しいので、つくりもののワニの頭ひとつにもLEDを取りつけた。
結果はみなさんの想像どおりなのだが、ここまで僕は、デンキウナギが筋肉につながる神経を活性化する話しかしてこなかった。当然といえば当然だが、警察のテーザーガンと同じように、デンキウナギの高圧電流は感覚システム、とくに痛み受容ニューロンも活性化する。このニューロンは表皮にあるため、きわめて活性化しやすい。電気柵を触ったときのことを考えてみてほしい。

金属製の網の柄、プラスチック製の腕やワニに貼られたアルミニウムテープのような大きな伝導体に対して、デンキウナギはなぜそこまで攻撃的になるのだろうと、不思議に思うかもしれない。ここで、デンキウナギが小さな伝導体を捕食する場合を思いだそう。かれらは明らかに、相手が小さな生きものであると解釈していた。したがって、大きな伝導体のことは、大きな生きものとみなしているはずだ。そして、一部分しか水に浸っていない大きな伝導体というのは、かれらのなわばりに入り込んだ大型の陸生動物、または半水生動物であることを物語る特徴だ。デンキウナギはこうした侵入を快く思わない。ここまではいい。

それでも疑問は残る。なぜ攻勢にでるのだろう？ それになぜ（もしフンボ

図 6.13 偽物の腕とワニの頭についた発光ダイオード（LED）がデンキウナギの攻撃で点灯する様子。

ルトが正しければ）馬を感電させるのだろう？ デンキウナギの生息環境を理解すれば、理由に納得がいく。デンキウナギの分布域の大部分には雨季と乾季がある。雨季には川の水位が上昇し、森林や草原の広範囲が水没する。乾季になると水が引き、無数の池、三日月湖、一部が干上がった川に、デンキウナギを含む魚たちが取り残される。捕食者や漁師にとって、乾季は逃げ場のない魚を捕まえるチャンスだ。

そしてこれが、デンキウナギがなわばりへの侵入者に対して猛攻撃を仕掛ける理由なのだ。飢えた捕食者は、とらわれのデンキウナギの高圧パルスの一部を食らっただけなら、「電池切れ」になるまで執拗《しつよう》に狙うかもしれない。腹ペコのクマが多少ハチに刺されたくらいで蜂蜜を諦めたりしないのと同じだ。どうせエネルギーを消耗する高圧放電をするなら、脅威に対して飛びかかり、効果を最大化したほうがいい。この説明は、フンボルトの逸話にあてはまるだろうか？

じつは、フンボルトがエル・ラストロに滞在していたのは乾季の3月で、デンキウナギは小川の水かさが減ってできた水たまりに取り残されていた（サックスが訪れたのは11月で、まだ一帯は広範囲が水浸しだった）。手がかりが増えるたび、フンボルトの逸話は信憑性を増した。こうした事実を考慮しつつ、さらに証拠を探していた僕は、知る人ぞ知る見事なイラストを見つけた。その図は、フンボルトとサックスがエル・ラストロを訪れる前に滞在したベネズエラの街、カラボソで見られる動物に関するウェブサイトに投稿されていた。明らかにフンボルトの「眉唾話」を描いた古い絵で、しかもフンボルトの記述を圧倒的な正確さで再現しており、1807年の彼の著書にあった数かずのディテール（樹上に逃げる漁師、葦《あし》を揺らすほかの漁師たち、岸に倒れこむ馬など）まで描かれていた。中央にいるのは、水面から飛びだし、下顎を1頭の馬の体に押しつける1匹のデンキウナギだ。

僕は原画がロベルト・ションブルクによる1843年の著作に掲載されたものだと突き止めた[*19]。さらに文献を漁るうちに、ションブルクがフンボルトを敬愛していたこと、フンボルトがションブルクの南米探検の資金調達に手を貸したこともわかった。このイラストにフンボルトの意見が反映されているかどうかは知る由もないが、そうだといいなと僕は思う。ともあれ、こうして史実からの手がかりも得た僕は、この話題に直接踏み込むときが来たと決心し、2016年に結果を論文として発表した。タイトルは「飛びだすウ

図 6.14 アレクサンダー・フォン・フンボルトが 1800 年 3 月に観察した、デンキウナギと馬の闘いを描いたイラスト。

ナギは敵を感電させる、フンボルトが記した馬との闘いの逸話を裏づけ」。[*20] 論文が公開されたあと、フンボルトの伝説的な冒険の逸話を裏づける新たな情報を歴史家たちが歓迎していると聞いて、僕は嬉しくなった。

この頃には僕もすっかりフンボルトの魔法にかかっていた。ダーウィンを含む多くの科学者たちが、彼に影響され自身も探検調査に旅立った。僕もそうすべきだろうか？ 誰かがフィールドに行って、デンキウナギがなわばりに侵入した大型動物に飛びかかるかどうかを検証する必要がある。もちろん馬を使うのは論外で、馬好きの僕には無理だ。とはいえ、デンキウナギが大きな伝導体にどう反応するかがわかったいまなら、実験は可能だろう。

僕があちこちに問い合わせをしたり、南米の地図を眺めたりしていたとき、誰かがインターネットにある動画を投稿した。僕が実験でどう状況を再現しようと、この動画にはかないそうになかった。１人の男性が山刀《マチェーテ》（デンキウナギを殺すときによく使う）をもって、腰までの深さの濁った水たまりでデンキウナギを探している。だが、逆にデンキウナギが彼を見つけた。デンキウナギは水から顔をだし、下顎を男性の胸にあて、彼の筋肉を硬直させるのが見て取れた。彼の仲間たちはこうなることを予想してい

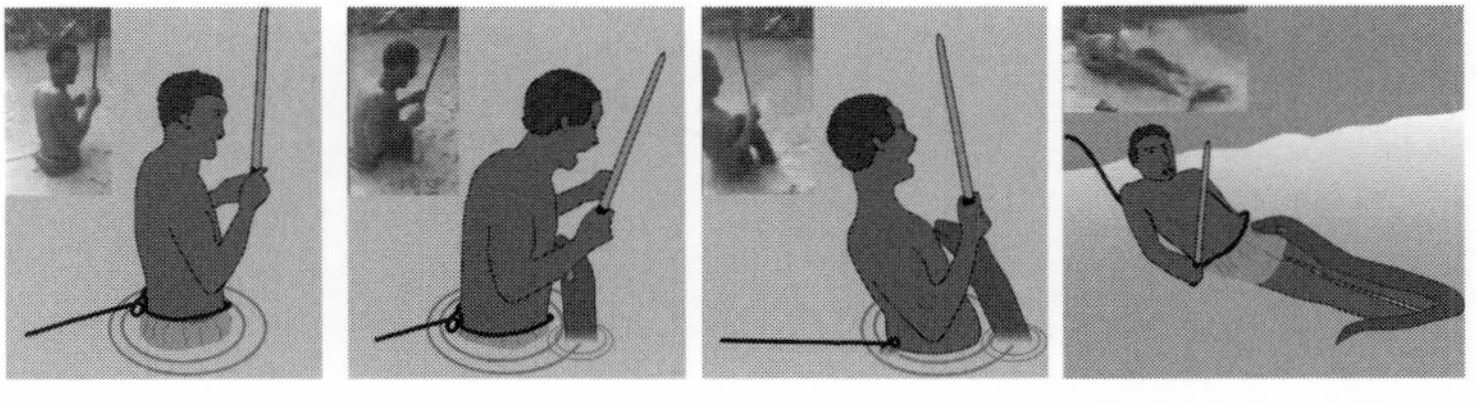

図 6.15 南米で漁師の胸にデンキウナギが飛びかかる動画から抜粋したコマと再現イラスト。

たようで、体に縛ってあったロープで彼を岸に引き上げた(引き上げられたあと彼は回復し、デンキウナギは殺された)。もはや疑問の余地はない。デンキウナギの防衛戦術は、金属製の網やゾンビの腕に対してだけ発動されるわけではない。ラボで見たことがアマゾンでも起こると知り、満足した僕は地図をしまった。

パズルのピースはまだ足りない

ジグソーパズルを最後までやりきったのに、絵柄が完成して満足するどころか、穴があいているのに気づいた経験はあるだろうか？　そんなときは、家具を動かしたり排気口を覗いたりして、欠けたピースを探すだろう。うちではだいたい猫の仕業だ。僕の家では1年にひとつパズルを買って、元日の完成をめざすのが習慣になっている(両親の影響で最近になって始めた)。猫たちがいい子にしていれば、たいていは数日でできあがる。丸1年かけてこつこつ取り組んできたパズルのど真ん中、一番の見所にピースがひとつ欠けているとわかったら、どんな気分か想像してみてほしい。デンキウナギが水から飛びだして攻撃するときの電気回路の研究が一段落ついたあと、僕はまさにそんな思いだった。

研究の目的は、デンキウナギがターゲットをどれくらい効果的に感電させるのかを数字で示すことだった。攻撃時に形成される電気回路はとてもシンプルだ。まずはデンキウナギの電池の特性を明らかにするところから始まる。こうした測定は先行研究でもおこなわれていたが、その後測定機器の性能は大幅にアップしていたし、何よりデンキウナギの電気的特性は個体の大きさと「体格」に左右される。僕らがウェイトを何キロまで上げられるかが筋肉量によって変わるのと同じだ。

1.5ボルトの単三電池と同じように、デンキウナギの生物電池にも、電圧と内部抵抗という2つのおもな特徴があり、これらの値がデンキウナギの電撃の強さを決める。2つのパラメーターを測定するのは、科学の世界の多くの物事がそうであるように、見方次第で難しくもあり、やさしくもある。適切な装置があり、デンキウナギの行動をよく理解していれば簡単だが、装置をつくってテストするところまで含めれば大仕事だ。

1950年代、デンキウナギは水族館から連れだされ、実験机に置かれて長々とテストを受けさせられた。放電容量の読み取りには金属板が使われた。この実験方法がとれるのは、デンキウナギに空気呼吸ができるおかげだ（おそらく乾季に小さな水たまりに閉じ込められることへの適応だろう）。でも、デンキウナギにとっては不快な体験だったはずだ。

僕は違うアプローチを試そうと、ほんの数秒で威力を測定できる装置をつくった。使ったのは、やわらかく伝導性の「電気ショック療法」手袋だ（もちろん下には絶縁できる手袋をはめた）。ただデンキウナギを網ですくって短時間だけ水から引き上げ、手袋をした手で触れるだけで、手袋につながったワイヤーから測定装置へと電気が伝わるしくみだ。組み立てたパーツをまとめて置くには大型のキャスターつきラックが必要だったが、努力は報われた。この方法（と餌の報酬）により、僕は電気回路の謎をひとつひとつ解きほぐし、そのあいだデンキウナギも穏やかだった。

ところがそのあと、僕はありふれた問題にぶつかった。初級物理学の試験では定番の、並列配置された2つの電気抵抗器だ。どういうことかというと、デンキウナギが水から飛びだし、下顎を大型動物に押しつけるとき、電流の経路は2つある。ひとつはデンキウナギの濡れた表皮を伝って水中に戻るルート、もうひとつは標的の体内を通るルートだ。最初の回路については抵抗の値を定めることができたが、2つめの標的の抵抗はわからなかった。これまで僕は、デンキウナギを回路の一部とすることで、ほかのすべての値をできるかぎり厳密に特定してきた。だが、パズルの最後の1ピースがなければ、回路全体にどれだけの電流が流れるか、正確なところは知りえない。それに、僕の研究のほとんどは直接ヒトにあてはまるものではないけれど、これは例外だった。何しろ、デンキウナギが野生下で飛びだし攻撃をした唯一の記録は、ヒトに対してのものなのだ。

簡単な解決策がひとつあった。ほかの動物の脚をデンキウナギの

図 6.16 デンキウナギが飛びだして攻撃する際に著者の腕を通過する電流を測定する実験装置。

攻撃にさらすわけにはいかない。また、アイディアとしては面白いが、学生に希望を募る（代わりに単位を１コマ分追加するとか？）のは論外だ。自分の腕を使うしかない。

もちろん、この実験には小さめのデンキウナギを選んだ。小型個体の電圧（１９８ボルト）と内部抵抗（９６０オーム）はわかっていたが、最終的な測定をどんな風に実施するかが問題だった。そこで、デンキウナギが僕を攻撃するときに（高圧パルス１発ごとに）腕を流れる電流を測定しようというわけだ。ほかの変数はすべて確定しているので、電流がわかれば抵抗が一意に決まり、パズルの最後のピースが手に入る。

実験は大成功だった。いや、デンキウナギが腕に飛びかかってくるのを成功とよべればの話だが[*21]。最後の測定を終えた僕は、デンキウナギの行動にあらためて驚嘆した。これには個人的な思い入れもたっぷり含まれている。堅苦しくいうなら、１回の高圧パルスにつき約40ミリアンペアの電流が僕の腕を通過した（つまり僕の腕の抵抗は約２１００オームだ）。また体験から、僕の腕は感覚神経線維だけが活性化され、完全に水没した状態のほかの動物（あるいはヒト）のように「フリーズする」ことはなかった。どんな感じだったかって？　これだけはいえる——よほど貪欲な捕食者でないかぎり、小型のデンキウナギにも尻尾を巻いて逃げだすのは間違いない。

第7章

ゾンビのつくり方

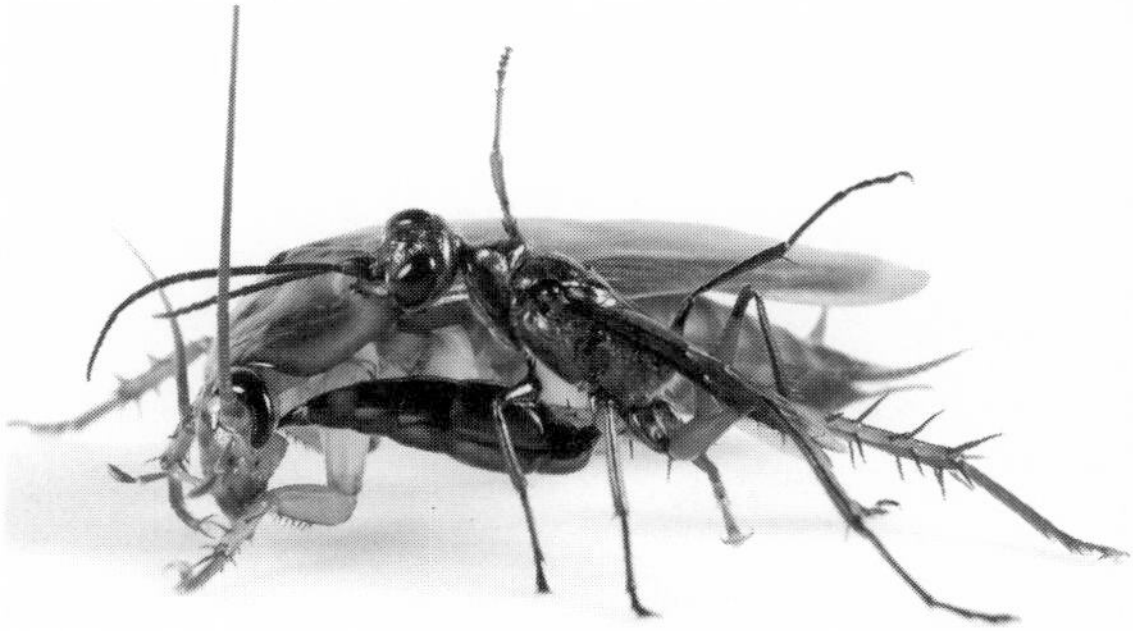

僕がゾンビの研究を始めたとき、最初の課題はどう封じ込めるかだった。連邦政府は封じ込めの問題をとても深刻にとらえているが、それも当然だ。たった1個体でも脱走すれば、やがて国じゅうがゾンビだらけになってしまうのだ。すべて僕の不注意が原因で。今のところゾンビはアメリカ本土には広まっていないが、ここでごくわずかな人たちしか知らない事実をお教えしよう。これを書いている時点で、ハワイにはゾンビが蔓延《まんえん》している。現段階では海に囲まれて足止めされているが、根絶に成功する見込みはない。だからこそ政府の立場からも、僕自身の立場からも、封じ込めが鍵なのだ。やつらがひたすらロボットのように、もっと多くのゾンビを生みだしていくさまを、僕は自分の眼で見てきた。

そのため、ラボの施設改修のときには細心の注意を払い、鍵つきの二重扉を設置して、対象を封じ込めるだけでなく、訓練を受けていない人を立ち入らせないようにした（後者も同じくらい重要だ）。入室するたび、まずやることは扉のダブルチェックで、うしろのドアに鍵がかかっていることを確かめた。連邦政府の検査官に対し、僕はこう誓約した。万一夜間に脱走が起こった場合、ドアを閉めたまま僕も内部にとどまって、脱走個体を捕獲するか殺す。それが完了するまで、何があっても決してドアを開けない。

そしてある日、案の定、脱走が起こった。しかもこんなときに限って、僕は対ゾンビ防衛用の3日分のサバイバルキットを、メインのラボに置き忘れていた。

科学の大好きなところをひとつあげるとしたら、ここまで書いたことがすべて真実である点だ。もちろん、すでにお気づきだろうが、ここでいうゾンビは歩き回り人を襲う死体ではない。脱走したのは、名の知れた僕のお気に入りの昆虫、エメラルドゴキブリバチ *Ampulex compressa*。このゾンビマスターが本章の主役だ。ヒトのゾンビの話じゃないと知って、ちょっとがっかりした人も心配無用。これから語る真実は、フィクションよりも奇妙で興味深く、そして不気味だ。そうそう、真実といえば、先ほどの封じ込め施設は合衆国農務省が定める非在来昆虫の研究利用の基準を満たすよう改修したものだ。もしもハチが飼育容器からでたら、捕獲するか殺すまでドアを開けないというのは、許可の条件のひとつなのだ。3日分の対ゾンビ防衛サバイバルキットを用意しているのも本当だが、これはラボの救急セットにつけた名前で、年に1度大学の安全検査官が笑いながらチェックする。

このハチはヒトへの攻撃性をもたないので、脱走個体を再捕獲するのは難しくなかった。だがゴキブリにとって、エメラルドゴキブリバチは絶対に遭遇したくない相手だ。このハチのメスは次世代を残す際、ゴキブリを屈服させ（ゾンビ化し）、幼虫に餌として与える（オスはゴキブリを攻撃せず、毒針すらもたない）。どんなゴキブリでもいいわけではなく、彼女らはワモンゴキブリ *Periplanata americana* だけを狩るスペシャリストだ。ところで、ちょっとややこしいのだが、ワモンゴキブリの英名 American cockroach は昆虫界屈指のひどいネーミングで、かれらは南北アメリカ大陸の在来種ではない。原産地はアフリカなのだが、まさにゴキブリらしく、船荷に紛れてほぼ全世界に拡散した（そのため ship cockroach の別名もある）[*1]。アメリカにワモンゴキブリがいるのも、これが理由だ。

一方、エメラルドゴキブリバチは船に乗り損ねたらしい。アメリカにはほぼいないのだが、ハワイだけは例外だ。自力で飛んできたわけでも、18世紀の船の調理室に紛れ込んで密航してきたわけでもない。１９４０年、アメリカの昆虫学者フランシス・ウィリアムズが、ハワイにのさばる強大な外来ゴキブリの大群との戦いの最前線に、３匹のエメラルドゴキブリバチを送り込んだのだ。彼はこのハチの驚異の狩猟行動について、初めて詳細な記述を残した人物でもある。[*2] ヴァンダービルト大学の僕のコロニーは、ウィリアムズのハチの子孫たちからなり、そのせいか僕は彼の文献を身近に感じた。エメラルドゴキブリバチの解剖学的・行動的特徴が細部まで描かれた美しいイラストを見ていると、歴史に対して驚きと畏敬の念が湧いてくる。これらのイラストがみな、僕が研究しているハチの直接の祖先を描いたものだなんて！ そこで、ハチがどうやってゾンビをつくるのかを話す前に、ウィリアムズについて僕が知っていることを紹介しよう。

フランシス・ウィリアムズは１８８２年にサンフランシスコで生まれ、この街で子どもの頃から昆虫の採集と観察に精をだした。[*3] 彼の父は息子を後押しし、屋根裏部屋を実験室に改装して、コレクションの観察と整理に使えるようにした。多くの生物学者がそうであるように（僕もそうだった）、ウィリアムズは早くから虫にのめりこみ、昆虫学に生涯を捧げた。けれどもスタンフォード大学を卒業し、またのちの１９１５年にハーバード大学で博士号を取得したあと、彼は就職に苦労した。ようやく１９１７年、彼はやや異例の役職に推薦された。ホノルルにある、ハワイさとうきび生産者協会の試験場に所属の昆虫学者という肩書きだ。

昆虫学者として定石の仕事ではなかったが、当時は時代も自然観も今とは異なり、またハワイの砂糖産業は一大ビジネスだった。ハワイさとうきび生産者協会は業界を害虫から守るために設立され、この目的がウィリアムズの職務の大半を占めた。彼は気の遠くなるほどの長い時間を、たったひとりでさとうきび畑で昆虫調査をして過ごしたが、こうした仕事は彼の性格に合っていた。彼はシャイで控えめな人物で、「きつい言葉を発するのを見たことがない」と周囲は評した。50代後半まで独身を通し、遠出のときを除いて、週末はハワイの野山で過ごした。多様な昆虫への興味と、さとうきびに特化した問題解決に、自分の時間を切り分けていたようだ。彼はのちに『ハワイのさとうきび農地にみられる昆虫およびその他の無脊椎動物のハンドブック（Handbook of the Insects and Other

Invertebrates of Hawaiian Sugar Cane Fields)』を刊行した。

だが、さとうきびが直面する多くの脅威の目録をつくるのは彼の仕事の一部でしかなかった。彼は世界を飛び回り、ハワイに侵入した外来種の昆虫の天敵を探した[*3]。１９１８年、彼はさとうきびの害虫であるヨコバイの天敵を求めてオーストラリアを訪れ、捕食性のクサカゲロウとテントウムシをもち帰った。いずれも現在ではハワイにすっかり定着している。１９２０年、フィリピンを訪れた彼は新種の寄生バチ *Larra luzonensis* を発見し、のちにケラの個体数抑制のための導入に成功した。１９２２年には南アフリカで、さとうきびを食害するワイヤーワーム（コメツキムシの幼虫）を殺す生物を探したが、このときは空振りに終わった。さらに１９３４年、今度はさとうきびの根を食べるスジコガネ類の捕食者または寄生者を探してグアテマラを訪れ、捕食性のハチを見つけてホノルルに送ったが、定着しなかった。要するにウィリアムズは、ハワイのさとうきびを守るのに役立つ「味方」の昆虫をいつも探していたのだ。

そして１９４０年、ウィリアムズは唯一無二の機会に恵まれる。生物学の観点からも、それ以外からも、誰もがうらやむ経験だ。航空機の黄金時代があるとしたら、パンアメリカン航空のクリッパー機の登場はその最盛期の象徴だ。当時最大の商用機であり、いわば巨大な２階建ての空飛ぶ船だった。大陸間商用飛行の時代に空飛ぶ船が活躍するのは妙な話だが、これこそが成功を約束された、おそらく唯一の戦略だった。当時ほとんどの空港には大型機の受け入れが可能な長い滑走路がなかったからだ。着水がこのような交通手段の可能性を拓いたのだ。大型機クリッパーは、今では考えられないような贅沢な装備で飛行を開始した。豪華な肘掛け椅子を備えた広びろとした客室に、独立のダイニングエリアでは白衣をまとった給仕係が、機内シェフがつくる5品のコース料理を配膳した。寝台も備え、トイレは男女別だった。本当に想像を絶する大きさで、飛行中に整備士が翼の内部に入ってエンジンを点検できるほどだった。この機体のおかげでパンアメリカン航空は「太平洋を開拓」し、ハワイとニューカレドニアを中継地として、カリフォルニアとニュージーランドを結ぶ商用路線を確立した。

ハワイの商業にとっては朗報だったが、新たな高級旅客機の就航とともに、さとうきびに損害をもたらす外来昆虫の脅威も増した。１９４０年5月、ハワイさとうきび生産者協会はウィリアムズをニューカレドニアに派遣し、新たな脅威の調査にあたらせ、彼の意見を求めた。これには裏の意味もあったのではないかと想像せずにはいられない。１９３９年、ウィリアムズは59歳にして、ホノルル在住のルイーザ・ルイス・クラークと結婚し、長い独身生活に終止符を打った。新婚ほやほやの彼は、さとうきび生産者協会への長年の功労のあと、妻とともにパンアメリカン航空のクリッパー機で南の島へと旅立った。もしかしたら、収益性が高く急成長していたハワイの砂糖産業は、ウィリアムズに一種の新婚旅行をプレゼントしたのかもしれない。

真相はともかく、この旅はフランシスとルイーザの共同事業となり、ふたりはエメラルドゴキブリバチに魅せられた。このハチはニューカレドニアではありふれた種で、ゴキブリを襲う習性から大事にされていた。こうしてエメラルドゴキブリバチをハワイに導入するミッションが始まった。フランシスと違って昆虫学者ではなかったルイーザも、少なくともこのハチに関しては、同じくらい熱心に取り組んだ。よく知られた英名の「jewel wasp（宝石バチ）」は彼女によるもので、ルイーザはこのハチを「輝く武器を手に駆けつけ、ドラゴンと戦い麗人を守るサー・ジェラルド[*4]」よりも華ばなしいと評した。ゴキブリはさとうきびを食べないが、ルイーザの言葉を借りれば「憎き巨大なゴキブリ以外にはけっして毒針を使わない」この益虫の導入に期待が高まった。

だが、ハチを捕まえるのは容易ではなかった。フランシスとルイーザがニューカレドニアに来たのは乾季で、昆虫があまり活発ではなかったのだ。最終的に、苦労して見回った甲斐あって、3匹のメスを捕獲できた。[*2] 1匹は死んでしまったが、残りの2匹はガラス瓶に入れられ大切に飼育された。ハワイへの帰路、パンアメリカン航空のクリッパー機は赤道にほど近いカントン環礁に立ち寄り、旅行かばんから取りだされたハチたちに大きなゴキブリが1匹ずつ与えられた。乗客乗員、それに島民のほぼ全員が「エキサイティングな取っ組み合いのパフォーマンス」を観察し、ハチがゴキブリを屈服させるさまを見届けた。パンアメリカン航空の乗務員たちは感銘を受けたらしく、のちにルイーザはホノルル市街にあるパンアメリカン航空オフィスのショーウィンドウでハチの展示をおこなった。

この戦いの何がそんなに見ものなのだろう？ もちろん、対戦者に起因するところはおおいにある。イヌが女性の親友だとしたら（ローデシアン・リッジバックだらけのわが家がまさにそうだ）、ゴキブリは不倶戴天《ふぐたいてん》の敵だ。それに両者の見た目は両極端で、地味な茶色でトゲトゲの脚と長い触角をもち、カサカサ走り回るゴキブリに対し、ハチはずっと小さな体ながら、まばゆく美しい金属光沢を備えている。だが、研究者にとっても一般大衆にとっても本当に面白いのは、ハチの攻撃戦略のディテールだ。僕の表現力ではとてもウィリアムズの1942年の記述にかなわないので、以下にそのまま引用する。

Ampulex は一様に、ゴキブリを瓶に入れたとたんに攻撃を仕掛ける。ハチはとても機敏に動き、狙った獲物に触角を向けたまま側面から接近し、電光石火の短い跳躍を決めると、前胸背板（ゴキブリの首の部分をおおう「盾」の部分）の縁にしがみつく……即座に柔軟な腹部を前に向け、ゴキブリの胸部の下面にもっていき、腹部の先端を伸ばして、毒針を刺すべき急所を探る。怯えきったゴキブリは激しく暴れ、身悶《みもだ》えし、こわばったぎくしゃくした動きで円を描いて歩き、脚で攻撃をかわし、何より頭を引っ込めて、しぶとくつかまるハチに首を刺されるのを避けようとする。この悪戦苦闘は、通常はるかに体の小さい攻撃側のハチにとって過酷なものであるはずだが、たいていゴキブリの徒労に終わる。結局は胸に毒針を食らい、すると反撃は弱々しいものになる。*Ampulex* が毒針を喉の深くまで挿入するにつれ、ゴキブリの頭は膜に包まれた首から無理やり引きだされる。こうしてしばらく毒を注入すると、ハチは拘束を解き、またも俊敏に引き下がる。

悪臭を放つ巨大な怪物との戦いを終え、ハチは身づくろいをする。またわれわれは、ゴキブリのほうも、触角を口器に通し、脚をなめて、身だしなみを整えることに気づいた。[*2]

誰もが戦いに熱中したのも当然だ。このファイトでは、いつも幅を利かせている嫌われ者を、魅力的だが勝ち目のなさそうな小物が打ち負かす。だが、この話はまだまだ奥が深く、それはウィリアムズの記述の最後の部分からもわかる。ここでゴキブリは2回刺されている。最初は胸（昆虫の体の中央部）、次に頭（首の軟組織を貫通して）だ。それなのにゴキブリは死ぬどころか、麻痺すらしていない。攻撃を食らったあと、ただその場に立ち尽くし、身づくろいをするのだ。こうしてゴキブリが「ゾンビ化」し、最終的にハチの幼虫の魔の手に（というか口器に）かかる、不気味で蠱惑的《こわくてき》なプロセスは、近年多くの研究者の注目を集めている。だが、僕の研究の話に進む前に、ウィリアムズがどうやってハワイにエメラルドゴキブリバチを定着させたかを述べておこう。

1940年11月中旬、フランシスとルイーザのウィリアムズ夫妻、そして生き残った2匹のハチを乗せたパンアメリカン航空のクリッパー機は真珠湾に着水した。フランシスはすぐにハチの繁殖施設を立ち上げ、ハワイ個体群を確立するのに十分な「兵力」を築こうと目論んだ。同時に、ルイーザは地元新聞『ホノルル・アドバタイザー』の日曜版に『ハワイのゴキブリと戦うハチ』というタイトルの記事を執筆した。彼女はニューカレドニア旅行での冒険譚《たん》を語り、ハワイの人びとに向けて新たな友の外見や生態を紹介した。広報はゴキブリとの戦いにおいてなくてはならない要素だった。これがなければ、定着しはじめた見慣れないハチが家の周りでゴキブリを狩っていても、住民たちは殺してしまっていただろう。

たった2匹のハチから有効個体群を創出するのは危険な賭けだ。それに、僕がゴキブリならリングに上がってハチと対戦するのは避けたいところだが、時にはゴキブリが勝つこともある。ウィリアムズは年老いていたのか不注意だったのか、あるハチがゴキブリに噛まれて死んだ観察も残しているし、小さめのハチには小さめのゴキブリだけを与えることを推奨している。このような慎重かつ緻密なアプローチのおかげでウィリアムズのハチは数を増やし、メスが２００頭を超えたところで彼は放虫を決めた。一部はハワイのほかの島に送られた。

彼に自覚はなかったが、この作戦は時間との戦いだった。彼が昆虫軍を組織しているあいだに、日本の海軍は作戦を練り、真珠湾攻撃へと突き進んでいた。悪名高い奇襲攻撃がおこなわれた12月7日の朝から翌日にかけて、ウィリアムズが勤めていた実験場は全面的に軍に提供された[*5]。職員のほとんどが徴用されたが、60歳のウィリアムズは不適格とされ、昆虫学者としての職務を続けた。真珠湾攻撃から15日後の12月22日、ウィリアムズはハワイさとうきび生産者協会の会合でエメラルドゴキブリバチの導入の結果を報告した。成功だった。

その後の世代

僕のハチがウィリアムズの兵士たちの子孫なのは、単なる実用的な理由からだ。国をまたいで昆虫を移動させるよりも、州間で移動させるほうがハードルは低いのだ。これについて、もうひとつの疑問にここで答えておいたほうがいいだろう。ウィリアムズは意図的にハチを導入したというのに、どうしてそこまで封じ込めに神経質になるのだろう？　簡単にいえば、いくらいい影響を見込んでいたとしても、非在来生物の導入の結果は予測がつかないからだ。善意の導入が破滅を招いた例は枚挙にいとまがない。オオヒキガエルは最悪の結果の好例だ。１９３５年にさとうきびを害虫から守るためにオーストラリアに導入されたが、カエルには別の考えがあった。作物に損害を与える害虫を食べる代わりに、この巨大なヒキガエルは、オーストラリア在来の野生生物の食べ放題を満喫した。さらに悪いことに、このカエルは毒腺をもち、カエルを食べようとしたほとんどの捕食者を返り討ちにした。こうしてかれらはオーストラリアの広範囲に好き勝手に拡散していった。

エメラルドゴキブリバチはこれほどの脅威にはならないが、アメリカ在来のゴキブリを襲うハチに取って代わるかもしれない（こうしたハチは実際にいて、ウィリアムズの研究対象だった）。それにゴキブリの種類は多いので、ハチが滅ぼした種に代わり、もっと食欲旺盛で醜悪ですばやい種が台頭するおそれもある。そもそも、ハワイにはまだワモンゴキブリがたくさん生息しているのだから、ハチの導入の成果には疑問符がつく（無数のゴキブリが跋扈《ばっこ》している場所で、個体数が半減したら気づくだろうか？　これほどの減少は驚異的だが、たぶんあなたは満足しないだろう）。どれも憶測にすぎないが、要するにこういうことだ――正当な理由と膨大な先行研究（それに公的な許認可）に基づかないかぎり、けっして非在来種を野に放ってはいけない。だから厳重な封じ込め施設が必要というわけだ。

僕の目的はウィリアムズ夫妻とは違ったが、僕もかれらと同じく、すっかりエメラルドゴキブリバチに魅了された。例によって今回も、きっかけは僕が担当する動物の脳と行動についての講義だった。

エメラルドゴキブリバチは、ゾンビをテーマにした僕のハロウィーン回の講義の主役。学生たちはいつだって、まるっきり違う生き物どうしの戦いに釘づけになる。デンキウナギのときと同じように、僕はハチの写真と動画を撮影しているうちに、このゾンビ話が想像以上に込み入ったものだと気づいた。でも、まずはなぜこのハチがゴキブリをゾンビ化するといわれていて、実際のところ何をしているのかを説明しよう。

毒の注入

かしこまった場や客の前ではいわないにしても、あなたもきっと家でゴキブリに遭遇したことがあるはずだ。退治しようとしたかもしれない。もしそうなら、あなたは少なくともおおざっぱには、ゴキブリの魔法のような一触即発の逃走反応を理解しているといっていい。ワモンゴキブリのお尻の先には、尾角とよばれる２本の付属器が生えている。尾角は顕微鏡でしか見えない毛におおわれていて、これが襲ってくる捕食者（あるいはスリッパ）の衝撃に先行する、特徴的な空気の「圧力波」を感知する。毛は巨大なニューロンにつながっていて、衝撃が差し迫っていることに加え、（魚の耳と同じように）攻撃がどの方向から来るかの情報を伝える。１００分の１秒のうちに、ゴキブリは危険を避けて逃走を開始し、カサカサと隠れ家をめざす。この逃走システムは研究者や学生たちにはよく知られていて、感覚刺激と神経ネットワークが単純な行動を生みだすしくみを理解するためのモデルとして利用されている。[*6] でも、これはまだ第一の防衛ラインだ。捕食者が脚や体や触角に触れた場合のゴキブリの逃走反応はさらに高速で、このときかれらは異なるセンサーと神経回路を利用する。[*7]

さて、あなたはエメラルドゴキブリバチだとしよう。ゴキブリの成虫の体重は約４５０キログラムに相当するが、考えてほしいのはサイズの違いだけではない。ゴキブリは昆虫の例にもれず、外骨格という鎧《よろい》を備えている。ヒトのスリッパから身を守るには頼りないが、頑丈なクチクラのプレートはハチの毒針を通さない。しかもゴキブリの脚は有刺鉄線のような鋭い棘でおおわれている。ハチから見ればゴキブリは、巨大で棘《とげ》だらけで鎧を着たターゲットであり、簡単に片づけられる相手ではない。ここからが面白いところだ。ハチはこうした防御策を、ゴキブリを殺さず、一時的な麻痺すらさせずに突破する。その方法とは、獲物を何も考えずに従順に歩くだけの「奴隷」に変えてしまうことなのだ。

ゾンビ化という比喩が的確なのはこのためだ。最近の僕らは、ゾンビといえば人肉を食らい街を荒らす歩く死人の群れと考えがちだ。けれども、この言葉は本来18世紀ハイチの民間伝承に由来し、他人に体をコントロールされるという、恐ろしくもありふれた状態を示すものだった。ゾンビは死してなお隷属状態から脱することができず、永遠にプランテーションで働きつづけるとされた。この概念をもっとも正確に描きだしたのは、ベラ・ルゴシ主演の世界初のゾンビ映画『恐怖城』★だった。ルゴシ演じるゾンビマスターに薬を盛られた人は、自由意志を奪われて無気力状態になり、思考なき従順な機械としてさとうきび畑で働かされた。

ウィリアムズの描写からわかるように、ハチも秘薬をもっていて、毒針を使って注入する。これは一見、単純な話に思える。獲物を麻痺させたり、身を守るために毒針を使うハチなら世界にごまんといるのだから。しかし、エメラルドゴキブリバチのゾンビ化毒物は、ゴキブリの脳に直接送り込んで初めて効果を発揮する。ハチにとってはジレンマだ。ゴキブリの頭は分厚い外骨格で防御を固めているので、単純に脳天を刺すわけにはいかない。毒針を脳に到達させる方法はただひとつ、首の軟組織を深く刺すことだが、ここは棘だらけの前肢や強力なあごに守られている。ハチはいったいどうやって、自分よりはるかに大きく抜群の逃走能力を誇る獲物に対し、外科手術並みの正確さで攻撃を遂行するのだろう？

エメラルドゴキブリバチの攻撃に関する現在の知見のかなりの部分は、イスラエルのネゲヴにあるベン＝グリオン大学のフレデリック・リバーサットがおこなった先駆的研究の賜物だ。彼は15年以上にわたって、エメラルドゴキブリバチとその毒がもつゾンビ化効果について研究してきた（僕なりに最大限の敬意を表して、彼の名前を僕の講義の期末試験に載せた）。ここで思いだしてほしいのだが、ウィリアムズの描写のなかで、ハチは最初に胸、次に頭と、毒を2回注入していた。ゴキブリの体のどこに毒を注入しているのか、多くの人が仮説を唱えるなか、リバーサットは決定的証拠をつかんでやろうと決意した。[*8]

けっして容易な課題ではなかった。刺されたゴキブリを解剖して、毒を探すだけと思ったら大間違いだ。けれどもリバーサットのチームは独創的な方法を考案した。まずハチに放射性タンパク質を注射し、毒にこれを取り込ませる。そのあとハチにゴキブリを与えれば、刺して毒が入った場所が放射性を帯びるので、位置を正確に特定できるというわけだ。こうして、最初の一撃はゴキブリの「脊髄」、専門用語でいう腹神経索を突き刺しているとわかった。この神経索には一定間隔で神経細胞の塊である「神経節」が存在する。ひとつひとつの神経節は少しずつ異なる機能をもち、とくに胸部の第1神経節は、ゴキブリ前肢の制御を担っている。これがハチの最初のターゲットだ。でも、ここに何を注射していて、その物質はどんな作用をもつのだろう？

リバーサットは毒物のスペシャリストであるカリフォルニア大学リバーサイド校のマイケル・アダムズと組み、最初のひと刺しで注入される毒の化学組成と効果の解明に取り組んだ[*9]。かれらの分析により、いくつかの主要成分が特定され、とくに重要な働きをもつのは抑制性神経伝達物質（ヒトの主要な抑制性神経伝達物質でもあるＧＡＢＡことガンマアミノ酪酸など）だとわかった。その名のとおり、これらの物質はニューロンを抑制する、つまりスイッチを切る物質だ。その結果、ゴキブリの前肢は一時的に麻痺する。

この知見をもとに、ハチの戦闘プランを分析してみよう。皮肉なことに、ハチの攻撃はゴキブリの「盾」とよばれる構造に向かって電光石火の跳躍を決めるところから始まる。この平らなクチクラの盾（専門用語でいう前胸背板）は、ゴキブリの前半身の背面をおおい、通常は防御の役割を果たす。だが、エメラルドゴキブリバチに対しては命取りになってしまう。このハチのメスは、数百万年の年月を通じ、盾の縁にしっかりと噛みつくあごを進化させてきたのだ。

ゴキブリの逃走反応はどうしたのだろう？　じつは、小さなハチは風圧センサーに引っかからず、最初の防衛ラインを刺激することなくすり抜ける。この監視システムは、鳥やヒキガエル、それにあなたの靴のような、はるかに大きな捕食者の脅威に対抗して進化したものなのだ[*7]。第2の防衛ラインである、直接接触によって引き起こされる逃走を回避できるのは、ハチの機敏さと慎重な忍び寄り行動のおかげだ。ゴキブリはたいてい、攻撃に特化したハチのあごが盾に食い込んで、初めて異変に気づく。もちろん、この感覚はゴキブリの神経系に「緊急警報」を鳴り響かせ、逃走回路を活性化させるが、時すでに遅しだ。

次に起こることは、いわば昆虫ロデオだ。ゴキブリは全力を振り絞って、足を蹴り上げ、ジャンプし、体を揺すり、ハチを振り落そうとする。しかしハチは激しい動きを難なく受け流し、腹を前方に曲げてゴキブリの腹面に伸ばす。そして両者ともまだ跳ね回っているあいだに、ハチは急所を探り当て、ゴキブリの胸部に毒針を挿入する。毒針にあるセンサーを使い（これもリバーサットの発見だ）、ハチは胸部の第1神経節を見つけ、正確無比な攻撃の第1弾をお見舞いし、ゴキブリの前肢を麻痺させる。

こうなるとゴキブリは望み薄だ。前肢が麻痺し、疲弊したゴキブリの動きはたどたどしくなる。どうがんばってもハチを振り落とせる見込みはほとんどない。さらに悪いことに、ハチが今度はゴキブリの脳に狙いを定めているというのに、首は無防備だ。バレリーナ、剣士、神経外科医のスキルをあわせもつエメラルドゴキブリバチは、腹をめいっぱい曲げて喉元を探る。獲物の危険なあごから遠ざけるため、きゃしゃな脚を高く上げた彼女は、ついに標的を発見し、軟組織を貫いて毒針を刺す。脳に毒針が到達する瞬間をセンサーが教え、ここでようやくゾンビ化の秘薬を含む2度目の毒液注入が始まる。苦しみからの解放と思いたくなるかもしれないが、残念ながらゴキブリにとって、これは安楽死とは程遠い。

生ける屍《しかばね》

白熱の戦いのあと、ハチは毒針を引っ込め、すっかり態度が「矯正」されたゴキブリを解放する。前肢の一時的な麻痺はやがて解けるが、さっきまで恐怖のどん底だったゴキブリは、いまや天敵を気にもしていない。歩くのも泳ぐのも、あるいは適切な刺激さえあれば飛ぶことすら問題なくできるが[*10]、逃げる気配はない。代わりに身づくろいをしはじめ、ゴキブリ流に何度もなんども髪をくしけずる。リバーサットとアダムズは、身づくろいの反復がハチの毒に含まれる別の神経伝達物質、ドーパミンに起因すると突き止めた。これはヒトの報酬系や自発的運動の制御に重要な役割を果たす物質でもある[*11]。

不可解な光景だ。デートに出かける前のように、立ちつくして触角や脚の掃除を続けるゴキブリは、平常心にしか見えない。こうしてゴキブリは、考えうるかぎりもっともおぞましい結末から逃れる最後のチャンスを棒に振る。ゴキブリが身づくろいしているあいだ、ハチはゾンビの新居探しにでかける。条件は、壁が丈夫で、出入り口がひとつだけで、近くに建材（小枝、葉、小石）が十分にあるところ。エドガー・アラン・ポーの『アモンティラードの樽』の舞台のように、暗い行き止まりになったトンネルで、れんがと漆喰が近くで手に入れば理想的だ。めぼしい場所を見つけたら、ハチはゴキブリのもとに戻る。かなり離れた場所まで新居探しに行くことも珍しくない。

ゴキブリがゾンビになった事実にまだ疑いを抱いている人も、次に起こることを知れば納得するだろう。ハチはゴキブリの触角を引っ張り、長さを測るかのように、何度もあごのあいだに通す。いうまでもないが、ゴキブリの触角は鋭敏な感覚器官だ。化学受容器やタッチセンサー、位置センサー、風圧センサー、温度センサー、湿度センサー、加えておそらく未発見のそのほかのセンサーがぎっしり詰まっていて、すべてのセンサーを稼働させるための大きな神経と血管も備えている。そして、ある器官が敏感で重要である場合、ふつうそこには痛覚受容器もたくさんあり、もち主に器官を損傷から守るよう知らせる（眼を突かれる以上に痛いことはそうそうない）。そのため、僕はこのあたりからだんだんゴキブリが気の毒に思えてきてしまう。ハチはまたしてもゴキブリの触角をあごに通し、真ん中あたりで動きを止めると、そこで噛み切る。片方が済むともう片方、こうして触角は血を流す2本の短い「切り株」にされる。噛み切られる瞬間、ゴキブリは何歩かあとずさるが、苦痛を与えるハチから逃げようとはしない。そのあと、ハチはゾンビをつくる呪術師から吸血鬼に変身したかのように、触角の断面に口をつけ、ストロー代わりにして血の食事を長々と味わう。ゴキブリの血を飲んでいるあいだは、ハチも陶酔状態にあるかのように微動だにせず、禍々《まがまが》しい軽食を楽しむ。

吸血はさすがにやりすぎ、と思うかもしれない。すでにゴキブリをゾンビ化して、墓まで見つけたというのに、なぜ立ち止まって血を吸うのだろう？ 触角をストローにするのはこのハチ独自のやり方だが、じつはこの行動は、あなたが思うほど奇怪なものではない。不穏に感じるくらい種数豊富な捕食寄生性のハチの多くは、十分な数の卵を産むのに必要な養分を生まれつき備えてはいない。手軽な解決策は、それぞれの獲物の血を飲んで必要不可欠なタンパク質を補給することで、こうした行動をとるハチは１００種以上にのぼる。[*12] それに身近な例として、あなたにおそらく触角はないし、ゾンビでもないと思うが、卵をつくるためのタンパク質と鉄分の補給というまったく同じ理由で、蚊に皮膚から直接血を吸われた経験はきっとあるだろう。

一風変わった食事のあと、ハチは仕事に戻り、触角の根元をくわえてゴキブリを墓へと先導する。ゴキブリは最初は尻込みするが、しばらくしつこく引っ張るうちに歩きはじめる。まるで気になる消火栓から離れようとしない散歩中のイヌだ。ハチは引っ張りながら後ろ向きに歩き、ゴキブリは前進しつつ時に抵抗し、そのたびハチは「ほら、おいで！」といわんばかりに強く引く。ようやく到着した墓の入口は、大きなゴキブリが入るにはかなり狭いが、ハチは先に敷居をまたぎ、獲物を暗い最期の寝床へと導く。

両者とも穴に入ると、ハチは再び腹を前方に曲げてゴキブリの腹面を探る。今度は刺すためではなく、代わりに彼女は小さな卵をひとつ、ゴキブリの中肢の根元に産みつける。そして穴から脱出するが、仕事はまだ終わりではない。墓の周囲を行ったり来たりしながら、小石や小枝や葉の切れ端を持ち上げて入念に調べ、ちょうどいい大きさと重さのものを見つけると、入口にもち帰る。謎めいた生得的な青写真に基づき、ハチは最初の建材の置き場所をあでもない、こうでもないと調整して、ようやくぴったりの配置を見つけると、次のピースを探しに行く。この工程が何度も繰り返され、ついにはゴキブリと外の世界を隔てる分厚く頑丈な壁ができる。自身の建築物に満足すると、ハチは身づくろいをして飛び去る。卵を産みつけたゴキブリを墓のなかに残して。

ゴキブリはなぜ反撃したり、穴から脱出しないのだろう？ 最初の毒の麻痺効果は数分で消えるし、2度目のドーパミン投与による身づくろいも30分ほどしか続かない。にもかかわらず、それから1週間にわたってゴキブリはゾンビ状態を維持し、孵化《ふか》して成長するハチの幼虫に生きたまま食べられる。簡潔に答えるなら、なぜハチの毒にこのような長期的効果があるのか、まだ誰も知らない。リバーサット、アダムズ、それに学生や共同研究者からなるチームは現在も研究を続けていて、いくつもの手がかりを発見した。ゴキブリのオピオイド系の活性化を示唆する証拠があり、触角を噛み切られても無反応なのはこれで説明できそうだ[*13]。一方、最新の分析によると、ハチの毒は正真正銘の「魔女のカクテル」で、数百種もの成分がタンパク質合成やニューロン間コミュニケーションを阻害するようだ[*14]。ゾンビづくりの秘薬のレシピのすべてを知りたいなら、今後の研究に注目だ。

ホラー映画を撮る

こうなるのは避けようがなかった。好きにしていいゾンビが手元にいたら、誰だってホラー映画を撮らずにはいられない。ハロウィーンにエメラルドゴキブリバチについて教える予定ならなおさらだ。デンキウナギのときは、ＬＥＤを使って攻撃の威力を示すという簡単な方法があった。ハチの場合、そこまでわかりやすい答えはなかったが、彼女らの本能を利用して、一連の狩りの流れを強烈な印象を残すものにできそうだと、僕は思った。しばらくメスのエメラルドゴキブリバチの身になって考えてみて、行動について２つの仮定をおいた。第一に、彼女らはゴキブリを葬る最寄りの穴を見つけるように何百万年もかけて進化してきたのだから、僕がどこに穴を用意しても、きっと見つけてくれるはずだ。第二に、野生での生息環境の多様性を考慮すれば、彼女らには手近にあるどんな材料も利用して墓の壁を築く、生得的能力があるに違いない。

この２つの仮定を念頭に、僕はナッシュビルにあるドールハウスの小物を扱う専門店「ミニチュアコテージ」を訪れた。こんなにたくさんのミニ小道具が売っていると知って、僕は心底驚いた。オーナーはハチ用ミニチュア映画セットの壁や床の打設についてアドバイスをくれた。僕はゴキブリにコミカルな「自由意志テスト」を受けさせようと、キッチンのセットにたくさんのごちそうを用意した。ミニチュアのクッキー、ドーナツ、ピザ、フライドポテト、ケーキ。どれもゴキブリの大好物ばかりだ。その隣には、暗く不気味な道が「引き返せ」の警告の看板を超え、プラスチック製の小さなドクロへと続いている。ドクロの横にはミニチュアの宝箱を置き、金銀財宝であふれかえらせた。だが、何より重要な仕掛けは、ドクロの眼窩の片方の奥にドリルで空間をつくり、ゴキブリの墓にぴったりのサイズの、小さなプラスチックチューブを挿しておいたことだ。

僕が考えていたのは、状況がどんどん悪くなる様子を見せながら、ゾンビ化と自由意志の喪失の度合いを示すことだった。ゴキブリはハチに連れられて、幸せなキッチンから、暗く不気味な小道を通り、ドクロの穴へと入っていく。もしゴキブリに1ミリグラムでも自由意志が残っていたら、当然ながら逃げようとするはずだ。こうして、学生たちに見せるハロウィーン映画の筋書きは決まった。

舞台のセットが済むと、僕はハチとゴキブリをジオラマのそばの小さな容器のなかで引き合わせ、あとは成り行きにまかせた。ハチはゴキブリを攻撃し、難なく1度目と2度目の注入をおこなった。そして、ゴキブリが身づくろいをしているあいだ、ハチは穴を探しに離れた。期待した通り、彼女はドクロの眼窩を見つけ、なかに入って様子を探った。納得するとハチはゴキブリのもとに戻り、触角を切断して少し血を飲んだあと、ゴキブリをドクロへ連れていき、眼窩の穴に引き込んだ（そして産卵した）。次にハチは壁の材料を探し、唯一の候補である、宝箱の金銀財宝を見つけた。眼窩を財宝で埋め尽くすと、彼女は最後に、宝箱の蓋にとまって身づくろいをした。

映画の出来に満足した僕は、リズを観客に試写会を開催した。最初の攻撃のあとにカメラがパンして（カメラを横に振って）、ハチがゴキブリを引っ張ってキッチンを通る様子が映しだされると、リズは目を輝かせた。ドクロへと続く「呪いの小道」にはさらにいい反応をくれた。自由意志テストについて即興で解説する僕の隣で、彼女は信じられないという表情で、ハチがゴキブリの出口を財宝でふさぐ様子を眺めていた。これなら学生にもウケるに違いないと、僕は確信した。

ところが、ふいにリズの顔に不安げな表情が浮かんだ。何がまずかったのだろう？　僕には心当た

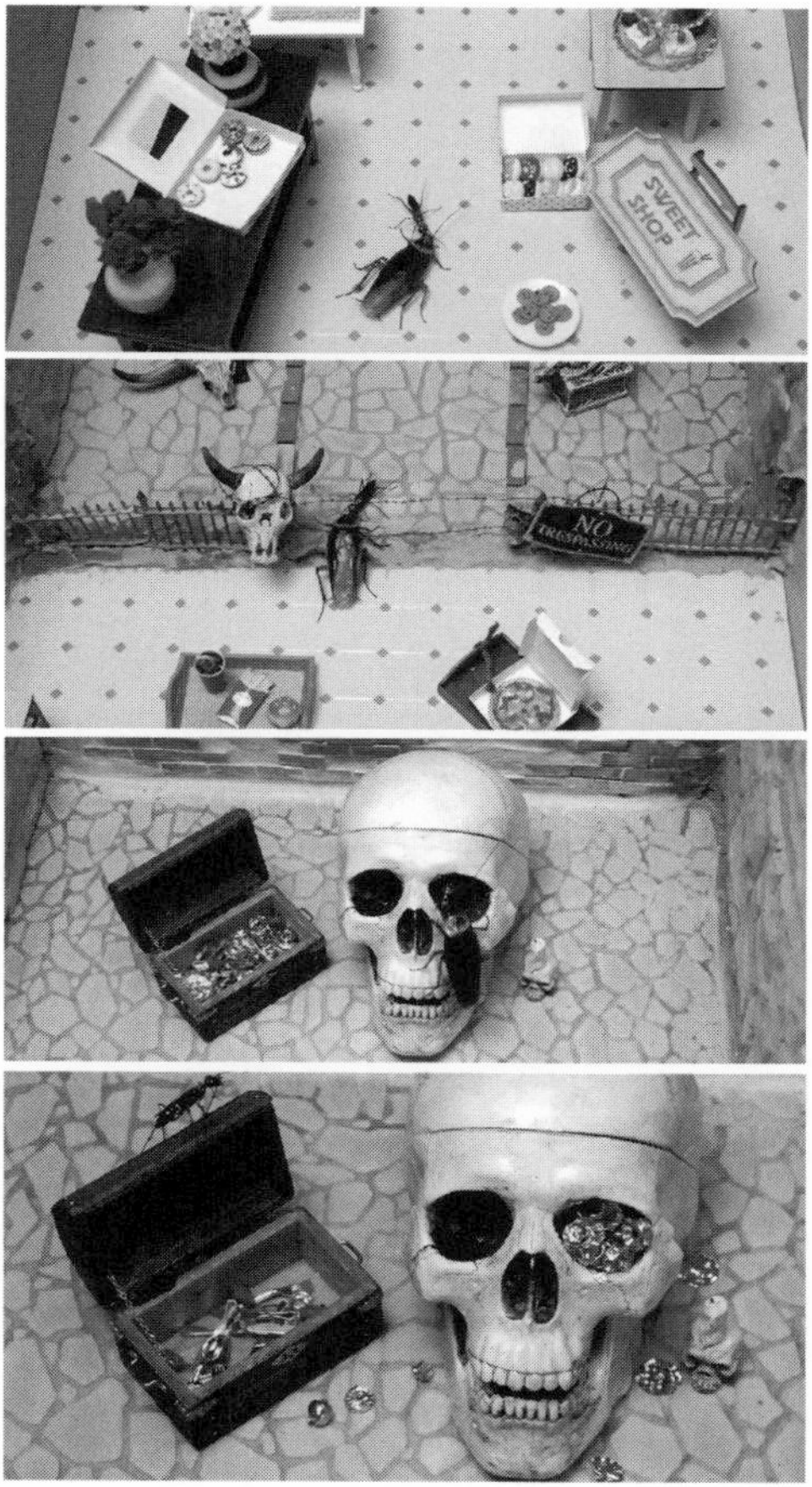

図 7.1 お遊びの「ゴキブリ自由意志テスト」において、エメラルドゴキブリバチは無抵抗なゴキブリを引っ張って、食べ物でいっぱいのキッチンを通過し、不穏で気味の悪い部屋に入り、最終的にドクロの眼窩のなかへ連れ込んだ。彼女は（ゴキブリの脚に産卵したあと）近くの宝箱から取ってきた財宝で出入口をふさいだ。使える穴を見つけ、また何であれ手に入る素材で穴をふさぐというハチの生得的能力は、ジオラマによって際立った。

りがなかった。

「どうしたの？」と、僕は聞いた。

「わかってると思うけど、これってゴキブリの選好の検証にはなってないよね？」

僕は思わず吹きだした。確かに、自分の夫が何時間もゴキブリと戯れて、不気味なドールハウスをつくっていたら、正気を失ったのではと不安にもなる。これがあったおかげで、あまり暗黙の前提を置きすぎるのはよくないと気づいた。だからここで、念には念を入れて、はっきりさせておこう。ドールハウスは本当の意味でゴキブリの選好や自由意志を検証するためのものではない。とはいえ、この動画は疑いようのない真実を際立たせるのに役に立つ。つまり、墓の場所がドクロの眼窩のなかであれ、岩の下であれ、あるいは樹皮の裂け目のあいだであれ、結末はゴキブリにとって最低最悪だ。それなら、進化の性質を考えれば、ゴキブリはゾンビ化する前に反撃にでるのでは？　そう思ったあなたは正しい。

ゴキブリ武道会

僕はまず手痛い失敗を通じて、ゴキブリの防御策を学ぶことになった。怒ったゴキブリに攻撃されたわけではなくて、もっとひどい目にあった。僕は長く待たされた末に、ようやく1匹目のエメラルドゴキブリバチのメスを、引退した昆虫学者でプロの虫捕り人であるスティーヴ・モンゴメリーとアニータ・マニングにハワイから送ってもらった（かれらの専門技術には本当にお世話になった）。第1号が何匹かのゴキブリの幼虫を難なく倒すをの見て、僕は次に成虫を与えてみて、そのまま会議に出かけた。ラボに戻ると、ハチは死んでいた。僕は打ちひしがれた。ウィリアムズの忠告を真面目に聞かなかったせいだ。でも、同時に興味も惹かれた。ハチは負傷しているようには見えず、なぜ死んだのか疑問に思ったのだ。

詳しく調べるため、僕は追加でハチを入手し、（ウィリアムズのように）慎重に繁殖させて兵力を確保した。そしてハチたちに1匹ずつ、最大級のゴキブリを与えた。家のキッチンでマルボロを吸いながらハーレーを乗り回しているような連中だ（ご想像のとおり、ゴキブリの飼育は簡単で、たくさんの人が自宅で実践

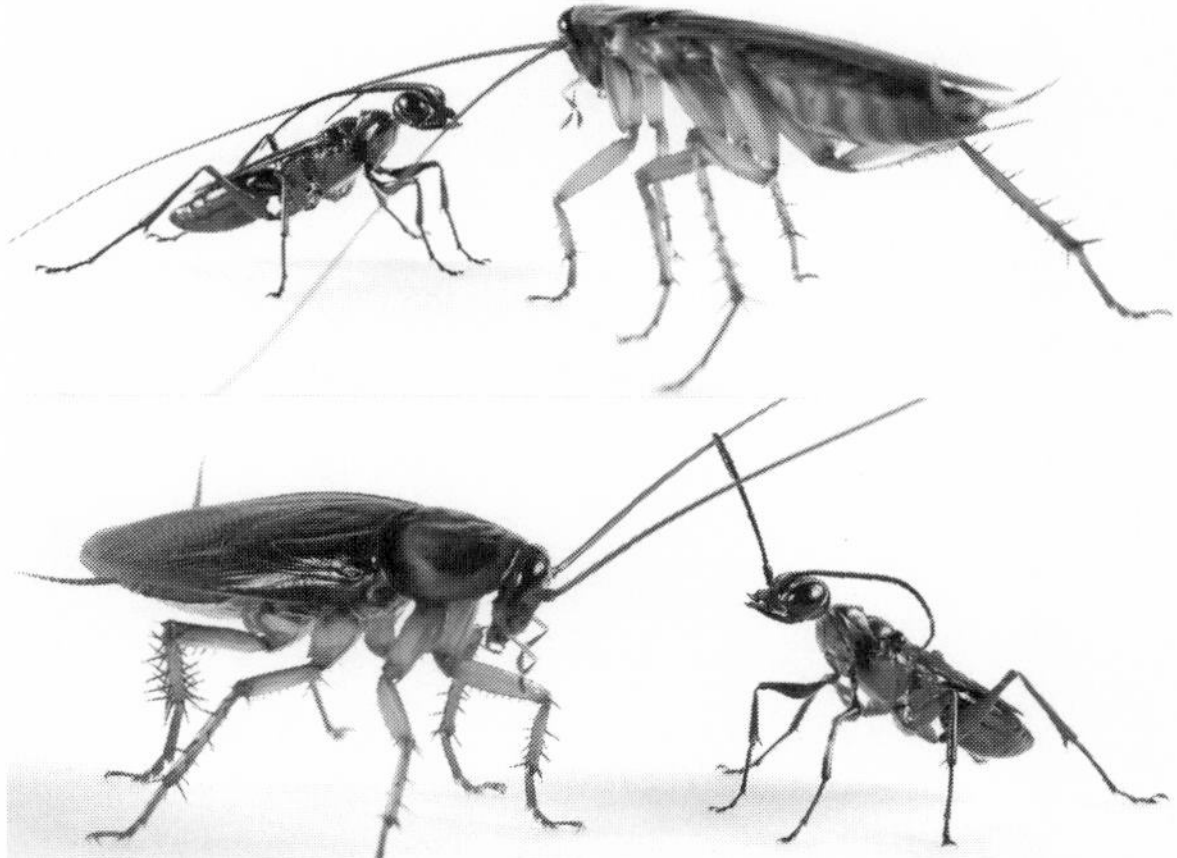

図 7.2 忍び寄るハチと、脚をぴんと伸ばして立つ防御姿勢のゴキブリのにらみ合い。上の写真のハチは触角を寝かせて守っている。下の写真のゴキブリは、棘だらけの後肢で蹴りを入れようとしている。

している)。思ったとおり、かなりの数のゴキブリが身を守ることに成功した。生存のためには、ホラー映画の登場人物にするようなアドバイスが有効らしい。絶対に気を緩めるな！

僕はまず動作を観察し、ハイスピードカメラで撮影できるようにミニチュアのボクシングリングを製作した(ドールハウスの一件があるので説明しておくと、これはシンプルなアクリル製の小部屋で、クッションのきいた床やロープや審判は用意していない。ただし偶然ながら、僕も1ラウンドを3分間に設定した)。毎回、まずはゴキブリをリングに上げて、新たな環境を十分に探索させたあと、ハチを導入した。ハチがすばやく接近し、背中の盾に飛び乗る奇襲に成功するか、あるいはゴキブリが逃げだした場合、ゴキブリは不運な結末を迎えた(ハチはすばやく粘り強く、またしばしば飛びながらゴキブリを追跡する)。けれども、なかにはハチの接近に気づき、一歩も退かずに反撃態勢を整えるゴキブリもいた。こんなことをゴキブリに、あるいはハチにもいうとは自分でも思いもよらなかったのだが、虫たちはどちらも驚くほど表現力豊かだ。戦いに備え、ゴキブリは「構え」としかよべないポーズをとる。体を最大限にもち上げて、横向きになって脚の棘を接近する敵に向け、さらに相手の動きをすべて把握しようと、頭と触角を小刻みに動かす。こうすることで、ゴキブリは自分を大きく見せ、さらにハチの標的である盾を、ハチから高く遠い位置に離す。ハチは動揺して前進と後退を繰り返し、触角を頭の後ろに向ける。まるで怒ったウマやネコが耳を守っているようだ。円を描くように互いに相手の周囲を歩くあいだ、ゴキブリも時にハチに向かって前進するが、後退することのほうが多い。瞬間的に短距離を逃げては、また防御姿勢をとる。

ハチのなかには、「ゴキブリを1匹見たら100匹いると思え」の決まり文句を知っているかのように、ここでくじけて攻撃を完全にやめてしまう個体もいる。けれどもたいていは攻撃を続行し、偵察し周回しながら、盾につかまるチャンスがめぐってくるのを待つ。そして口をあけて飛びかかるのだが、ここでゴキブリの防御姿勢のもうひとつの役割が明らかになる。ゴキブリが構えをとっているとき、遠くにある盾に飛びかかろうとしたハチは、触角や脚の棘に衝突する確率が高いのだ。この突然の強い刺激は逃走回路を刺激し、ゴキブリは歴戦のボクサーのようにするりとかわして、再び防御姿勢をとる。だが、ゴキブリの戦略は回避とブラフ（ハッタリ）だけではない[*15]。

周回しながら突破口を探すあいだ、ハチはどうしてもゴキブリの脚や触角に軽く接触してしまう。この「触診」に対し、ゴキブリは棘だらけの後肢を野球のバットのように振りかぶり、全力のキックをお見舞いする。スウィングは驚くほど正確で、威力は強烈だ。ゴキブリの脚がハチに激突する瞬間、ハチの頭は首の関節から横向きに折れ曲がり、一方で触角は置いてけぼりにされて元の向きのままだ。その直後、ゴキブリは全力のキックから体勢を立て直す。ハチの方は宙に浮いて猛スピードで飛んでいき、近くの障害

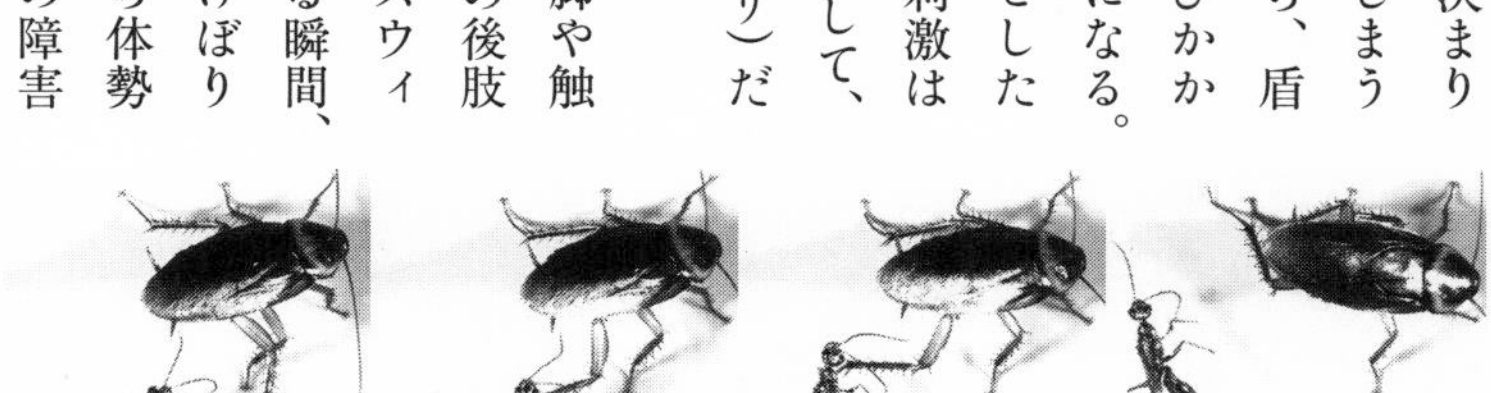

図7.3 たくましく棘だらけの後肢でハチの頭を蹴り飛ばし、安全な距離をとるゴキブリ。

物に当たって地面に落ちる。

一発ＫＯかと思いきや、見た目に騙されてはいけない。ハチもまた外骨格の鎧におおわれていて、顕微鏡で精査しても、蹴りによる物理的ダメージは見つからなかった。それにハチは気絶するでもなく、たいていまたすぐに攻撃を仕掛けに行く。だが頭に4、5発の蹴りを食らうと、たいていのハチはもう限界と、攻撃を完全に放棄する。蹴りによってハチが負傷するのか(外傷性脳損傷の昆虫版？)、それともゴキブリの絶好調ぶりを存分に見せつけられて諦めるのかは、さらに詳細な研究がおこなわれるまでどちらとも断言できないが、僕は後者ではないかと思う。というのも、見た目にはわかりづらい(だがおそらくより深刻な)ハチにとっての脅威が、ゴキブリの盾に噛みつき、両者が至近距離で取っ組み合いをするときに現れるからだ。

ハチが好機をものにして盾にしがみついても、ゴキブリのすべての望みが消えるわけではない。すぐさま体をひねってハチを引きはがそうとする反射的な逃走反応が始まる。時には最初の動作が功を奏し、グリップを失ったハチは空中に投げだされ、ゴキブリは防御姿勢に戻る。だがたいていは、ハチはつかまったままロデオに耐え抜く。そして腹を前方に曲げて刺そうとするのだが、ここでゴキブリはまた防御戦術を繰りだす——棘だらけの脚だ。取っ組み合いの最中、ゴキブリはハチの鎧を着た体を何度となく脚で押しのけようとする。棘がハチの脚や関節に引っかかったら、ゴキブリは強力な脚の筋肉を使ってハチの毒針を遠ざけるか、盾にがっちり噛みつくハチを引きはがす。ハチにとって本当に危険なのは、この棘が腹のクチクラのプレートの隙間に滑り込むことだ。そうなればゴキブリに隙を見せることになる上、やわらかい腹の内部組織を貫かれるかもしれない（ハワイから来た僕の最初のハチが死んだのはこれが理由ではないかと思う）。戦いのこの段階があるからこそ、ハチは1回目の毒注入をおこなうのだ。前肢を麻痺させておかないと、2度目の脳への注入は困難かつ危険な仕事になる。ここまでの防御戦術がすべて失敗しても、ゴキブリのなかには戦いを続ける個体もいて、脳に毒を注入されながらもハチの腹に繰り返し噛みつく。けれどもゴキブリの強力なあごはたいてい、なめらかなハチの腹の鎧には歯が立たず、表面をすべるだけだ。

蹴り、かわし、押しのけ、刺し、噛みつく。逃げ足の速さで知られる昆虫に、これだけ多様な防御戦術があるとは驚きだ。でも、ゴキブリの生存の見込みはどれくらいなのだろう？　かれらにとっては幸いなことに、健康で警戒を怠らない成虫が「構え」の戦法をとった場合、ハチを撃退できる確率は約60％にのぼる[*15]。一方、最初の守りに不備があった場合、生存率はわずか14％だった。要するに、ゴキブリが従うべきアドバイスは、ゾンビ映画のお気に入りのキャラクターにあなたが投げかけるものと同じだ。とにかく噛まれるな、そして釘バットで襲撃者の頭を狙え。残念ながら、小さく若いゴキブリの場合、この戦いにほぼ勝ち目はない。

それならハチのほうは、なぜシンプルに最初から大型のゴキブリを避けないのだろう？　ここに興味深いジレンマがある――最終的なハチの成虫のサイズは、幼虫時代に餌として与えられたゴキブリの大きさに直接左右されるのだ。母親が小さく扱いやすいゴキブリを狙えば、子は小さく弱々しいハチにしかなれない。オスのハチなら、そもそもゴキブリを攻撃しないうえメスよりはるかに小型なので、体が小さくても問題ない。だがメスで体が小さいと、相当なハンディキャップになる。大きなゴキブリを相手にできないので、ウィリアムズの助言に従って、子にも小さなゴキブリを与えるしかない。これは捕食者が抱える典型的なトレードオフだ。大きな獲物を倒せば大きく強い子を育てられるが、大物狩りは危険をともなう。ところで、真剣勝負の格闘が終わり、脳に毒を注入したあとも、ハチにはやるべきことがある。

「一生の頼みだ、モントレゾール！」

これはポーの復讐物語『アモンティラードの樽』に登場する、ぞっとするようなフォルトゥナートの最期の言葉だ。モントレゾールは仇敵を酔わせ、希少なワインを試飲してほしいと嘘をついて、自身の一族の地下墓地の奥深くへと誘い込む。そして地下の最果てに着くやいなや、花崗岩にフォルトゥナートを鎖で縛りつけ、壁を築いて、彼を永遠に外界から隔離する。モントレゾールが最後のひとつのれんがを積んで壁を完成させたとき、恐怖は最高潮に達する。鎖、壁、長く暗く深い地下道。もはや脱出や救出の望みは一片たりとも残っていない。これ以上ない最悪の状況だ。あなたを生きたまま食べる気でいる、小さな怪物と一緒に閉じ込められていないかぎり。

それでも、メスのハチが最後のれんがを壁に積み、脚にくっつけた時限爆弾とともにゾンビ化したゴキブリを置き去りにしたあとでさえ、まだわれらが主人公（この頃にはもう、多くの学生たちがゴキブリに同情しはじめている）には一縷《いちる》の望みが残されている。いったいここから、どんな生存ルートがあるというのだろう？　ゴキブリがじつはジェームズ・ボンドで、靴に各種ツールを隠していたり、腕時計からレーザーをだせる、というわけではない。

第一に、ハチがつくる壁はけっして完全無欠ではない。相対的にはモントレゾールが築いたれんがの壁より分厚く重いが、昆虫は相対的にいってヒトよりはるかに力が強い。壁はゾンビがさまよいでるのを防ぐ（そしてゴキブリを鳥やクモといったほかの捕食者から隠す）には十分だが、覚醒状態のゴキブリなら、ものの数分で抜けだすだろう。そもそもゴキブリは暗いトンネルや狭い場所をすみかとしているのだから、穴を掘って進むのは朝飯前だ。それに考えてみれば、すべてハチの計画通りに事が進めば、最後には羽化したばかりのハチの成虫が、穴を掘ってでてこなくてはいけない。ゴキブリを穴にとどめておくのに重要なのは、壁ではなく、ゾンビ化という比喩的な意味での鎖なのだ。

何か治療法があるなら、一筋の光が見えるはずだ。じつは、治療法はある。それも成分はたったひとつ、時間だ。ゾンビ化の秘薬の効果は1週間ほどで薄れ、以後は機会さえあれば、ゴキブリは回復する。[*8]ここで本当にやっかいなのは、脚に産みつけられた小さな卵だ。2、3日で孵化すると、幼虫は食事を始める。

エメラルドゴキブリバチとゴキブリの戦いに関するほとんどの記録は、最後のれんがが置かれるところで終わっている。そのあとは、映画『エイリアン』で絶望したハドソン上等兵が吐く名台詞、「もうおしまいだ、一巻の終わり、ゲームオーバー」を誰もが繰り返してきた。でも、せっかくここまで来たのだから、ゴキブリのジレンマについて思い悩む代わりに、今度はまるで無防備な小さなハチの幼虫の視点に立って、状況を見直してみよう。

まず、卵が産みつけられた場所はずいぶん危なっかしく、ゴキブリの中肢の「太もも」の上部（専門用語でいう基節）にくっついている。もしもゴキブリが不審物に気づいたら、すぐに取り外して食べてしまうだろう（食う側と食われる側の逆転だ）。だが、最大の脅威はほかにある。ゴキブリの脚は卵のある位置まで折りたたむことができ、このとき隙間はまったくない。ゴキブリはゾンビ化していても歩けるし、実際に時々はそうする。脚が動くたび、卵とこすれて地面に落ちるおそれがあり、落下すれば幼虫の命はない。ハチの毒のゾンビ化効果が、落下の脅威を最小限に抑える役割を果たしているのは確実だろう。それでも、ゾンビ化したゴキブリは、適切な刺激さえあれば、どんな種類の精力的な運動もこなせる。墓のなかにゴキブリを刺激するものはない（壁を築くもうひとつの理由がここにある）が、もしゴキブリがふらふらと墓の側面を登り、背中から落ちたら、四方八方に脚を激しくばたつかせて立ち上がろうとするだろうし、そうなれば卵にとっては悪夢だ（こうした危険があることは、ラボでゴキブリに過剰な刺激を与えてみればわかる。たとえば撮影のために容器の向きをころころ変えたときがそうで、またもや偶然の発見だった）。

卵が孵化するまで付着したままだったとして、次に何が起こるだろう？ 弱々しい幼虫の目から見れば（実際は幼虫に視力はないのだが）、ゴキブリは巨大な甲冑に身を包んでいるも同然だ。しかも幼虫には脚もなく、動きはのろい。武器といえば、顕微鏡でしか見えない歯と、やわらかいものに噛みつく本能だけだ。かれらの生死は、母親がすでに下した、どこに卵を産むかの決定にかかっている。中世の板金甲冑と同じように、ゴキブリの肩関節には弱点があり、ここが幼虫の突破口の最有力候補だ。エメラルドゴキブリバチの母親はみな、孵化したばかりの幼虫の頭のすぐそばに、ゴキブリの中肢と体の接合部がくるように卵を産もうとする。ほんの数ミリでも位置がずれたり、ゴキブリが卵をわずかにずらしたりすれば、幼虫は関節を発見できず、硬いクチクラを破ろうと悪戦苦闘した末に死に至る。

母親の産卵場所の正確さは、エメラルドゴキブリバチの生態の驚くべき意外な一面だ。卵はただ墓のなかに放置されるわけでも、ゴキブリの表面にでたらめに貼りつけられるわけでもない。ハチはゴキブリの体表面からほぼ顕微鏡レベルで、しかも真っ暗な墓穴のなかで、最適な場所を正確に特定する、生得的能力を進化させたのだ（ちなみに左右どちらの中肢でもかまわないので、ベストスポットは２つある）。いったいどうやっているのだろう？

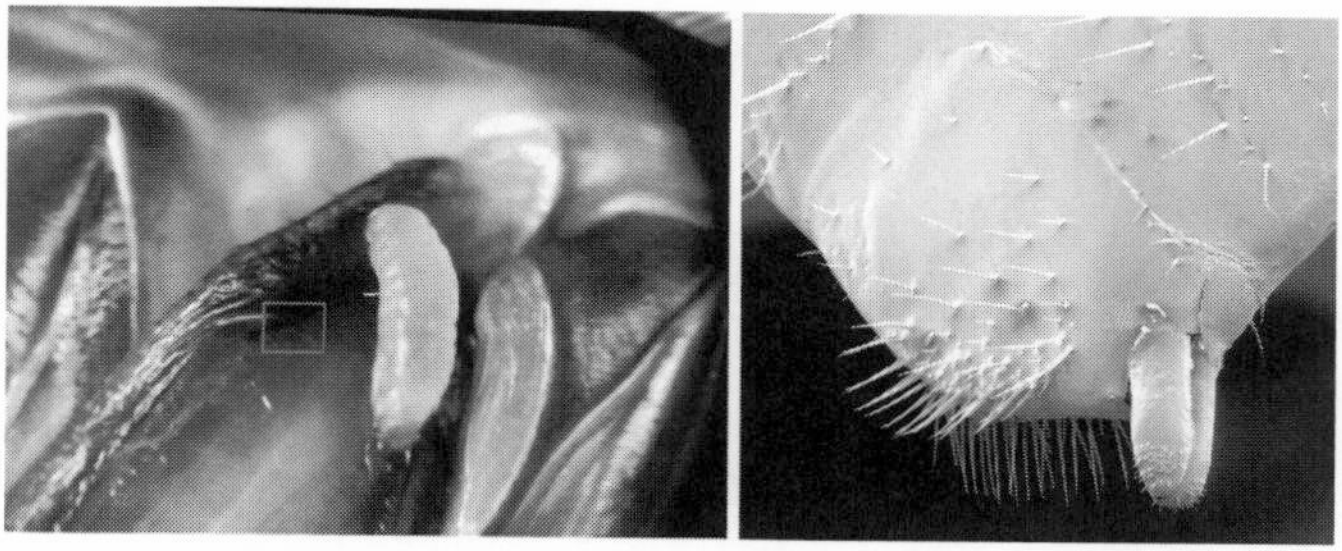

図 7.4 左は小さなハチの幼虫がゴキブリの脚の硬いクチクラを食い破ろうとする様子。ゴキブリの甲冑の弱点は幼虫の右側の淡い色の組織なのだが、この幼虫はすぐそばにあるターゲットにたどり着けずに死んだ。右はハチの腹に密生する毛の拡大写真で、これを使って最適な産卵場所を見つけるのかもしれない。

どのセンサーを使っているのかはまだ解明されていないが、僕としては腹の先端にある毛の集まりを推したい。見た目はまるで哺乳類のひげの縮小版だ。卵を産む直前、メスは腹の先端（毛の集まりを含む）をゴキブリの脚にこすりつけ、太もも（基節）を上から下まで精査する。こうして入念に調べ上げたあと、ようやくどこに産卵するかという重大な決定を下す。彼女の選択が正しく、ゴキブリが卵に手だししなければ、幼虫はやわらかい関節に穴をあけ、生死を分ける最初の1滴の血を飲むことができる。卵が落下したり、幼虫が餌をとれずに死に至るところは何度も見たが、関節に噛みついて突破口を開いたあとは、もう危険はないようだった［訳注：原書刊行後の研究により、メスは産卵の直前、ゴキブリの神経節に3度目の毒液注入をおこない、中肢を強制的に展開させて、最適な位置に産卵しやすくすることがわかった］。

その後、幼虫は小さくも貪欲な吸血鬼のように暴食を続け、ありえないくらいの速度で成長する（僕は前々から、リドリー・スコットの『エイリアン』はチェストバスターから成体までの成長が速すぎると思っていたが、エメラルドゴキブリバチの幼虫の成長を見て考え直した）。およそ5日後、そろそろゴキブリが正気を取り戻すという頃に、すでにぞっとするほど大きくなった幼虫はクチクラに穴を開け、体内に潜り込んでゴキブリを食べはじめる。これが本当の終幕だ。中身を食べられてしまったら、もはや回復の見込みはない。

ここまでくれば、幼虫はやりたい放題と思うかもしれない。だが、ゴキブリは死してなお成長途中のハチにとって脅威で、今度の戦いは顕微鏡スケールで展開する。ここで皮肉を効かせて、ゴキブリは本当は綺麗好きで清潔で無菌の生き物だと言えればいいのだが、残念ながら不潔という悪評は事実で、かれらが運ぶ細菌や菌類の数と多様性は膨大だ[*16]。ゴキブリ以上に微生物まみれのものがあるとしたら、腐りゆくゴキブリの死骸くらいだろう（最初に断っておいた通り、ぞっとするような章になってきた）。幼虫はやがて繭《まゆ》をつくり、ゴキブリの死骸のなかで変態する。ぴかぴかで美しいエメラルドゴキブリバチは、どの個体も想像を絶する劣悪な環境で、過酷な幼少期を過ごしてきたのだ。

こんなふうに説明したのは、ただヒトの美的感覚を押しつけるためではない。腐敗が進行するゴキブリの死骸はとても危険な環境で、ふつうなら大量の細菌や菌類が幼虫を殺してしまうはずだ。なぜ生きていけるのだろう？　ドイツのレーゲンスブルク大学のグドルン・ヘルツナーらによる最近の研究で、意外な答えが明らかになった[*17]。ハチの幼虫は9種の抗菌成分からなるカクテルをつくりだしているのだ。これらの成分は死骸全体から見つかり、いってみれば幼虫はゴキブリを消毒薬に浸していた。また、幼虫がつくる硬い繭も抗菌成分でいっぱいだった。さらにヘルツナーのチームは、抗菌成分のひとつは揮発性であり、これを密閉空間の内部に拡散させ、周辺を燻蒸《くんじょう》消毒していることを示した。つまり、幼虫は墓の内部を「化学攻撃」し、微生物の繁殖を妨げていたのだ。この3段階の防御（燻蒸、死体の消毒、抗菌性の繭）のおかげで、ハチは安全に成長の最終段階を迎えられる。約1か月後、繭を食い破って成虫が出現する。リドリー・スコットのエイリアンそっくりだが、ゴキブリがすでに死んでいるのがせめてもの救いだ。

ハチの生活環を完結まで見届ける、この身の毛もよだつサイエンス小話は、今では僕のお気に入りのひとつだ。ＳＦやポップカルチャーの引用が盛りだくさんで、しかも基礎科学の発見の金脈でもある、こんな最高のエピソードはそうそう見つからない。エメラルドゴキブリバチの幼虫から抗菌剤が得られるなんて、誰が想像するだろう？　あるいは成虫のハチの毒に、ヒトも含めたさまざまな生物に共通の神経伝達物質が含まれているなんて！　アダムズの研究チームがおこなった最新の分析で見つかった新たなタンパク質群は、パーキンソン病の研究への応用が期待される[*18]。じつはエメラルドゴキブリバチは、神経寄生虫学とよばれる、特殊化した捕食寄生者が宿主の神経系を乗っとる方法に焦点を当てる新興研究分野のスター的存在なのだ[*19]。ゾンビパニックから身を守る方法はフィクションの範疇だが、この驚愕の真実はぜひ覚えておいてほしい——エメラルドゴキブリバチは本当に、ほかの生物の肉体をわがものにして操るのだ。

エピローグ

この本の締めくくりに、ある昆虫の話をしようと思う。それでぐるりと一周して始まりの場所に戻るからだ。僕の幼少期の最初の思い出のひとつは、（ヘンリー・ハドソン・パークウェイ4901番地の）アパートの窓辺にいるテントウムシを見つけたことだ。ニューヨークシティの網戸の破れた窓は自然保護区とは程遠いが、両親はこのとき、虫に魅了された僕の気持ちを後押しした。害虫だといって殺して窓を閉めるのではなく、その綺麗な斑点模様の甲虫を僕の手に乗せてくれたのだ。テントウムシは僕の指を登ってそこから飛び去り、母はテントウムシの歌を教えてくれた。生物学者になるきっかけは、こんな一見ささいな出来事だったりする。僕はそれ以来、ずっと生き物に魅了されてきた。

自分の「好き」を追いつづけられる仕事に就けた僕は幸運だ。でも、この本では研究の偏った印象を植えつけてしまったので、ここで告白という形で訂正しておきたい。もし失敗や間違った前提、面白いと思ったけれど実際はそうでもなかったアイディアをすべて盛り込んでいたら、この本は10倍は長くなっていた。あまり取り上げはしなかったけれど、失敗は科学の、そして人生の切っても切れない本質の一部であることは、いくら強調しても足りないくらいだ。誰もがこの事実を肝に銘じておくべきなのだが、とりわけ研究の世界に足を踏み入れたばかりで、最初の試みからうまくいくはずだと思っている人に、この教訓を伝えたい。うまくいかないときには思いだしてほしい。経験豊富な研究者も、どうにか答えにたどり着くまでに、ゾンビの腕を山ほど切り落としてきたのだと。

そこから、序章で触れたトピックに話は戻る。発見はどこから来るのだろう？ 僕の場合、ここまで見てきておわかりのように、たくさんの偶然とセレンディピティに恵まれたおかげだった。実際、僕はもう何年も、すごくわくわくわくする何かを発見するたびに、妻のリズに向かって「あーあ、僕はもうダメだ。こんなに面白いことを発見できる幸運なんて2度とめぐってこないよ。もうやめちゃおうかな」といってきた。彼女はいつも笑ったが、僕は本心からいっていた。100年以上前、世界一有名な神経解剖学者サンティアゴ・ラモン・イ・カハルが指摘した罠に、僕はいつもはまりそうになる。彼は著書『若き研究者へのアドバイス（Advice for a Young Investigator）』の章のひとつを「初学者の罠」と名づけた。想像もできないが、1800年代でさえ、若い研究者は「いちばん重要な問題はもう解決済みだ」と思い悩んでいたのだ。この考えは明白な間違いだ。それがカハルの忠告であり、僕も同じ結論に行き着いた。当時もいまも間違っているし、将来においてもずっとそうだ。ただし、僕を論じてくれたのは動物たち、それも特殊化していない見た目から、僕が過小評価していた動物たちだった。たとえば、ありふれたトウブモグラのステレオ嗅覚、原始的とされるトガリネズミの超人的スピード、卑しいゴキブリの驚異の「カンフー」武術がそうだ。

あまり評価されていないけれど、発見の必須要素のひとつは、思考をオープンに保ち、先入観をもちすぎないことだ。科学の世界では当然のことと思うかもしれないが、実際にはそうでもない。たいていの研究者は仮説からスタートし、それを検証するスタイルを身につけている。理屈の上ではすぐれた戦略だ。ひとつの仮説、あるいは悪くすると、想像でしかない初めから決まっているひとつの結論に、固執しないかぎりは。僕はたびたび、ひとつの仮説（たとえばモグラの電気感覚）や研究テーマ（たとえばヘビの触角）から出発しつつ、あとで道を間違えたことに（モグラに電気感覚はない）、あるいは正しくてもいちばん面白い道ではないことに（ヘビの捕食行動は触角よりずっと興味深い）気づいては、大きく方向転換してきた。なかでもデンキウナギの研究結果は、僕のキャリアでいちばん型破りなものだったが、この研究の始まりは計画も何もない、単なる撮影プロジェクトだった。時にはただ目を凝らしてじっくり眺めることが、最良の戦略になる。

それで思いだすのが、ハッブル超深宇宙探査だ。この有名な探査で撮影された画像は、これといって特徴もない、無味乾燥な夜空の一角を、ただものすごくよく見た結果だ。これにより、1万以上の銀河が発見され、僕らがいる宇宙は想像をはるかに超えて興味深いものになった。撮影は容易ではなかったが、得られた成果は驚異的だ。同じように、どんな生物種も深く理解するのは簡単ではないが、それは目を見張るような発見につながる。どちらの例でも、僕らがすでに知っていることがどんなにわずかで、未知の領域がどれだけ広大に存在するかを勘案すれば、誇張でもなんでもなく、潜在的な発見の数はまったく計りしれない。

最後に、科学を実践することは、自分でも驚くくらい、僕のセンス・オブ・ワンダーを大きく育ててきた。論理とデータに何より重きをおく仕事に身を置けば、世界の理解という見返りが得られる一方で、謎と不思議を見失うと思うかもしれない。でも僕は、何ひとつ失われはせず、抱えきれないほど多くを得たと、胸を張って答えよう。花の美しさについてのリチャード・ファインマンの名言の通り、「科学的知識は、花を見たときに覚える興奮、不思議、畏敬の念を、減ずるどころか増幅させる。ただ大きくするだけなのだ」。この本がそんなふうに役立つことを、心から願っている。

謝辞

妻であり研究者仲間であるエリザベス・カタニアの助けがなければ、僕はこの本を書き上げられなかった。彼女と僕は執筆においても、多くの研究においても、冒険を分かち合った。リズはすべての章の複数のバージョンに目を通し、コメントをつけ、励ましと同時に的確で辛辣な赤字を入れてくれた。スティーヴン・キングの言葉を借りれば、彼女は僕にとって理想の読者だ。また初校にコメントをくれた（そしてデンキウナギの名前を選んでくれた）スーザン・ホールドマンにもお礼を申し上げる。

プリンストン大学出版局のアリソン・カレットには特別な感謝を捧げたい。この本が芽をだすのを辛抱強く待ち、どう育てるかについて重要なアドバイスをくれたうえ、伸びすぎて制御不能になっている部分を指摘してくれた（ちなみに彼女が出版契約をもちかけてくれたのは図らずも僕の誕生日で、僕は幸運の徴《しるし》と受け取った）。

この本では50年近い研究キャリアから選りすぐった仕事を取り上げたので、関係者全員に感謝を述べるのはとうてい不可能だ。けれども、まずは両親にありがとうと伝えたい。2人はいつも、兄のビルと僕を最優先に考えてたくさんの選択をしてくれた。1970年代前半に父が転職したとき、両親は僕らが自然のなかを探検し驚きに出会える町、メリーランド州コロンビアを引越し先に選んだ。僕らは存分に探検し、自然の驚異の実物をしょっちゅう家にもち帰って、しまいにはミニチュア動物園をつくりあげた。僕が生物学者になったのは、子どもの頃の経験の延長、自然のなりゆきだった。

先日亡くなった兄ビルについては、言葉では言い尽くせない。兄はいつも僕の味方で、初期のフィールド調査にたびたび同行し、研究を冒険に変えてくれた。特殊効果の道に進んだ彼の才能は、あなたもきっと映画やテレビで目にしているはずだ。彼はあらゆる仕掛けをつくる(そして爆破する)ことに、無限のクリエイティビティを注いできた。だが、兄は生物学者である僕に、それとは違った遺産を遺してくれた。1980年、彼は海沿いの道で轢死したたくさんのキスイガメから卵を救いだし、孵化《ふか》させて子ガメを放流して、苦境にあった個体群を立て直した。かれらの子孫は今も、僕らが一緒に探検した湿地に暮らしている。

エド・グールドがホシバナモグラについて教えてくれたこと、ワシントンDCの国立動物園のアシスタントに採用してくれたことに、絶えず感謝している。あれが僕を正しい方向に導いてくれたターニングポイントだった。その道に沿って僕はカリフォルニア大学サンディエゴ校の大学院に進学し、すばらしく寛大に支えてくれた指導教員のグレン・ノースカットに恵まれた。彼は僕に知識を分け与え、ラボでともに過ごし、友人となって、電気受容と哺乳類の触覚の両方を研究するという2足のわらじを履《は》く自由を与えてくれた。グレンはまた、ポスドク研究の受け入れ先としてヴァンダービルト大学のジョン・カースを紹介してくれた。哺乳類の神経生物学について何から何まで教えてくれたジョンは、僕にとって科学界のヒーローのひとりだ。彼はいつでもポジティブで、僕の知るかぎりもっとも生産的な研究者でありつつ(彼の論文は400本を優に超える)、同時にとびきり楽しい人でもあるという、不可能にも思えるバランスを保ちつづけている。

この本で紹介した研究には、僕がヴァンダービルト大学で自分のラボをもちはじめてからの仕事も含まれている。典型的な「半分満たされ、半分空っぽのグラス」の日々だ。僕のグラスを満たしてくれているのは、エリン・ヘンリー、ポール・マラスコ、サム・クリッシュ、クリスティーン・デングラー＝クリッシュ、ダンカン・リーチ、エヴァ・ソーヤー、フィオナ・レンプル、マイク・レンプル、ダイアナ・サーコ、ミシェル・シャールをはじめとする、優秀な学生、ポスドク、アシスタントたちだ。ここで取り上げた研究には、誰もが重要な貢献を果たした。何人かは、本では紹介できなかったかれらのメインプロジェクトとは別に協力してくれた。第7章は、昆虫学の知見を提供し、ハチを採集してくれたスティーヴン・モンゴメリーとアニータ・マニングの助けがなければ実現しなかった。快適な執筆スペースをつくってくれたCostero Constructionのティムとジル、ジョン・テセルにもお礼をいいたい。

複数の研究助成団体にも深く感謝している。アメリカ国立科学財団（NSF）はなくてはならない長期的支援を提供してくれた（おもに助成金番号 #1456472）。アメリカにおいて探索的研究を実現するために、多大な時間と労力を費やしてくれている、大勢のNSF職員や助成を受けた研究者に感謝を捧げたい。またグッゲンハイム財団の2014年のフェローシップは僕に大きな影響を与え、おかげで第6章で取り上げたデンキウナギ研究が実現した。最後に、マッカーサー基金の2006年のフェローシップに心から感謝している。基金の代表ダニエル・ソコロウから承認を知らせる電話をもらったときは驚いた。このフェローシップは転機だった。この本で解説したような、さまざまな感覚系を探求する自由と手段、それに度胸を得たのはこのときで、それらはいまでも僕の研究プログラムの原動力となっている。

訳者あとがき

本書は Kenneth Catania “Great Adaptations: Star-nosed Moles, Electric Eels & Other Tales of Evolution’s Mysteries Solved” (Princeton Universtiy Press, 2020) の全訳です。

著者である生物学者のケネス・カタニア教授は、メリーランド大学を卒業後、カリフォルニア大学サンディエゴ校で博士号を取得し、ポスドクフェローを経て、現在はテネシー州ナッシュビルにあるヴァンダービルト大学で教鞭をとっています。研究室のウェブサイトを開くと、「脳構造、進化、行動にフォーカスした動物の感覚系の研究」を総合テーマに掲げ、本書に登場するホシバナモグラ、ヒゲミズヘビ、ミミズなどのほかにも、ハダカデバネズミやワニなど、分類群も生息環境もさまざまな曲者ぞろいの動物たちを研究対象としていることがわかります。ユニークな着眼点の研究の数かずは、彼自身が執筆した記事として『日経サイエンス』や『ナショナルジオグラフィック』などの一般誌でもたびたび紹介され、話題をよんできました。そんなサプライズに満ちたこれまでの研究キャリアから、選りすぐりのエピソードをコンパクトにまとめた本書は、彼にとって初めてとなる一般向けの著書です。

物語の始まりにして、唯一2章が割かれているホシバナモグラは、見た目の奇抜さ、異様さ、「キモさ」で他を圧倒しています。鼻を取り囲むイソギンチャクのような（あるいはクトゥルフ神話の魔物を想像する人もいるかもしれません）触手を、かれらがいったいどう使い、何を感じ取っているのかは、生物分類学の父リンネがこの種を記載して以来、ずっと謎のままでした。10歳の頃に近所の小川で衝撃的な出会いを果たし、その強烈なインパクトを刷り込まれた著者は、幸運な偶然に助けられつつ紆余曲折の末、ついに10数年の時を経て、このモグラの星はヒトの手の6倍もの触覚神経線維が密集した「触覚受容器の最高傑作」であることを解明します。さらにホシバナモグラは、全体スキャンと高解像度のスポット解析という、ヒトなど視覚優位の動物にみられるシステムの触覚バージョンを利用していて、そのおかげで「世界一食べるのが速い哺乳類」の栄冠を手にしていることも明らかになります。生物の進化や発達に関する研究では、特殊化した適応形質を通して、根底にある共通原理が浮き彫りになることはよくありますが、そのなかでもじつに極端で見事な例というほかありません。

著者の関心はやがて、奇妙な突起つながりのヒゲミズヘビ、「モグラのごはん」つながりのミミズ、同じ北米湿地の住人つながりのミズベトガリネズミと、多方面に広がっていきます。著者いわく本書は「生物学ミステリー」なので、あまりネタバレをするのは気が引けるのですが、逃走反応を逆手に取り、魚を自ら口のなかに飛び込ませてしまうヒゲミズヘビの鮮やかな騙しの手口や、ただでさえ強烈で破壊的な数百ボルトの電気ショックを利用して、獲物を遠隔操作し居場所と正体を「吐かせる」デンキウナギのスマートさには、訳しながら感嘆のため息をつかずにはいられませんでした。超能力とよびたくなるような動物たちのこうした並外れた行動は、神経科学のアプローチを通じ、それぞれの種がもつユニークな感覚系を介して知覚する世界のなかに位置づけることで、よりよく理解できます。そこから浮かびあがってくるのは、動物たちのもつ感覚世界の膨大な多様性。ヒトを含め、どんな動物の感覚系も、物理的世界の情報すべてをありのままに収集するための存在ではありません。どれをとっても、生存し子孫を残すうえで重要な情報をわずかでも効率よく処理できるシステムが集団内に広まるかたちで、無数の世代を経て改良が積み重なった結果、すなわち自然淘汰の産物なのです。祖先から受け継いだ「ありあわせの」材料しか利用できないという制約のもと、物理環境や他種・同種の生物との相互作用を通じて磨き上げられてきた感覚系で、あらゆる生きものがそれぞれに異なった世界を見たり、聞いたり、触れたり、嗅いだり、あるいは(ちょうどいい言葉さえありませんが)能動電気感覚で知覚しているという事実に、少し立ち止まって思いを馳せてみれば、この分野が無限なる発見の宝庫であるのも当然といえるでしょう。

話がちょっと堅苦しくなってしまいましたが、読み物としての本書の大きな魅力は、好奇心やセンス・オブ・ワンダーを原動力に突き進んできた著者の生きものへの熱中ぶりが、ぎゅっと凝縮されたページのあちこちから、読者を誘うようにあふれていることにあります。彼の根っこの部分はきっと、石英結晶やカメを探して近所を探検していたという少年時代のままなのでしょう。「好き」を追いつづけられる仕事に就けた僕は幸運だ、と語る一方で、失敗や回り道を全部盛り込んでいたらこの本は10倍厚くなっていた、というくらいですから、このような研究スタイルは成功への近道とはいえないかもしれません。それでも、実際に未知なる世界の扉をいくつも開けてきた著者の言葉は、生きものの不思議に魅せられたすべての人に「刺さる」だけでなく、本格的に生物学を志す、あるいはすでに研究者としてのキャリアに踏みだした若い人たちを、勇気づけてくれるものではないかと思います。

本書の翻訳にあたっては、企画の段階から細部の表現に至るまで、化学同人編集部の栫井文子さんにたいへんお世話になりました。この場を借りて深くお礼申し上げます。

2022年7月

的場　知之

Planters," Association, 1895–1945. *Hawaiian Planters' Record*, **51** (3 and 4), 177 (1947).

[6] J. M. Camhi, "The escape system of the cockroach," *Scientific American*, **243** (6), 158 (1980).

[7] I. E. Stierle, M. Getman, C. M. Comer, "Multisensory control of escape in the cockroach *Penplaneta americana*," *J. Comp. Physiol. A Neuroethol. Sens. Neural. Behav. Physiol.* , **174**, 13 (1994).

[8] F. Libersat, R. Gal, "Wasp voodoo rituals, venom-cocktails, and the zombification of cockroach hosts," *American Zoologist*, **54** (2), 129 (2014).

[9] E. L. Moore, G. Haspel, F. Libersat, M. E. Adams, "Parasitoid wasp sting: A cocktail of GABA, taurine, and β -alanine opens chloride channels for central synaptic block and transient paralysis of a cockroach host," *J. Neurosci.*, **66** (8), 811 (2006).

[10] R. Gal, F. Libersat, "A parasitoid wasp manipulates the drive for walking of its cockroach prey," *Curr. Biol.*, **18**, 877 (2008).

[11] R. Arvidson, M. Kaiser, S. S. Lee, J. P. Urenda, C. Dail, H. Mohammed, C. Nolan, S. Pan, J. E. Stajich, F. Libersat, M. E. Adams, "Parasitoid jewel wasp mounts multipronged neurochemical attack to hijack a host brain," *Mol. Cell. Proteom.*, **18** (1), 99 (2019).

[12] M. A. Jervis, N. A. Kidd, "Host-feeding strategies in hymenopteran parasitoids," *Biol. Rev.*, **61** (4), 395 (1986).

[13] T. Gavra, F. Libersat, "Involvement of the opioid system in the hypokinetic state induced in cockroaches by a parasitoid wasp," *J. Comp. Physiol. A*, **197** (3), 279 (2011).

[14] M. Kaiser, R. Arvidson, R. Zarivach, M. E. Adams, F. Libersat, "Molecular cross-talk in a unique parasitoid manipulation strategy," *Insect Biochem. Mol. Biol.*, **106**, 64 (2018).

[15] K. C. Catania, "How not to be turned into a zombie," *Brain Behav. Evol.*, **92**, 32 (2018).

[16] G. Herzner, A. Schlecht, V. Dollhofer, C. Parzefall, K. Harrar, A. Kreuzer, L. Pilsl, J. Ruther, "Larvae of the parasitoid wasp *Ampulex compressa* sanitize their host, the American cockroach, with a blend of antimicrobials," *Proc. Natl. Acad. Sci. USA*, **110** (4), 1369 (2013).

[17] K. Weiss, C. Parzefall, G. Herzner, "Multifaceted defense against antagonistic microbes in developing offspring of the parasitoid wasp *Ampulex compressa* (Hymenoptera, Ampulicidae) ," *PLOS One*, **9** (6), e98784 (2014)

[18] E. L. Moore, R. Arvidson, C. Banks, J. P. Urenda, E. Duong, H. Mohammed, M. E. Adams, "Ampulexins: A new family of peptides in venom of the emerald jewel wasp, *Ampulex compressa*," *Biochemistry*, **57** (12), 1907 (2018) .

[19] D. P. Hughes, F. Libersat, "Neuroparasitology of parasite-insect associations," *Annu. Rev. Entomol.*, **63**, 471 (2018).

552 (7684), 214 (2017).

[8] P. Moller,"Electric fishes: History and behavior (vol. 17)," Chapman & Hall (1995).

[9] K. Catania,"The shocking predatory strike of the electric eel," *Science*, **346**, 1231 (2014).

[10] R. Bauer,"Electric organ discharge (EOD) and prey capture behaviour in the electric eel," Electrophorus electricus. *Behav. Ecol. Sociobiol.*, **4** (4), 311 (1979).

[11] N. Suga, T. Shimozawa,"Site of neural attenuation of responses to self-vocalized sounds in echolocating bats," *Science*, **183** (4130), 1211 (1974).

[12] L. J. Norman, L. Thaler,"Human echolocation for target detection is more accurate with emissions containing higher spectral frequencies, and this is explained by echo intensity," *i-Perception*, **9** (3), 2041669518776984 (2018).

[13] T. H. Bullock, C. D. Hopkins, R. R. Fay (Eds.),"Electroreception (vol.21)," Springer Science & Business Media (2006).

[14] K. C. Catania,"Electric eels use high voltage to track fast moving prey," *Nat. Commun.*, **6**, 8638 (2015). doi: 10.1038/ncomms9638.

[15] E. H. Gillam,"Eavesdropping by bats on the feeding buzzes of conspecifics," *Can. J. Zool.*, **85** (7), 795 (2007).

[16] K. C. Catania,"Electric eels concentrate their electric field to induce involuntary fatigue in struggling prey," *Curr. Biol.*, **25**, 2889 (2015).

[17] C. Sachs,"Aus den Llanos-Schilderung einer naturwissenschaftlichen Reise nach Venezuela. Leipzig: Von Veit (1879), p.369.

[18] C. W. Coates,"The kick of an electric eel," *The Atlantic*, **180**, 75 (1947).

[19] R. H. Schomburgk,"Ichthyology: Fishes of Guiana, part 2. The Naturalist's Library (edited by WB Jardine)," vol.40, W. H. Lizars (1843).

[20] K. C. Catania,"Leaping eels electrify threats supporting Humboldt's account of a battle with horses," *Proc. Natl. Acad. Sci. USA*, **113** (25), 6979 (2016).

[21] K. C. Catania,"Power transfer to a human during an electric eel's shocking leap," *Curr. Biol.*, **27**, 2887 e2 (2017). doi: 10.1016/j.cub.2017.08.034.

第7章　ゾンビのつくり方

[1] L. M. Roth,"Introduction. In The American cockroach (edited by WJ Bell and KG Adiyodi)," Springer Science & Business Media (1982), p.1.

[2] F. X. Williams,"Ampulex compressa (fabr.), a cockroach-hunting wasp introduced from New Caledonia into Hawaii," *Proc. Hawaii. Entomol. Soc.*, **11**, 221 (1942).

[3] E. C. Zimmerman,"Francis Xavier Williams (1882–1967)," *Pan-Pac Entomol.*, **45**, 135 (1969).

[4] L. Williams,"Wasps to battle Hawaii cockroaches," Honolulu Advertiser, December 8 (1940).

[5] A. R. Grammer,"A history of the experiment station of the Hawaiian Sugar

［11］Z. Kielan-Jaworowska, R. L. Cifelli, Z. X. Lou,"Mammals from the age of dinosaurs: Origins, evolution, and structure,"Columbia University Press (2004).

［12］K. C. Catania, D. C. Lyon, O. B. Mock, J. H. Kaas,"Cortical organization in shrews: Evidence from five species," *J. Comp. Neurol.*, **410**, 55 (1999).

［13］D. B. Leitch, D. Gauthier, D. K. Sarko, K. C. Catania,"Chemoarchitecture of layer 4 isocortex in the American water shrew (*S. palustris*)," *Brain Behav. Evol.*, **78**, 261 (2011).

［14］R. J. Nudo, R. B. Masterton,"Descending pathways to the spinal cord, III: Sites of origin of the corticospinal tract," *J. Comp. Neurol.*, **296**, 559 (1990).

［15］J. H. Kaas,"The evolution of brains from early mammals to humans. Wiley Interdisciplinary Reviews," *Cogn. Sci.*,**4** (1),33 (2013).

［16］T. B. Rowe, T. E. Macrini, Z.X.Luo,"Fossil evidence on origin of the mammalian brain," *Science*, **332** (6032), 955 (2011).

［17］S.S.H.Wang,"Functional tradeoffs in axonal scaling: Implications for brain function," *Brain Behav. Evol.*, **72** (2), 159 (2008).

［18］P. Crowcroft,"The daily cycle of activity in British shrews," *Proc. Zool. Soc. Lond*, **123** (4), 715 (1954).

［19］J. F. Merritt, S. H. Vessey,"Shrews—Small insectivores with polyphasic patterns. In Activity patterns in small mammals,"Springer (2000), p.235.

第6章　500ボルトの衝撃

［1］S. Finger, M. Piccolino,"The shocking history of electric fishes: From ancient epochs to the birth of modern neurophysiology,"Oxford University Press (2011).

［2］A. Wulf,"The invention of nature: Alexander von Humboldt's new world,"Knopf (2015).［邦訳：『フンボルトの冒険：自然という〈生命の網〉の発見』，鍛原多惠子 訳，NHK 出版 (2017)］

［3］A. von Humboldt,"Jagd und kampf der electrischen aale mit pferden. Aus den reiseberichten des Hrn. Freiherrn Alexander v. Humboldt," *Ann. der Physik*, **25**, 34 (1807).

［4］M. Faraday,"Experimental researches in electricity," *Phil. Trans. Roy. Soc. Lond.*, **122**, 125 (1832).

［5］A. Volta,"On the electricity excited by the mere contact of conducting substances of different kinds,"In a letter from Mr. Alexander Volta, FRS Professor of Natural Philosophy in the University of Pavia, to the Rt. Hon. Sir Joseph Banks, Bart. KBPRS. *Phil. Trans. Roy. Soc. Lond.*, **90**, 403 (1800).

［6］J. P. Changeux, M. Kasai, C. Y. Lee,"Use of a snake venom toxin to characterize the cholinergic receptor protein," *Proc. Natl. Acad. Sci. USA*, **67** (3), 1241 (1970).

［7］T. B. Schroeder, A. Guha, A. Lamoureux, G. VanRenterghem, D. Sept, M. Shtein, J. Yang, M. Mayer,"An electric-eel-inspired soft power source from stacked hydrogels," *Nature*,

[5] C. Darwin,"The formation of vegetable mould through the action of worms with observations on their habits,"V. A. McLean, IndyPublish.com (1881, reprint 2002).［邦訳：『ミミズによる腐植土の形成』，渡辺政隆 訳，光文社，（2020）ほか］

[6] R. Dawkins,"The extended phenotype,"Oxford University Press（1982）.［邦訳：『延長された表現型：自然淘汰の単位としての遺伝子』，日高敏隆・遠藤 彰・遠藤知二 訳，紀伊国屋書店（1987）］

[7] N. Tinbergen,"The herring gull's world,"Basic Books (1960).

[8] J. H. Kaufmann,"Stomping for earthworms by wood turtles, Clemmys insculpta: A newly discovered foraging technique," *Copeia*, **1986**, 1001.

[9] K. C. Catania,"Worm grunting, fiddling, and charming: Humans unknowingly mimic a predator to harvest bait," *PLOS One*, **3**, e3472 (2008).

[10] W. E. Conner, A. J. Corcoran,"Sound strategies: The 65-million-year-old battle between bats and insects," *Annu. Rev. Entomol.*, **57**, 21 (2012).

[11] K. C. Catania,"Stereo and serial sniffing guide navigation to an odour source in a mammal," *Nat. Commun.*, **4**, 1441 (2013). doi: 10.1038/ncomms2444.

[12] I. H. J. Lyster,"Mole kills herring gull," *Scottish Birds*, **7**, 207 (1972).

第5章 トガリネズミは小さなＴレックス

[1] H. H. T. Jackson, J. Lepage,"Mammals of Wisconsin,"University of Wisconsin Press (1961), p.52.

[2] F. E. Brooks,"Notes on the habits of mice, moles and shrews,"Bulletin 113, West Virginia University Agricultural Experiment Station (1908), p.96.

[3] J. Lázaro, M. Hertel, C. C. Sherwood, M. Muturi, D. K. Dechmann,"Profound seasonal changes in brain size and architecture in the common shrew," *Brain Struct. Funct.*, **223** (6), 2823 (2018).

[4] W. P. Crowcroft,"The life of the shrew,"M. Reinhardt (1957).

[5] K. C. Catania, J. Hare, K. Campbell,"Water shrews detect movement, shape, and smell to find prey underwater," *Proc. Natl. Acad. Sci. USA*, **105**, 571 (2008).

[6] T. Roosevelt,"The wilderness hunter: An account of the big game of the United States and its chase with horse, hound, and rifle (vol.2),"GP Putnam (1893).

[7] D. B. Leitch, D. K. Sarko, K. C. Catania,"Brain mass and cranial nerve size in shrews and moles," *Sci. Rep.*, **4**, 6241 (2014).

[8] G. Dehnhardt, B. Mauck, W. Hanke, H. Bleckmann,"Hydrodynamic trail–following in harbor seals (*Phoca vitulina*)," *Science*, **293** (5527), 102 (2001).

[9] D. H. Edwards, W. J. Heitler, F. B. Krasne,"Fifty years of a command neuron: The neurobiology of escape behavior in the crayfish," *Trends Neurosci.*, **22** (4), 153 (1999).

[10] E. J. Furshpan, D. D. Potter,"Transmission at the giant motor synapses of the crayfish," *J. Physiol.*, **145** (2), 289 (1959).

体発生と系統発生：進化の観念史と発生学の最前線』，仁木帝都・渡辺政隆 訳，工作舎（1988)］

［11］W. J. Hamilton,"Habits of the star-nosed mole, *Condylura cristata*," *J. Mammal.*, **12**, 345 (1931).

［12］D. W. Stephens, J. R. Krebs,"Foraging theory,"Princeton University Press (1986).

［13］K. C. Catania, F. E. Remple,"Asymptotic prey profitability drives star-nosed moles to the foraging speed limit," *Nature*, **433**, 519 (2005).

［14］K. C. Catania,"Olfaction: Underwater "sniffing" by semiaquatic mammals," *Nature*, **444**, 1024 (2006).

［15］Y. F. Ivlev, M. V. Rutovskaya, O. S. Luchkina,"The use of olfaction by the Russian desman (*Desmana moschata L.*) during underwater swimming," *Dokl. Biol. Sci.*, **452** (1), 280 (2013).

第3章　スティング：詐欺師たちの美しき騙し

［1］K. C. Catania, D. B. Leitch, D. Gauthier,"Function of the appendages in tentacled snakes (*Erpeton tentaculatus*)," *J. Exp. Biol.*, **213**, 359 (2010).

［2］B. E. Stein, M. A. Meredith,"The merging of the senses,"MIT Press (1993).

［3］J. C. Murphy,"Homalopsid snakes: Evolution in the mud,"Kreiger (2007).

［4］H. Korn, D. S. Faber,"The Mauthner cell half a century later: A neurobiological model for decision-making?," *Neuron*, **47**, 13 (2005).

［5］A. T. Welford,"Reaction times,"Academic Press (1980).

［6］T. Preuss, P. E. Osei-Bonsu, S. A. Weiss, C. Wang, D. S. Faber,"Neural representation of object approach in a decision–making motor circuit," *J. Neurosci.*, **26** (13),3454 (2006).

［7］K. T. Sillar, L. D. Picton, W. J. Heitler,"The neuroethology of predation and escape (Chapter 8),"Wiley (2016).

［8］K. C. Catania,"Tentacled snakes turn C-starts to their advantage and predict future prey behavior," *Proc. Natl. Acad. Sci. USA*, **106**, 11183 (2009).

［9］K. C. Catania,"Born knowing: Tentacled snakes innately predict future prey behavior," *PLOS One*, **5** (6), e10953 (2010).

［10］R. Dawkins,"The extended phenotype,"Oxford University Press (1982).［邦訳：『延長された表現型：自然淘汰の単位としての遺伝子』，日高敏隆・遠藤彰・遠藤知二 訳，紀伊国屋書店（1987)］

第4章　ダーウィンのミミズとワームグランティングの秘密

［1］C. Kuralt,"On the road with Charles Kuralt," Putnam (1985).

［2］T. C. Tobin,"Gruntin' and gathering," *St. Petersburg Times* (April 14) (2002).

［3］アメリカ森林局によると、2018 年の時点で 10 件の許可が有効。

［4］K. Brower,"Can of worms," *The Atlantic Monthly*, **283**, 91 (1999).

参考文献

第1章　ホシバナモグラは謎だらけ

［1］S. Harrigan, "The nature of the beast," Texas Monthly（July）（1988).

［2］A. J. Kalmijn, "The electric sense of sharks and rays," *J. Exp. Biol.*, **55**（2), 371（1971).

［3］H. Scheich, G. Langner, C. Tidemann, R. B. Coles, A. Guppy, "Electroreception and electrolocation in platypus," *Nature*, **319**（6052), 401（1986).

［4］D. B. Van Vleck, "The anatomy of the nasal rays of *Condylura cristata*," *J. Mammal.*, **46**, 248（1965).

［5］T. Eimer, "Die schnautze des maulwurfs als tastwerkzeug," *Archiv für mikroskopische Anatomie*, **7**（1), 181（1871).

［6］T. H. Bullock, W. Heiligenberg（Eds.), "Electroreception," Wiley Series in Neurobiology, Wiley (1986).

第2章　幸運は備えある者のもとを訪れる

［1］P. D. Marasco, K. C. Catania, "Response properties of primary afferents supplying Eimer's organ," *J. Exp. Biol.*, **210**, 765 (2007).

［2］K. C. Catania, "The sense of touch in the star-nosed mole: From mechanoreceptors to the brain," *Proc. R. Soc. Lond. Ser. B. Biol. sci.*, **366**, 3016 (2011).

［3］K. C. Catania, J. H. Kaas, "Somatosensory fovea in the star-nosed mole: Behavioral use of the star in relation to innervation patterns and cortical representation," *J. Comp. Neurol.*, **387**, 215 (1997).

［4］K. C. Catania, "The structure and innervation of the sensory organs on the snout of the star-nosed mole," *J. Comp. Neurol.*, **351**, 536 (1995).

［5］T. A. Woolsey, "H. Van der Loos, The structural organization of layer IV in the somatosensory region（SI) of mouse cerebral cortex: The description of a cortical field composed of discrete cytoarchitectonic units," *Brain Res.*, **17** (2), 205 (1970).

［6］S. W. Kuffler, J. G. Nicholls, A. R. Martin, "From neuron to brain," Sinaur Associates (1984).［邦訳：『ニューロンから脳へ：神経生物学入門』，金子章道・小幡邦彦・立花政夫 訳，廣川書店 (1988)］

［7］K. C. Catania, "Early development of a somatosensory fovea: A head start in the cortical space race?," *Nat. Neurosci.*, **4**, 353 (2001).

［8］D. H. Rapaport, "J. Stone. The area centralis of the retina in the cat and other mammals: Focal point for function and development of the visual system," *Neuroscience*, **11** (2), 289 (1984).

［9］K. C. Catania, R. G. Northcutt, J. H. Kaas, "The development of a biological novelty: A different way to make appendages as revealed in the snout of the star-nosed mole (*Condylura cristata*)," *J. Exp. Biol.*, **202**, 2719 (1999).

［10］S. J. Gould, "Ontogeny and phylogeny," Harvard University Press (1977).［邦訳：『個

[章扉の写真について]

〈第１章〉

トンネルから顔をだすホシバナモグラ。前肢の鉤爪と奇抜な鼻が目立つ。ホシバナモグラはハツカネズミ２匹分ほどの大きさだ。


〈第２章〉

走査型電子顕微鏡で撮影したホシバナモグラの星。２つの鼻孔を取り囲む 22 本の突起は、アイマー器官とよばれる小さなドームでおおわれている。


〈第３章〉

走査型電子顕微鏡で撮影したヒゲミズヘビ *Erpeton tenteculatum* と、その定番の獲物。


〈第４章〉

この日の収穫を披露するゲイリー・レヴェル。


〈第５章〉

世界最小の潜水哺乳類であるミズベトガリネズミ。


〈第６章〉

水槽のなかを泳ぐデンキウナギ。


〈第７章〉

ゴキブリの喉元の軟組織を貫き、ゾンビ化の毒薬を脳に注ぎ込む、器用なエメラルドゴキブリバチ。

WCS Archives の許可を得て複製.
図 6.3 著者提供. 初出：K. C. Catania, "The shocking predatory strike of the electric eel," *Science*, **346** (6214), 1231 (2014).
図 6.4 著者提供. 初出：K. C. Catania, "The shocking predatory strike of the electric eel," *Science*, **346** (6214), 1231 (2014).
図 6.5 著者提供. 初出：K. C. Catania, "The shocking predatory strike of the electric eel," *Science*, **346** (6214), 1231 (2014).
図 6.6 著者提供.
図 6.7 著者提供.
図 6.8 著者提供. 初出：K. C. Catania, "The shocking predatory strike of the electric eel,"*Science*, **346** (6214), 1231 (2014).
図 6.9 著者提供.
図 6.10 著者提供. 初出：K. C. Catania, "Electric eels use high voltage to track fast-moving prey," *Nat. Commun*, **6**, 8638 (2015).
図 6.11 著者提供. 初出：K. C. Catania, "Electric eels use high voltage to track fast-moving prey," *Nat. Commun*, **6**, 8638 (2015).
図 6.12 著者提供. 初出：K. C. Catania, "Electric eels use high voltage to track fast-moving prey," *Nat. Commun*, **6**, 8638 (2015).
図 6.13 著者提供. 初出：K. C. Catania, "Leaping eels electrify threats, supporting Humboldt's account of a battle with horses," *Proc. Natl. Acad. Sci. USA*, **113** (25), 6979 (2016).
図 6.14 パブリックドメインである以下の書籍から引用：R. H. Schomburgk, "Ichthyology. Fishes of Guiana. part 2. The Naturalist's Library (edited by W. B. Jardine), vol 40. London (1843): W. H. Lizars.
図 6.15 初出：K. C. Catania, "Electric eels concentrate their electric field to induce involuntary fatigue in struggling prey," *Curr. Biol.*, **25** (22), 2889 (2015).
図 6.16 著者提供. 初出：K. C. Catania, "Power transfer to a human during an electric eel's shocking leap," *Curr. Biol.*, **27** (18), 2887 (2017).

[第 7 章]

p. 203 著者提供.
図 7.1 著者提供.
図 7.2 著者提供. 初出：K. C. Catania, How not to be turned into a zombie," *Brain Behav. Evol.*, **92** (1-2), 32 (2018). この論文の最終的な公開版は以下で閲覧できる. https://www.karger.com/?doi=10.1159/000490341.
図 7.3 著者提供. 初出：K. C. Catania, How not to be turned into a zombie," *Brain Behav. Evol*, **92** (1-2), 32 (2018). この論文の最終的な公開版は以下で閲覧できる. https://www.karger.com/?doi=l0.1159/000490341.
図 7.4 著者提供.

巻頭のカラー口絵はすべて著者撮影.

USA, **109** (Supplement 1), 10701 (2012).
図 3.5 著者提供.
図 3.6 著者提供. 初出：K. C. Catania, “Born knowing: Tentacled snakes innately predict future prey behavior,” *PLOS One*, **5** (6), e10953 (2010).
図 3.7 著者作成. 下段は次の論文が初出：K. C. Catania, “Tentacled snakes turn C-starts to their advantage and predict future prey behavior,” *Proc. Natl. Acad. Sci. USA*, **106** (27), 11183 (2009).

[第 4 章]

p.105 著者提供.
図 4.1 著者提供. 初出：K. C. Catania, “Worm grunting, fiddling, and charming-Humans unknowingly mimic a predator to harvest bait,” *PLOS One*, **3** (10), e3472 (2008).
図 4.2 著者提供.
図 4.3 著者提供.
図 4.4 著者提供.
図 4.5 Worm Gruntin Graphic Copyright Sopchoppy Preservation and Improvement Association Committee の許可を得て掲載.
図 4.6 著者提供. 初出：K. C. Catania, “Stereo and serial sniffing guide navigation to an odour source in a mammal,” *Nat. Commun.*, **4**, 1441 (2013).
図 4.7 画像はスコットランド博物館提供. 著作権者であるスコットランド博物館の許可を得て複製.

[第 5 章]

p.137 著者提供.
図 5.1 著者提供.
図 5.2 著者提供.
図 5.3 著者提供.
図 5.4 著者提供.
図 5.5 著者提供.
図 5.6 著者提供. 左下は次の既報による：K. C. Catania, D. C. Lyon, O. B. Mock, J. H. Kaas, “Cortical organization in shrews: Evidence from five species,” *J. Comp. Neurol.*, **410** (1), 55 (1999).

[第 6 章]

p.161 著者提供. 初出：K. C. Catania, “The shocking predatory strike of the electric eel,” *Science*, **346** (6214), 1231 (2014).
図 6.1 (左) ベルリン旧国立美術館 (Alte Nationalgalerie-Staatliche Museen zu Berlin) に展示された Friedrich Georg Weitsch による肖像画. パブリックドメインの写真を Wikimedia Commons よりダウンロード. (右) パブリックドメインの以下の書籍より引用：J. W. Buel, “Sea and Land,” (1887), p.114.
図 6.2 画像提供：Wildlife Conservation Society. ©Wildlife Conservation Society.

〈写真および図版のクレジット〉

[第 1 章]

p.7 著者提供 .
図 1.1 著者提供 .
図 1.2 著者提供 .

[第 2 章]

p.39 著者提供 . 初出：K. C. Catania, "Evolution of brains and behavior for optimal foraging: A tale of two predators," *Proc. Natl. Acad. Sci. USA*, **109**（Supplement 1）, 10701（2012）.
図 2.1 著者提供 . 右側は次の論文から再作成：K. C. Catania, "Structure and innervation of the sensory organs on the snout of the star-nosed mole," *J. Comp. Neurol.*, **351**（4）, 536（1995）.
図 2.2 著者提供 .
図 2.3 著者提供 .
図 2.4 著者提供 . 右側の初出：K. C. Catania, "Early development of a somatosensory fovea: A head start in the cortical space race?," *Nat. Neurosci.*, **4**（4）, 353（2001）.
図 2.5 Lana Finch 作成（©K. C. Catania）.
図 2.6 著者提供 . 初出：K. C. Catania, R. G. Northcutt, J. H. Kaas, "The development of a biological novelty: A different way to make appendages as revealed in the snout of the star-nosed mole *Condylura cristata*," *J. Exp. Biol.*, **202**（20）, 2719（1999）.
図 2.7 著者提供 . 上の左側 2 つの写真の初出：K. C. Catania, R. G. Northcutt, J. H. Kaas, "The development of a biological novelty: A different way to make appendages as revealed in the snout of the star-nosed mole Condylura cristata, "J. Exp. Biol., 202（20）, 2719（1999）.
図 2.8 著者提供 .
図 2.9（左）著者提供 ,（右）ギネスワールドレコーズより許可を得て掲載 .
図 2.10 著者提供 . 初出：K. C. Catania, "Olfaction: Underwater "sniffing" by semi-aquatic mammals, "*Nature*, **444**（7122）, 1024（2006）.

[第 3 章]

p.75 著者提供 .
図 3.1 著者提供 .
図 3.2 著者作成 . 次の論文から再作成：K. C. Catania, "Evolution of brains and behavior for optimal foraging: A tale of two predators," *Proc. Natl. Acad. Sci. USA*, **109**（Supplement 1）, 0701（2012）.
図 3.3 著者提供 .
図 3.4 著者提供 . 次の論文から再作成：K. C. Catania, "Evolution of brains and behavior for optimal foraging: A tale of two predators," *Proc. Natl. Acad. Sci.*

【ほ】

ポー，エドガー・アラン････ 220
ホシバナモグラ･･････････････ 2, 7
捕食寄生性････････････････ 221
ホムンクルス･･････････････ 46
ボンプラン，エメ･･････････ 163

【ま行】

マーフィー，ジョン････････ 86
マウス････････････････････ 45
マウスナー細胞････････････ 90
マクシェイ，ビル･･････････ 14
麻酔薬････････････････････ 38
マスクトガリネズミ････････ 22, 159
末端神経系････････････････ 182
マニング，アニータ････････ 226
ミエリン･･････････････････ 151
ミズベトガリネズミ････････ 21, 141
ミミズ････････････････････ 17, 105
『ミミズによる腐植土の形成』･･･ 109
ミレニアム懸賞問題････････ 8
メルケル細胞･･････････････ 42
網膜･･････････････････････ 54
木星の月･･････････････････ 177
モグラ････････････････････ 7
モリイシガメ･･････････････ 23, 129
モンゴメリー，スティーヴ･･ 226

【よ】

ヨーロッパモグラ･･････････ 31
抑制性シグナル････････････ 91
抑制性神経伝達物質････････ 217

【ら行】

ライデン瓶････････････････ 162
ラモン，イ・カハル・サンティアゴ･･･ 240
リーチ，ダンカン･･････････ 81
リズ･･････････････････････ 159, 172
リバーサット，フレデリック･･･ 216
ルーズベルト，セオドア････ 137
レアな天敵効果････････････ 103
レーダー･･････････････････ 184
レヴェル，ゲイリー････････ 110
レンプル，フィオナ････････ 66
ロシアデスマン････････････ 73

【わ】

ワームグランティング･･････ 105
『若き研究者へのアドバイス』･･･ 240
ワニガメ･･････････････････ 77
ワモンゴキブリ････････････ 205

【と】

透過型電子顕微鏡（TEM）··· 36
淘汰圧···················· 80
トウブモグラ·············· 112
ドーキンス，リチャード···· 4, 103
ドーパミン················ 219
トガリネズミ·············· 137
ドブネズミ················ 29

【に】

二次体性感覚野············ 155
ニューロン················ 4, 46
ニューロンから脳へ········ 47

【の】

能動電気受容·············· 169
ノースカット，グレン······ 33
ノーベル賞················ 4

【は】

パーキンソン病············ 238
ハイリゲンベルク，ウォルター·· 34
バウアー，リチャード······ 175
白質······················ 151
パストゥール，ルイ········ 47
ハタネズミ················ 21
ハッブル超深宇宙探査······ 241
ハミルトン，ウィリアム···· 65
バレル（樽）皮質·········· 46
ハワイさとうきび生産者協会··· 206

【ひ】

尾角······················ 214
ひげ······················ 45, 146
ヒゲミズヘビ·············· 75
皮質拡大·················· 52
皮質カラム················ 50
ピット器官················ 81
ヒメセイブモグラ·········· 62
ビル······················ 40

【ふ】

ファインマン，リチャード·· 242
ファラデー，マイケル······ 164
フィーディングバズ········ 188
腹神経索·················· 217
フタユビアンフューマ······ 32
フットパドリング·········· 129
ブラリナトガリネズミ···· 21, 137
『プリンセス・ブライド・ストーリー』··· 1
ブロック，テッド·········· 34
フンボルト，アレクサンダー・フォン··· 162

【へ】

ヘモグロビン·············· 17
ヘルツナー，グドルン······ 237
ペンフィールド，ワイルダー·· 46

自由意志テスト・・・・・・・・・・・・ *223*
収益性・・・・・・・・・・・・・・・・・・ *68*
ジュディ・・・・・・・・・・・・・・・・ *63*
『種の起源』・・・・・・・・・・・・・・ *109*
上丘・・・・・・・・・・・・・・・・・・・ *84*
触覚受容器・・・・・・・・・・・・・・・ *42*
処理時間・・・・・・・・・・・・・・・・ *86*
ションブルク，ロベルト・・・・ *196*
神経寄生虫学・・・・・・・・・・・・・ *238*
神経筋・・・・・・・・・・・・・・・・ *172, 217*
神経小丘・・・・・・・・・・・・・・・ *176*
神経繊維・・・・・・・・・・・・・・・ *4, 42*
真珠湾攻撃・・・・・・・・・・・・・・ *212*
心拍モニター・・・・・・・・・・・・・ *169*
新皮質・・・・・・・・・・・・・・・・・ *45*

【す】

水中嗅覚・・・・・・・・・・・・・・・・ *72*
ステレオ嗅覚・・・・・・・・・・・・・ *134*

【せ】

セーガン，カール・・・・・・・・・・ *176*
『セグロカモメの世界』・・・・・・ *129*
ゼニガタアザラシ・・・・・・・・・・ *146*
セレンディピティ・・・・・・・ *120, 140*
前胸背板・・・・・・・・・・・・・・・・ *210*

【そ】

走査型電子顕微鏡（SEM）・・・ *36*
層板小体・・・・・・・・・・・・・・・・ *43*
ゾンビ・・・・・・・・・・・・・・・・・・ *203*

【た】

体幹筋・・・・・・・・・・・・・・・・・・ *90*
体性感覚野・・・・・・・・・・・・・ *46, 83*
ダーウィン，チャールズ・・・・ *109*
２拍子（ダブレット）・・・・・・・ *175*

【ち】

中心窩・・・・・・・・・・・・・・・・・・ *54*
力変換器・・・・・・・・・・・・・・・・ *172*
チャーチル，ウィンストン・・・・ *7*

【て】

ティンバーゲン，ニコ・・・・・ *129*
テーザーガン・・・・・・・・・・・・・ *171*
デネル現象・・・・・・・・・・・・・・ *139*
デンキウナギ・・・・・・・・・・・・ *2, 161*
電気細胞・・・・・・・・・・・・・・・・ *169*
電気刺激装置・・・・・・・・・・・・・ *178*
電気自動車・・・・・・・・・・・・・・・ *85*
電気シナプス・・・・・・・・・・・・ *4, 149*
電気受容・・・・・・・・・・・・・・・・ *15*
電気受容網膜・・・・・・・・・・・・・ *183*
電気力線・・・・・・・・・・・・・・・・ *183*
電子顕微鏡・・・・・・・・・・・・・・・ *36*
伝導性・・・・・・・・・・・・・・・・・・ *184*
テントウムシ・・・・・・・・・・・・・ *239*
電場・・・・・・・・・・・・・・・・・・ *15, 169*

カウフマン，ジョン……… 129
活動電位……………… 82
カミツキガメ…………… 77
カモノハシ……………… 15
カモフラージュ………… 78
ガラガラヘビ…………… 27
ガリレオ………………… 177
カルマイン，アドリアヌス… 28
感覚地図………………… 83
寒天……………………… 30
ガンマアミノ酪酸………… 217

【き】

ギネス世界記録………… 70
気泡噴出………………… 70
キボシイシガメ………… 14
嗅覚……………………… 42
『恐怖城』……………… 215
魚雷……………………… 181
筋収縮…………………… 172

【く】

グールド，エドウィン…… 12
グールド，スティーヴン・ジェイ… 61
クサリヘビ……………… 81
クチクラ………………… 215
クラーク，ルイーザ・ルイス… 208
グラハム，チャールズ…… 56
クリッパー……………… 207
クロルト，チャールズ…… 107

【け】

けいれん………………… 175

【こ】

光学顕微鏡……………… 36
交差抑制性ニューロン…… 92
興奮性シグナル………… 91
後方乱流………………… 146
コウモリ………………… 55, 131
『荒野のハンター』……… 143
コーツ，クリストファー…… 165
ゴキブリ………………… 29
個体発生と系統発生…… 61

【さ】

採餌理論………………… 67
サックス，カール……… 189
サメ……………………… 15
ザリガニ………………… 4, 149

【し】

Cスタート……………… 88
視蓋……………………… 83
視覚変容ゴーグル……… 99
視覚野…………………… 83
軸索……………………… 90
支線……………………… 81
シャーマントラップ……… 18
シャイヒ，ヘニンク……… 15

索 引

【あ】

アイマー器官‥‥‥‥‥‥‥‥‥‥‥‥‥‥ 31
アガロース‥‥‥‥‥‥‥‥‥‥‥‥‥‥‥ 172
アザラシ‥‥‥‥‥‥‥‥‥‥‥‥‥‥‥‥ 82
アセチルコリン‥‥‥‥‥‥‥‥‥‥‥‥‥ 4
アダムズ，マイケル‥‥‥‥‥‥‥‥ 217
アパラチコラ国有林‥‥‥‥‥‥‥‥ 107
アホロートル‥‥‥‥‥‥‥‥‥‥‥‥‥ 33
アメリカオオサンショウウオ‥ 32
『アモンティラードの樽』‥‥ 220

【い】

イカ‥‥‥‥‥‥‥‥‥‥‥‥‥‥‥‥‥‥‥ 4
痛み受容ニューロン‥‥‥‥‥‥‥‥ 194
一次運動野‥‥‥‥‥‥‥‥‥‥‥‥‥‥ 155
一次視覚野‥‥‥‥‥‥‥‥‥‥‥‥‥‥ 154
一次体性感覚野‥‥‥‥‥‥‥‥‥‥ 154
一次聴覚野‥‥‥‥‥‥‥‥‥‥‥‥‥‥ 154

【う】

ウィリアムズ，フランシス‥‥ 205
ヴォルタ，アレッサンドロ‥‥ 4
生まれか育ちか‥‥‥‥‥‥‥‥‥‥‥ 100
ヴレック，デヴィッド・ヴァン‥‥ 31

【え】

『エイリアン』‥‥‥‥‥‥‥‥‥‥‥‥ 233
エコーロケーション‥‥‥‥‥‥‥‥ 55
エネルギー量‥‥‥‥‥‥‥‥‥‥‥‥‥ 68
エメラルドゴキブリバチ‥‥‥‥ 204
遠隔操作‥‥‥‥‥‥‥‥‥‥‥‥‥‥‥‥ 174

【お】

横隔膜‥‥‥‥‥‥‥‥‥‥‥‥‥‥‥‥‥ 71
オードリー‥‥‥‥‥‥‥‥‥‥‥‥‥‥ 110
オオヒキガエル‥‥‥‥‥‥‥‥‥‥‥ 213
オコジョ‥‥‥‥‥‥‥‥‥‥‥‥‥‥‥‥ 22
オピオイド‥‥‥‥‥‥‥‥‥‥‥‥‥‥ 222

【か】

蛾‥‥‥‥‥‥‥‥‥‥‥‥‥‥‥‥‥‥‥‥ 131
カース，ジョン‥‥‥‥‥‥‥‥‥‥‥ 48
カーマイン‥‥‥‥‥‥‥‥‥‥‥‥‥‥ 25

著者紹介

ケネス・カタニア　Kenneth Catania

1965 年生まれ。ヴァンダービルト大学教授。ナッシュビル在住。アメリカでは「天才賞」として知られるマッカーサー・フェローを 2006 年に受賞している。専門は神経科学。ナショナルジオグラフィック誌や日経サイエンス誌にたびたび寄稿している。

［日経サイエンス誌］ホシバナモグラの驚異の鼻（2002/10），ミミズ遣いのワザ（2010/6），ヒゲミズヘビの必殺技（2011/7），デンキウナギの必殺技（2019/7），エメラルドゴキブリバチは三度毒針を刺す（2021/7）
［ナショナルジオグラフィック誌］ヒゲミズヘビ、触角で獲物を遠隔感知（2010/2），ワニのアゴは人間の指先より敏感（2012/11），モグラの鼻，においを立体的に把握（2013/1），動物たちの奇妙な手：モグラ（2014/1），【動画】鼻で驚きの 12 連打！奇妙なホシバナモグラ（2017/4）〈Web 記事〉

訳者紹介

的場 知之（まとば ともゆき）

翻訳家。1985 年大阪府生まれ。東京大学教養学部卒業。同大学院総合文化研究科修士課程修了、同博士課程中退。訳書に『生命の歴史は繰り返すのか ?』、『Life Changing：ヒトが生命進化を加速する』（化学同人）、『生命の〈系統樹〉はからみあう』（作品社）、『蝶はささやく』（青土社）、『人類が滅ぼした動物の図鑑』（丸善出版）、『進化心理学を学びたいあなたへ』（共監訳、東京大学出版会）ほか。

日本語版装丁　吉田考宏

カバー・表紙
（表 1 左上）*Ampulex compressa*　Kittichart La-iad/iStock.com
（表 1 右上，表紙）*Gymnotus electricus*，by Robert Hermann Schomburgk/Freshwater and Marine Image Bank at the University of Washington.
（表 1 下）Star-nosed mole, *Condylura cristata*, illustration from The Viviparous Quadrupedsof North America（1845），by John James Audubon/The New York Public Library Digital Collections.
（表 4）Tentacled snake, *Erpeton tentaculatum*, illustration from Proceedings of the Zoological Society of London,1860.

カタニア先生は、キモい生きものに夢中！——その不思議な行動・進化の謎をとく

2022 年 8 月 25 日　第 1 刷　発行

訳　者　的　場　知　之
発行者　曽　根　良　介
発行所　（株）化 学 同 人

検印廃止

〒600-8074 京都市下京区仏光寺通柳馬場西入ル
編集部　TEL 075-352-3711　FAX 075-352-0371
営業部　TEL 075-352-3373　FAX 075-351-8301
振　替　01010-7-5702
e-mail　webmaster@kagakudojin.co.jp
URL　https://www.kagakudojin.co.jp
印刷・製本（株）シナノパブリッシングプレス

ISBN 978-4-7598-2081-2